JN135308

人と自然の環境学

公益財団法人
日本生命財団［編］

東京大学出版会

Environmental Studies for People and the Natural World

Nippon Life Insurance Foundation, Editor
University of Tokyo Press, 2019
ISBN 978-4-13-063371-0

はじめに

本書は，公益財団法人日本生命財団環境問題研究助成が40周年を迎えることを契機として，企画されたものである．

日本生命財団が設立されたのは1979年7月であった．同年，日本生命保険相互会社が創業90周年を迎えるに当たって，企業の社会的責任をはたし，継続的かつ普遍的な社会貢献をはかることを目的として，本財団は設立されたのである．環境問題研究助成は本財団の設立とともに始められたから，環境問題研究助成もまた2019年7月に40周年を迎えることになる（本財団の設立の経緯およびその後の10年については，1991年10月に『日本生命財団10年史』が，また財団設立から20年間の環境問題研究助成については，2000年3月に『環境問題研究助成 20年の軌跡』が，日本生命財団からそれぞれ刊行されている）．

それから40年，日本生命財団環境問題研究助成は，各世代の，そして各領域の環境問題研究者と公募・応募という形で協働し，また，NPO・NGO等の市民団体や公的機関などの社会各層から研究への参加あるいは協力という形で支援を得つつ，環境研究の発展に貢献しようと努めてきた．

本財団の助成の仕方の顕著な特徴のひとつは，事業実施型ではなく研究助成型とし，公募の課題についても，また応募される研究の枠組みについても，環境研究の現状と課題そして社会の要請に応えることができるよう工夫してきたことだといえよう．これにより，環境領域における基礎研究や応用研究の拡大と深化，総合化と統合化，さらには創成的研究の新規開拓などに柔軟に対応することができたように思われる．当初5年間の全体的な公募課題（主課題）は，「開発と自然環境の保護・管理・改善の調和に関する研究」であったが，1984年度以降は，「人間活動と環境保全との調和に関する研究」となっている．そのうえで，2年継続の大型の学際的総合研究助成については，副課題で研究テーマをより限定して（2年ごとに変更），その時代における環境問題の課題に対応できるようにし，また，単年度の研究助成については（変遷があるが，現在は若手研究・奨励研究），主課題の下で自由に研究テーマを設定して応募することができるものとした．いまや学問領域としても研究対象としてもきわめて広範になった環境研究の要請に応えようとしてきたのである．こうして本財団助成の40年のあゆみの間に，本財団によって助成された研究課題は，時代とともに変化し，深化し，総合化しあるいは統合化してきたと思われるのである．本書掲載の各論文の課題の多くは，近年実施された学際的総合研究のいくつかの代表例であるが，本書が提起する新たな視点にもとづく環境研究の総合化の試みでもある．

本財団の研究助成のもうひとつの特徴は，設立されて間もない時期から，大型の助成研究（現在の学際的総合研究）の課題を広く議論するフォーラムとして助成期間終了直後に実施されるワークショップの助成を行い，さらに成果公表のために出版助成を実施してきたことである．これまで出版助成により公刊された著作物は相当な点数となっている．しかし，期間を限定した本財団の研究助成は，出版助成をもって終了することになる．いうまでもなく，助成を受けた研究の多くはその後も続けられているであろう．助成研究のその後の研究の発展はどうなっているであろうか，これは助成研究に関心をもつ研究者をはじめとする社会の関心事ではないだろうか．本書の各執筆者の方々には，このような観点から助成研究の成果とその後の研究の発展を報告していただくことをお願いした．学術研究の助成は数多くあるが，助成期間終了後の研究の発展と成果を総合的な視点で報告していただく試みはあまり前例がないのではないかと思われる．本財団による環境研究助成の新たな試みとして注目していただければ幸いである．

本書の企画の趣旨に賛同し，論文をお寄せいただいた執筆者の方々に感謝申し上げるとともに，本書が日本生命財団の長年にわたる環境研究助成の成果を広く理解していただく一助となることを願うものである．

2018年12月7日

淡路剛久

目次

第 II 部　いまを評価する

序章

環境問題の現場に学ぶ

武内和彦

本書は，日本生命財団（ニッセイ財団）が実施してきた環境問題研究助成の対象となった研究代表者らを中心として，財団が設立40周年を迎えるのを契機に，これまで蓄積されてきた数多くの研究成果のとりまとめを行うとともに，今後の環境問題研究のあり方について展望したものである．とくに，各部，各章では，これまで活動してきた研究代表者らが，環境問題研究助成を通じてどのような学際的な研究成果が得られたのかを述べるとともに，その成果とその後の展開を踏まえて将来どのような発展が期待されるのかを展望した．

従来の学術的評価に必ずしもとらわれない民間の研究助成では，伝統的な個別専門分野からの評価の観点にとどまらない研究評価が可能となる．ニッセイ財団の環境問題研究助成（とくに学際的総合研究助成）では，異なる専門分野間の協働による学際研究が推奨されるとともに，学術と社会の密接なつながりを重視し，研究者に加えて，行政，企業，NPO/NGO，地域住民など様々なステークホルダーが研究活動に参加する取り組みを評価してきた．こうしたアプローチは，学術と社会の協創（co-design）の仕組みとしていま国際的にも注目されつつある．

とくに本書が目指すものは，人と自然のかかわりの考究を通じて，これからの持続可能な地域づくりのあり方を提案することである．本書は，「いとなみに学ぶ」，「いまを評価する」，「かかわりをデザインする」と題して，分析，評価，計画という3段階で，人と自然の関係を捉えようとしている．すなわち，第Ⅰ部では，人と自然がこれまでどのようにかかわってきたのかを捉え，第Ⅱ部では，人の豊かな暮らしに自然がもたらす多様な恵みを評価し，第Ⅲ部では，今後望まれる，人と自然が共生する持続可能な地域づくりをいかにデザインしていくかを検討した．

第Ⅰ部の第1章では，科学の細分化により，生物多様性の深い理解には欠かせない自然誌の衰退が進むなか，それを補うための市民参加による生物多様性市民科学の役割の重要性とその発展を論じる．第2章では，ブナ林の自然史的な成り立ちや人と自然のかかわりの歴史を踏まえ，今後のブナ林の保全と再生のあり方を展望する．第3章では，在来知と社会ネットワークが地域の持続可能性や災害時のレジリエンスに重要な役割を果たしてきたことから，在来知による環境教育の可能性を追求する．第4章では，閉鎖型コモンズが発達した日本，コモンズのオープンスペース化が進んだ英国，開放型コモンズが発達したスウェーデンを比較しながら，グローバル化時代の自然アクセス制のあり方を展望する．

第Ⅱ部の第5章では，明治期以降の森と川が変貌を遂げてきた歴史を踏まえ，流域生態系の機能や生物多様性を高めるための両者の関係修復に向けた指針を示す．第6章では，魚を育てる森の機能を経済的に評価した結果を示すとともに，森・川・海がつながる流域を一体として捉える新時代の農林水産業の姿を提示する．第7章では，大都市圏における水資源の賦存状況と利用状況を明らかにするとともに，望ましい水資源利用のあり方を考察し，地中熱利用や自然環境保全などの可能性についても展望する．第8章では，地球規模で深刻化する生物蓄積性の化学汚染の実態を踏まえ，ストックホルム条約の適切な履行など，生態系を保全するための地球環境施策の必要性を論じる．

第Ⅲ部の第9章では，人口減少による地方消滅が危惧されるなかで，地元からの内発的な地域づくりと外部人材によるサポートがもたらす新たな田園回帰への流れと，それを契機とする都市と農村の共生の可能性を検証する．第10章では，第9章で述べられるような自立と連携に基づく農山村の内発的発展の可能性について，オーストリアをはじめとするEUの共通農業政策に学ぶ．第11章では，里山ランドスケープの再生を手がかりに，国内外における伝統的な人と自然のかかわりの再構築を通じての自然共生社会づくりについて論じる．第12章では，産官学民のステークホルダー連携により未来都市を協働と協創でデザインしていくための時空間情報プラットフォームを活用した地域づくりを目指す．

本書では，近代化による人と自然の分断がもたらした様々な環境問題を克服し，人と自然の密接なかかわりを取り戻すための環境学のあるべき姿を模索している．すなわち，人と自然のかかわりの歴史を振り返り，そこで育まれてきた在来知や，自然を協働で管理する仕組みを再評価しながら，それを現代の市民社会で活用するための方策を示そうとしている．また，森・里・川・海，都市と農村など，近代化の過程で別個に扱われるようになった環境空間を横断的に捉えなおすことで，持続可能な地域づくりにつながる新たな地域環境システムと，それを支える社会の仕組みの構築が可能となるのではないかと提案している．

いま，わが国では少子高齢化が進み，本格的な人口減少時代を迎えている．こうした状況で，地域の活力を維持しながら，人とのかかわりで維持されてきた自然を次世代に継承することは容易ではない．また一方で，気候変動などの影響で，地域の環境が変化し，自然災害も激化しつつある．こうした深刻な状況を克服し，持続可能な地域づくりを進めていくために，本書では，都市と農村，異なる産業間での新しい関係づくりを進めるとともに，多様なステークホルダーの協働と協創により統合的，効果的に地域を保全し管理していくための時空間情報プラットフォームの構築が必要であると述べている．

本書では，環境問題の現場から見出された研究成果がまとめられている．問題を解くカギはつねに現場にあるとの共通認識のもとで，日本生命財団の助成による環境問題研究が行われてきたことが読み取れる．こうした基本姿勢は，今後の環境問題研究助成でも続けてほしいと願う．

第 I 部
いとなみに学ぶ

1

知って守る生物多様性
——市民科学の意義と楽しみ

鷲谷いづみ

「生物多様性の保全」が国際的にも国内でも重要な社会的目標のひとつとなった現代は，専門家による自然誌研究がむしろ衰退する時代である．生物多様性条約で「生命にみられるあらゆる多様性で種内の多様性，種の多様性，生態系の多様性を含む」と定義される「生物多様性」の概念そのものは，英語のバイオダイバーシティという用語が使われ始めた1990年代を100年以上も遡る時代に，ダーウィンによってその科学的な基盤が形づくられた．ダーウィンの主著『種の起源』は，当時の豊かな自然誌の知見にもとづいて著され，複雑な網の目をなす生物間相互作用が，無生物的環境要因と相まって駆動する「自然選択による進化」が形成・維持・変化させる生物多様性のイメージを，余すところなく描き出している．

生物多様性を理解し保全を図るには，科学的基盤としての自然誌が欠かせない．地球規模での生物多様性の現状評価から地域における生物多様性モニタリングまで，保全の政策と実践に必要とされるデータの収集は，主に市民科学が担っている．本章では，その現状を概観し，筆者らの市民科学プログラムの実践的研究についても紹介したうえで，生物多様性市民科学の意義を考察する．

1.1　自然誌と生物多様性

(1)『動物誌』から『種の起源』へ

ギリシャ時代にアリストテレスが著した『動物誌』(内山ほか篇，2015ab) には，それまでに蓄積されていた自然誌の情報と自らの観察で得られた知見がまとめて記されている．扱われているのは，とくに多くのページ数が割かれているヒトと家畜のほか，野鳥，野生の大型哺乳類，海産動物など，いずれも当時の人々が関心を寄せていたと思われる動物である．

昆虫では，当時すでに家畜になっていたセイヨウミツバチに関する記述が詳しい．森林破壊と土壌浸食の結果の，プラトンが「骸骨のようになった大地」と形容した草原と灌木林のランドスケープは，セイヨウミツバチの生息に適しており，当時は養蜂も盛んだったと推測される．

生物学の主な対象は，ヒト自身および暮らしと産業に役立つ生物，および現代では特定の「モデル生物」に偏る傾向がある．それに対して，自然誌が発展をみた大航海時代以降のヨーロッパでは，世界中からもたらされた情報と標本をもとに，研究者の関心は，多様な野生生物にも向けられた．

ダーウィンは，19世紀半ばまでに蓄積していた自然誌の知見と自らの慧眼による観察をもとに『種の起源』（Darwin, 1859）を含む何冊もの著書を著し，その後の生物学の発展に大きな影響を与えたいくつかの概念を提示した．「生物の変異」，「自然選択による進化」，「生物間相互作用」，およびダーウィンが「生活条件の作用」と表現した，いまでいえば「環境の作用」などの概念は，その後の生物学，とくに生態学と進化学の発展になくてはならないものであった．また，その後の科学と社会のダイナミックな相互関係を経て，20世紀末には社会的な目標と深くかかわる「生物多様性」の概念として結実し，大きな社会的な影響力をもつに至った．

自然誌観察の達人ともいえるダーウィンは，ヒトや家畜を分析・考察の対象としただけでなく，多様な野生生物に科学の目を向けた．その膨大な観察と実験は，『種の起源』の記述をじつに豊かなものにしている．『種の起源』には，多様な生物種や品種が登場するが，鳥類に限っても，ハトなどの家禽に加えて，40種を超える野鳥が取り上げられている．

ダーウィンは，当時の多くの科学の担い手がそうであったように，時間を拘束される職業に従事せず「研究に没頭する人生」を送った．若い時にはビーグル号の博物学者として南アメリカを中心に新大陸をめぐり多様な生物とランドスケープを観察し，大量の標本を持ち帰る「豊かな自然誌体験」の機会に恵まれた．生涯を通じて，多くの動植物の種を自らの目で観察し，実験対象とする一方で，世界中の自然誌研究家と文通して膨大な自然誌情報を収

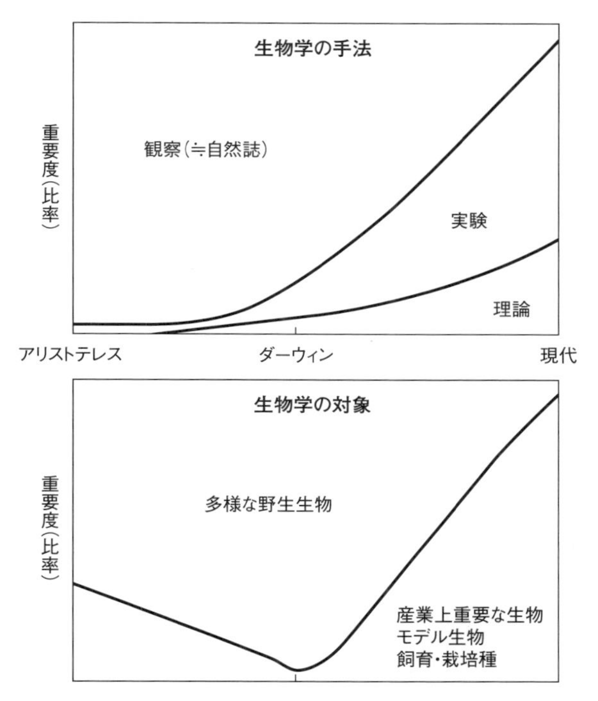

図 1.1　研究の手法の重要度の変遷にかかわる私見のイメージ図

集した．それらの分析・統合により，生物学を革新する概念や理論が生み出されたのである．

(2) 生物学の手法と担い手の変遷

20 世紀の生物学は，実験室での実験が主要な研究手法となり，科学の手本とされた「物理学」に倣い「数理的な扱い」が重視された．生態学や進化学においては，数理モデルが研究手法において大きなウェイトを占めるようになった．

図 1.1 には，アリストテレスの時代から現代までの生物学，主に生態学分野の研究対象生物と研究アプローチの相対的重要性の変遷について，筆者自身のイメージを示した．ダーウィン前後の時代は，観察が大きな比重を占め，それにもとづき「自然選択による進化」をはじめとする重要な概念や理論が生まれた．その後，時代を経るにつれて，フィールドワークや観察は，次第

にその地位を低下させていった．とくに現代は，その傾向が著しい．

フィールドワークを主要な研究手法とする研究者は，実験室内で分子レベルの研究をする研究者や数理モデルを主に扱う研究者ほど迅速に研究業績を積み重ねることができない．一方，科学研究は職業として営まれるようになり，余裕のある研究生活を送ることが難しくなった．現在では，生物の多様性に広く目を向け，自然誌の研究を続ける研究者は，業績面での競争で優位に立つことが難しく，職やポストを得たり，キャリアを継続するうえで不利になりがちである．そのような事情もあり，フィールドワークを主な手法として野生生物の生態や進化を研究する職業研究者はいまではわずかな数にとどまる．

その現状は憂慮すべきである．観察がおろそかになれば，新たな現象や連関の発見はないし，生物の階層における個体群・種，生物群集，生態系の研究は，実験室の中だけでは完結しえないからである．

(3) 現代における自然誌のニーズ

生物学の研究者の大多数が分子・細胞レベルでの研究や理論研究を行うようになり，フィールドワークを主な手段として自然誌研究に従事する研究者が少なくなったのとは裏腹に，自然誌研究に対する社会的ニーズは高まっている．生物多様性の保全が社会的な目標となったからである．

1992年の環境と開発に関する国連会議（地球サミット）で採択された生物多様性条約には，現在では，世界のほとんどの国が加盟している．締約国は10年ごとに新たな戦略計画を締約国会議で採択し，条約事務局は，それにもとづく現状評価を定期的に実施し，「生物多様性概況」（第4版は2014年）を公表している（Secretariat of the Convention on Biological Diversity, 2014）．生物多様性の現状については指標を用いて分析・評価されるが，そのデータは，市民によるモニタリングで得られるものである．

条約は，締約国に，生物多様性の保全および持続可能な利用を目的とする国家戦略をつくる義務を課している（生物多様性条約第6条）．日本は，それに応えて1990年代に国家戦略をつくりほぼ5年ごとに改訂してきた．2008年には，生物多様性に関する理念法である「生物多様性基本法」が施行された．

この基本法では，生物多様性の保全にかかわる政策の進め方についての基本原則が定められているが，3条の3項において，生物多様性については「科学的に解明されていない事象が多い」ことから，「科学的知見の充実に努める」ことを求めている．

自然誌の知識は，絶滅危惧種の保全や外来種の対策，自然再生などを支える科学的な知見として実践や政策に欠くべからざるものである．とくに，保全対象とすべき種や指標種の生態を，生物間の相互作用，とりわけ共生関係に目を向けて解明することは，適切な保全の方策を明らかにするための最も基本的な情報となる．したがって，「生物多様性の保全のための使命の科学」である保全生態学は，自然誌を「実用の学」として内包する．

1.2　市民科学が支える生物多様性の保全

(1) 欧米での生物多様性市民科学の発展

職業研究者による自然誌研究が衰退する一方で，市民の自然誌分野での科学的活動は活発化している．欧米では，次項で述べるように，生物多様性に関するデータの収集に市民科学が大きく貢献する時代が始まっている（Ellwood et al., 2017）．

現代は，人新世（アントロポセン）という地質時代の名称が提案されるほど，人為による地球規模の環境変化が激しい時代である．とりわけ，生物多様性については，「地球環境としての安全限界」を大きく超えるような急速な低下の現状が懸念されている（Rockström et al., 2009）．

生物多様性の変化を観測し，影響を予測するためには，総合的な生物学・生態学の基礎情報の整備とデータの分析・評価が必要である．また，実践と深くかかわる生物多様性モニタリングは，適切な指標を用いて時空間的に十分なデータを得ることが必要である．

しかし，それにかかわることのできる研究者は少なく，データ収集は，主に，市民科学者やボランティアの参加を得た調査活動によっている（Kobori et al., 2016）．欧米諸国では，市民を中心とした調査活動が活発に行われ（McKinley et al., 2017），収集されたデータの分析・評価で得られた知見は生物多様性条約にかかわる国際的な政策や各国の環境政策の科学的根拠として利用されている（Ellwood et al., 2017）．日本でも実践とかかわる市民のモニタリング活動が活発化している（鷲谷・鬼頭編，2007）．

昨今の「市民科学」の発展がめざましいことは，新しい学術誌 Citizen Science: Theory and Practice（theoryandpractice.citizenscienceassociation.org）が 2016 年半ばに発刊されたことや国際誌 Biological Conservation が 2017 年発行の 208 巻にページ合計が 188 ページにもおよぶ大きな特集を組んだことからも明らかである．また，市民科学に関する協会もアメリカ合衆国（Citizen Science Association; citizenscience.org），ヨーロッパ（European Citizen Science Association; ecsa.citizenscience.net），オーストラリア（Australian Citizen Science Association; citizenscience.org.au）で相次いで結成されて活動している．

「市民科学」の定義は一様ではないが，本章では，比較的よく引用される Bonney ら（2009）の定義，「専門科学者と共同して市民が，自然界の理解と適切な管理に寄与するデータを収集，分類，分析する」を基本として，この用語を用いることとする．

(2) クリスマスバードカウントから eBird へ

鳥類市民科学には 100 年以上の歴史がある．世界で最も古くから続く市民科学プログラムのひとつは，アメリカの自然保護団体，オーデュボン協会が主催する「クリスマスバードカウント」である（Sullivan et al., 2017）．現在では，地理的にはアメリカ合衆国のすべての州のほか，カナダや中・南米の一部，バミューダ，カリブ海諸島，太平洋諸島などをカバーし，参加者は，5 万人以上にのぼる．このプログラムでは，プロジェクト参加者は，約 1800 ヶ所の調査地のいずれかで，毎年 12 月中旬から 1 月初旬にかけての期間のうちの 1 日を選んで，観察できた鳥の個体数や種類を記録して報告する．1900 年から現在まで 100 年以上にわたる調査記録は，オーデュボン協会のウェブサイト（http://www.audubon.org/）で公開されている．

情報の時代にふさわしいその発展形ともいえるのが，2002 年からコーネル大学の鳥類学研究室とオーデュボン協会によって共同運営されている地球規模のオープンアクセス市民科学プログラム eBird である．このプログラムのボランティア参加者は，世界中のどこでも，いつでも，観察した鳥の記録をインターネットで報告できる．開始以来，投入データ数は指数関数的に増加し，2015年の収集データ数は，7千万件にものぼった．2016年までの15年間にデータベースに投入された鳥類観察記録は，累積3億件にのぼる（Sullivan et al., 2017）．

データの信頼性は，ソフトウェアでのチェックにより担保されている．すなわち，「人工知能」によって疑わしいデータははじかれる．蓄積されたオープンアクセスのデータは，生態学などの科学研究に利用される一方で，行政機関やNPOなどの生物多様性保全の実践や政策立案に活用されている（Sullivan et al., 2017）．

たとえば，チリの環境省は，IUCNレッドリストで「情報不足」とされた種を評価するためのデータとしてeBirdのデータを利用することで鳥類保全政策を充実させた．また，鳥類保護団体Partners in Flight（PIF）は，鳥類保護の観点から優先的に保全すべき重要地域を抽出するにあたり従来はアメリカ合衆国地質研究所の繁殖鳥類調査の報告を利用してきたが，現在は，eBirdのデータを利用している．それにより，これまでモリツグミの繁殖密度などから高い優先度を付与されていたアパラチア山脈などに加えて，ベリーズ，グアテマラ，メキシコが優先的に保全すべき地域として追加されたという．

生物多様性保全のための個別の実践や事業，あるいは環境影響評価において，その事業の中でデータを収集することは，人的・経済的な制約から難しい．eBirdのような大規模な市民科学のプログラムが提供するオープンアクセスデータは，多様な空間的な規模において，生物多様性の現状評価や保全事業の計画等に活用が可能である．上に代表的な活用例をあげたが，すでに多くの利用がなされており，今後も大きな役割を果たすものと思われる．eBirdに限らず，適切に組織された生物多様性市民科学には，今後，社会からますます大きな期待をかけられるものと思われる．

1.3　市民・情報学・保全生態学の協働

生物多様性保全に寄与する現代の市民科学にかかわる研究分野は，保全生態学と情報学である．ここでは，日本生命財団の研究助成を受けた異分野協働研究で，筆者が市民参加の生物多様性モニタリングの研究を始めるきっかけとなった経緯，およびそれに引き続いて今日まで進めてきた日本における情報学と保全生態学の生物多様性モニタリングの実践的研究について紹介する．

(1) 持続可能性を築く『市民・研究者協働による生物多様性モニタリング』研究

市民の活動や調査に大きな可能性を感じていた筆者は，2005年に「持続可能性を築く『市民・研究者協働による生物多様性モニタリング』研究」を日本生命財団の助成を受けて実施した．当時，霞ヶ浦の自然再生・生物多様性保全において市民団体NPOアサザ基金を中心とする市民が重要な役割を果たしていた．主なフィールドを霞ヶ浦として，モニタリングを含む市民の多様な活動に，保全生態学や環境社会学の研究者がそれぞれの研究分野の専門研究を通じてかかわり，それぞれの専門分野の間口を広げる努力を行った．その研究成果は，単行本『自然再生のための生物多様性モニタリング』（鷲谷・鬼頭編，2007）にまとめた．

研究プロジェクトの成果としては，市民の潜在的なモニタリング力を引き出す異分野協働研究が人と自然のかかわりを含む生物多様性の諸相を解明するうえで有効なことを明らかにできたこと，自然再生という実践における「参加と協働」の実態と可能性を探るための文理融合研究ともいえる保全生態学的社会調査の手法を確立したことなどをあげることができる．

また，学術領域の異分野が協働しながら市民とともに社会が求めるモニタリングのあり方を研究するという新たな研究スタイルを確立することができたことは，その後の研究の発展である保全生態学と情報学の協働による市民科学プログラム研究に途を開くうえでの重要な成果であった．

(2) 保全生態学と情報学の協働

筆者の研究室（保全生態学研究室．2015年までは東京大学農学生命科学研究科，それ以降は中央大学理工学部に所属）は，東京大学生産技術研究所の喜連川優教授の情報学の研究室とともに，市民科学としての「生物多様性モニタリング」に関する共同研究を進めてきた（鷲谷ほか，2015）．

情報学は，情報関連分野の理論，方法論から応用までを広く扱う最先端の科学技術分野である．現代社会のさまざまな課題を扱う分野として，社会におけるプレゼンスをますます高めつつある．データ工学は，「情報爆発」とも形容される現代の膨大なデータを，社会のさまざまな課題の解決に寄与できるデータとして整備する分野として，社会からも学術の多様な分野からも多くの期待を寄せられている．

保全生態学は研究者の数も社会的インパクトも情報学と比べれば桁違いに小さいが，社会の新しいニーズに応える「使命」を意識して研究活動を展開している．情報学では，情報の収集・提供への参加を促す「クラウドソーシング」が新しい研究課題になっており，市民との協働を，データ収集から実践までのすべてのプロセスで重視する保全生態学とは，社会への向き合い方において共通するところがある．

筆者らの共同研究のきっかけは，東京大学地球観測データ統融合連携研究機構が文部科学省の委託によるデータ統合・解析システム（DIAS）の研究プロジェクトを受託し，当時は東京大学にあった保全生態学研究室が「生物多様性モニタリングの高度化」という課題で研究プロジェクトに加わったことにある．

「生物多様性モニタリングの高度化」のために，情報工学の喜連川研究室と協力して，社会が求めるデータ収集・蓄積・活用のモデルとするため，異なるタイプの市民参加型のモニタリングプログラムを実践的に研究した（図1.2）．共同研究は，市民とともにデータを集めそれを科学的な現状評価や予測に活用する研究（Kadoya et al., 2009; Kadoya and Washitani, 2010）は保全生態学研究室が担当し，データベースやウェブページの設計と実運用によるそれらの改良や拡張については，喜連川研究室が担う形で進められた．

(3) 東京チョウモニタリング

「東京チョウモニタリング」（http://butterfly.diasjp.net/）は，「市民参加の生き物モニタリング調査（略称：いきモニ）」として，環境意識の高い組合員を多く擁する生活協同組合「パルシステム東京」と保全生態学研究室，喜連川研究室の３者の協働で進められている（図1.3）．

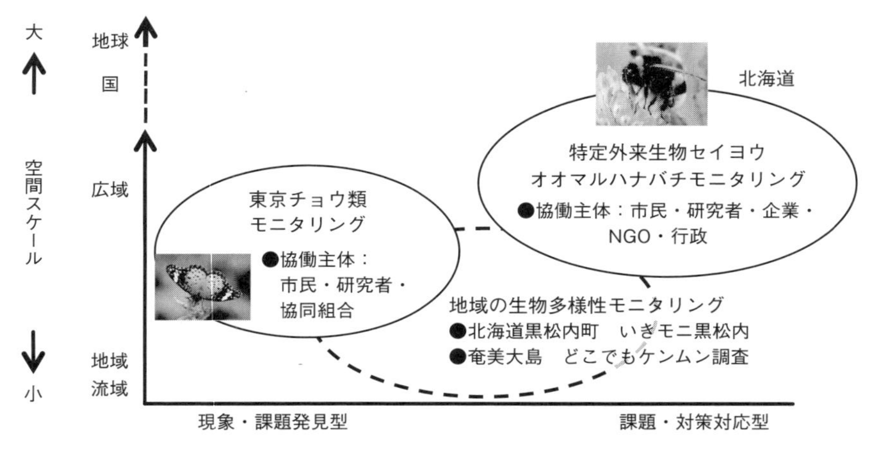

図 1.2　保全生態学と情報学の協働により開発した生物多様性市民科学プログラム

このプログラムの特徴は，チョウの同定に自信の無い初心者でも，写真を添付してインターネットを介して「いつどこで誰が何を見たか」を報告すれば，専門家の同定によって名前を知ることができるところにある．参加者が同定を含めてチョウについて学習できることがインセンティブにもなり，大量のデータ収集が実現している．報告項目と調査者の報告からデータベースへのデータ投入を介したデータ公開までの流れの概要は図 1.4，図 1.5 に示した．

調査者は，任意で保全生態学研究室のメンバーが講師をつとめる研修会に参加し，保全生態学研究室が作成した「調査マニュアル」に沿って，都合の良い時間帯に都内の随意の場所でチョウの調査を行いインターネット上のデータアップロードツールを使って報告する．アップロードされたデータは，保全生態学研究室のメンバーが画像によるチョウの同定を行い，調査者の種名入力に間違いがあれば修正してデータベースを更新する．調査者は修正されたデータを確認して，正しい同定を学ぶことができる．

インターネットで公開されているデータベースは，現在の東京のチョウ相を知るうえで有用な資料になっており，科学的な分析・評価に用いることができる．たとえば，東京で最も多く見られるチョウがヤマトシジミであること（鷲谷ほか，2013），温暖化・ヒートアイランド化の影響を受けて，ツマグロヒョウモンなど，2000 年代になるまで東京ではほとんど記録されていな

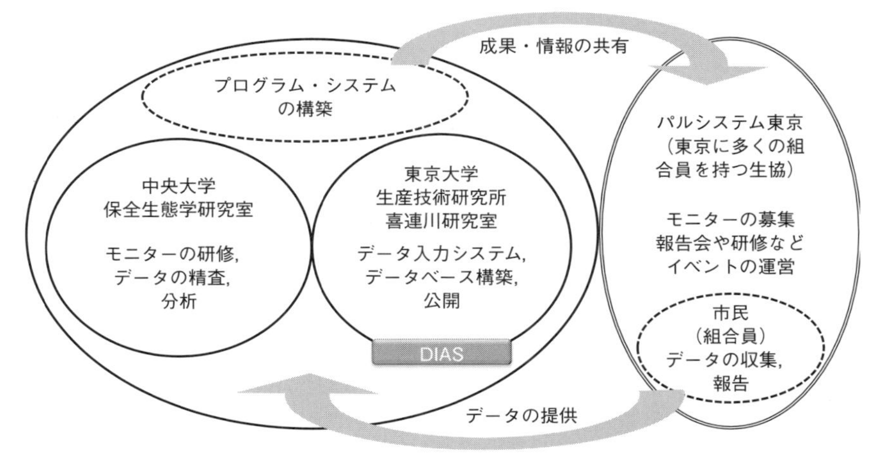

図 1.3　東京チョウモニタリングにおける役割分担

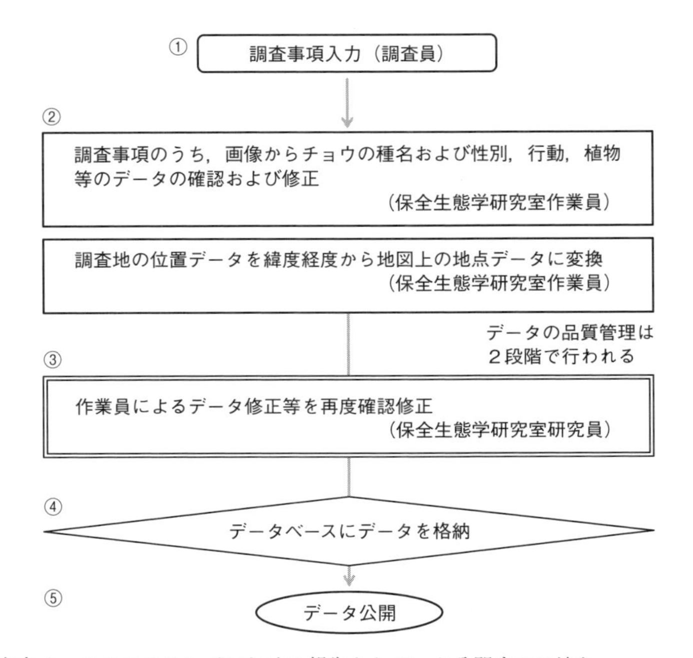

図 1.4　東京チョウモニタリングにおける報告からデータ公開までの流れ

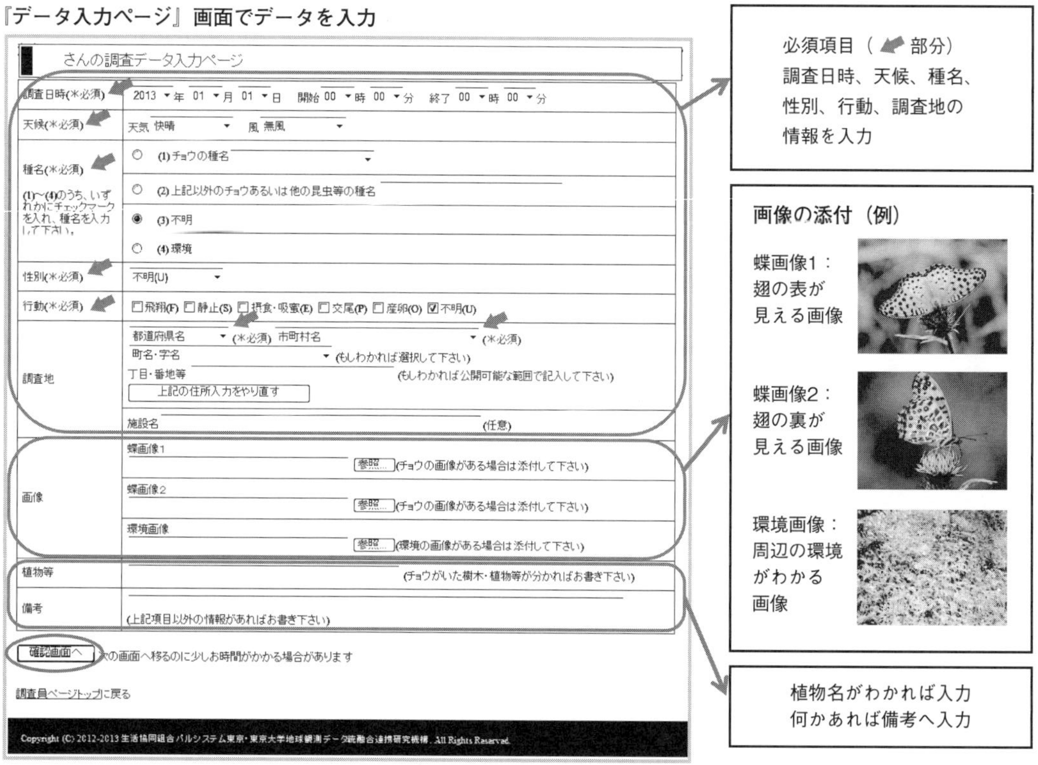

『データ入力ページ』画面でデータを入力

さんの調査データ入力ページ

調査日時(＊必須) 2013 年 01 月 01 日 開始 00 時 00 分 終了 00 時 00 分

天候(＊必須) 天気 快晴 風 無風

種名(＊必須)
(1)〜(4)のうち、いずれかにチェックマークを入れ、種名を入力して下さい。
(1) チョウの種名
(2) 上記以外のチョウあるいは他の昆虫等の種名
(3) 不明
(4) 環境

性別(＊必須) 不明(U)

行動(＊必須) 飛翔(F) 静止(S) 摂食・吸蜜(E) 交尾(P) 産卵(O) 不明(U)

調査地
都道府県名 (＊必須) 市町村名 (＊必須)
町名・字名 (もしわかれば選択して下さい)
丁目・番地等 (もしわかれば公開可能な範囲で記入して下さい)
上記の住所入力をやり直す
施設名 (任意)

画像
蝶画像1 参照... (チョウの画像がある場合は添付して下さい)
蝶画像2 参照... (チョウの画像がある場合は添付して下さい)
環境画像 参照... (環境の画像がある場合は添付して下さい)

植物等 (チョウがいた樹木・植物等が分かればお書き下さい)

備考 (上記項目以外の情報があればお書き下さい)

確認画面へ 次の画面へ移るのに少しお時間がかかる場合があります

調査員ページトップに戻る

必須項目（ 部分）
調査日時、天候、種名、
性別、行動、調査地の
情報を入力

画像の添付（例）
蝶画像1：
翅の表が
見える画像
蝶画像2：
翅の裏が
見える画像
環境画像：
周辺の環境
がわかる
画像

植物名がわかれば入力
何かあれば備考へ入力

図 1.5 調査員による調査データの入力・報告手順

かったような南方系のチョウが次第に優占度を強めていることなどが明らかにされた．さらに，比較的報告数の多いチョウに関しては，その季節的な報告数の変化から化性（その昆虫の成虫が1年に何回発生するか）についての分析など，チョウの生態についての研究資料としても役立つ．2014年までの調査データは，東京のチョウの写真図鑑「ネイチャーガイド東京のチョウ」としてもまとめられており，インターネットおよび印刷物で公開されている．

2017年からは，チョウと植物との相互作用の証拠となる画像をデータとして報告する「共生誌モニタリング」が試行された．

(4) コウノトリ市民科学への期待

筆者らの共同研究として2017年から準備を始めているもうひとつのプログラムは「コウノトリ市民科学」である．世界の多くの市民科学プログラムが種を対象としたものであるのに対して，このプログラムは，野生復帰による野生個体群の再生という地域や市民の取り組みに資するよう，個体を対象とするところに特徴がある．

水田は，日本における自然との共生の場として最も重要な生息場所タイプのひとつである．しかし，かつては生物多様性が豊かな水田は，近代的な整備や農薬・化学肥料の多投入などの慣行農業が席巻するにつれて，生き物の賑わいを失った．それを再生する取り組みのシンボルになっているのは，コウノトリ，トキ，マガン，ハクチョウなどの大型の水鳥である（鷲谷，2007）．とりわけ，コウノトリをシンボルとした取り組みは，いくつもの地域に広がり，1980年代にほぼ野生絶滅ともいえる状況に陥った東アジア個体群の再生の可能性が高まっている．

コウノトリは，翼を広げると2 mにもなる大きな鳥で，その勇壮な飛翔は，見る者の心を惹きつけてやまない．コウノトリの保護活動に長い経験を持つ兵庫県豊岡市と兵庫県は，2000年代には，野生復帰の取り組みを環境保全型農業や環境産業の振興と結びつけて発展させた．ロシアからゆずりうけたコウノトリの人工環境下での増殖に成功し，野生に戻すための最初の放鳥（飼育した鳥を野生に放すこと）を2005年に実施し，その2年後には野外での繁殖が確認された．

豊岡市では，いくつかのタイプの湿地再生をすすめてきた．水田跡地をコウノトリの生息に適した湿地として整備した戸島湿地，地域をあげて放棄水田の湿地としての管理に取り組んでいる田結集落（鷲谷，2010）などがその例である．また，水田とその周辺をかつてのように生き物にぎわう餌場として活かすための「コウノトリ育む農法」の普及にも努めている．その内容は，冬季の湛水に加えて，中干し（稲の成長途上で水田からいったん水を抜くこと）をオタマジャクシがカエルになって水田から出ていく時期まで延期するなどして，田んぼに長い期間水を張る，農薬や化学肥料の使用を控える，排水路に魚道を設けて河川と水田の間を魚が行き来できるようにするなどである．さらにこのようにして生産された米などの農産物をブランド化したり，観光資源として活用するなどの方策による，地域経済の活性化も視野に入れた取り組みを実施している．

コウノトリをシンボルとした生物多様性に目を向けた地域づくりと放鳥は，福井県越前市と千葉県野田市でも取り組まれている．現在では，放鳥と野生での繁殖によりコウノトリは着実に数を増やし，2017 年には野生のコウノトリは 100 羽を越え，その飛来範囲は全国 47 都道府県におよぶまでになった．また，日本に学んで同様の野生復帰の取り組みを進める韓国との往来も認められる．私たちは現在，いったんは絶滅もしくは絶滅寸前に陥ったコウノトリの東アジア個体群の再生を目の当たりにしつつある．

コウノトリの生態をより深く理解し，また，生息環境再生に取り組む地域を広げて野生個体群再生を成功させるためには，多くのデータと分析・評価が必要である．市民が観察・記録するだけでなく，データの分析・評価にも参加する「コウノトリ市民科学」は，個体群再生に大きく寄与するはずである．

個体の「パーソナリティ」（Wolf and Wiessing, 2012; Pruitt, 2014）は，遺伝的な背景をもち，個体群の成長と分布拡大にも重要な意味をもつと考えられる．そのことを認識したり評価したりすることに役立つデータは，科学的にも保全の取り組みにとってもとくに大きな意義があると考えられる．

筆者らの研究グループは，豊岡を中心に各地のコウノトリの取り組みに参加する市民・住民の団体である NPO 日本コウノトリの会（2016 年設立）と協力して「コウノトリ市民科学」のプログラムを 2018 年 7 月に立ち上げた．

コウノトリを観察し，証拠となる画像，動画，音などをデータの一部として記録して報告するためのアプリの開発，データを蓄積し公開するためのデータベースやウェブページなどを整備し，公開したところ，数ヵ月で報告件数は数千件に達した．

「自然との共生」は，地域の人々の協力（共生）が支える．共生は，人間が最も人間らしく生きるためのキーワードでもある．「コウノトリ市民科学」は，コウノトリに優しいまなざしを向け，地域を越えてつながろうとしている人々の絆，生物多様性の保全・自然再生に取り組む地域の人々と若い研究者との間の絆を強めるものとしても期待される．

1.4 時代を超えた生物多様性科学の意義

(1) 将来世代のために——持続可能性にとっての意義

地球規模，地域規模を問わず，現代のように急速なスピードで環境が大きく変化した時代はない．いま，私たちの目前で展開し，今後さらに加速していくと予測されている生物多様性とそれをめぐる変化は，分析・評価も記録も十分になされる間もなく進行している．

いま何をすべきかを問うためには，現状を認識するだけでなく，過去から学ぶことが必要である．50 年後，100 年後の科学者や市民は，自然環境があまりにも「急激に変化した」現代の状況を知り，分析し，持続可能な将来を切り拓くための情報として利用することを願うだろう．生物相の現状をできるだけ詳細に記録することは，いま起こりつつあることをよく理解して適切な行動を起こすために必要なだけではなく，将来世代が確かな情報を利用できるようにするためでもある．

現代の私たちであれば努力すれば入手できるデータへのアプローチが将来世代は難しい．急激な変化を目の当たりにしている現在，市民参加で得られた確かな生物データを過去のデータ（その多くはアマチュア研究者のデータ）と比較して分析・評価すること，すなわち，可能な範囲で過去に遡って生物相の変化とそれをもたらした人間活動の作用について分析・評価して，科学的な文書として残すことは，将来世代に貴重な「知の遺産」を遺すこと

表 1.1　市民科学における市民参加者，科学，社会の共生関係

	得るもの	与えるもの
参加者（個人）	●認識 世界の広がり ●楽しみ ●やりがい 　＝社会と科学への貢献	●データ収集の労力
科学（研究者）	●科学的価値の高いデータの開発・改善	●モニタリングプログラム ●データベースの整備 ●データの科学的活用
社会	●認識・意識の向上 ●現状評価のための確かな情報 ○ビッグデータ	

を意味する．

(2) 社会・科学・参加者個人にとっての意義

市民科学は，研究者が単独で行う調査にくらべて，空間的に広域，時間的には稠密なデータ取得を可能にする．市民科学は，すでに生物多様性の保全や環境保全の科学において主要な役割を果たしており，市民が生物多様性の保全に参加する活動の形態としての意義も大きい．生物多様性の保全の実践は，「科学」と「参加」を旨としたアプローチを基本とすべきであるが，市民科学は，その両方を同時に満たす活動領域である．

適切にデザインされた市民科学プログラムは，質・量ともに優れたデータの収集を通じて社会と科学にとって有益な効果をもたらすだけでなく，参加者個人にとってもいくつもの利益をもたらす（表 1.1）．すなわち，身の回りの生物への気づきの機会と観察の楽しみを得ることができ，生物多様性にかかわる学びの機会を得ることもできる．東京チョウモニタリングの少なからぬ参加者が，ネイチャーガイドの感想欄や報告会で，このプログラムに参加したことで「生涯を通じた楽しみ」を見いだしたと述べており，「人生の質」の向上という長期的な効果も大きいといえる．

このように，市民科学は，市民と研究者の密接な協力関係を通じて質量ともに優れた科学的データが得られ，参加者個人にとっては科学と社会に貢献しながら学びの機会と人生を通じての楽しみを見いだすことができる．そのデザインと実践は，生物多様性保全のための「使命の科学」である保全生態

学にとって，とくに優先度の高い研究課題であるといえるだろう．

10年近くにわたって市民科学としての「生物多様性モニタリング」研究を協働で進めさせていただいた東京大学の喜連川優教授および安川雅紀特任助教，市民科学プログラムをごいっしょに実施させていただいている生活協同組合「パルシステム東京」およびNPO「日本コウノトリの会」，ならびに保全生態学研究室でこれらのプログラムにかかわったすべてのみなさんに，この場を借りて心より感謝の意を表させていただきます．また，原稿の整理でお世話になった保全生態学研究室の永井美穂子さんにも感謝いたします．

引用・参考文献

内山勝利・神崎繁・中畑正志篇（2015a）『新版アリストテレス全集8　動物誌（上）』岩波書店，400 pp.

内山勝利・神崎繁・中畑正志篇（2015b）『新版アリストテレス全集9　動物誌（下）』岩波書店，450 pp.

コウノトリ市民科学ホームページ　https://stork.diasjp.net

鷲谷いづみ（2007）『コウノトリの贈り物——生物多様性農業と自然共生社会をデザインする』地人書店，244 pp.

鷲谷いづみ・鬼頭秀一編（2007）『自然再生のための生物多様性モニタリング』東京大学出版会，233 pp.

鷲谷いづみ・吉岡明良・須田真一・安川雅紀・喜連川優（2013）市民参加による東京チョウ類モニタリングでみたヤマトシジミ．科学，83: 0961-0966.

鷲谷いづみ（2010）『日本自然再生紀行』岩波書店，128 pp.

鷲谷いづみ・安川雅紀・喜連川優（2015）ケンムン広場——生物多様性モニタリング研究における保全生態学と情報学の協働．山田利明・河本英夫編『エコ・ファンタジー』春風社，69-80.

Bonney, R., C. B. Cooper, J. Dickinson, S. Kelling, T. Phillips, K.V. Rosenberg and J. Shirk（2009）Citizen science: a developing tool for expanding science knowledge and scientific literacy. Bioscience, 59: 977-984.

Darwin, C. R.（1859）“On the Origin of Species by Means of Natural Selection, or the Preservation of Favoured Races in the Struggle for Life”, John Murray, London, 502 pp.

Ellwood, E. R., T. M. Crimmins and A. J. Miller-Rushing（2017）Citizen science and conservation: recommendations for a rapidly moving field. Biol. Conserv., 208: 1-4.

Kadoya, T., S. H. Ishii, R. Kikuchi, S. Suda and I. Washitani（2009）Using monitoring data gathered by volunteers to predict the potential distribution of the invasive alien bumblebee *Bombus terrestris*. Biol. Conserv., 142: 1011–1017.

Kadoya, T. and I. Washitani (2010) Predicting the rate of range expansion of an invasive alien bumblebee (*Bombus terrestris*) using a stochastic spatio-temporal model. Biol. Conserv., 143: 1228–1235.

Kobori, H., J. L. Dickinson, I. Washitani, R. Sakurai, T. Amano, N. Komatsu, W. Kitamura, S. Takagawa, K. Koyama, T. Ogawara and A. J. Miller-Rushing (2016) Citizen science: a new approach to advance ecology, education, and conservation. Ecol. Res., 31: 1–19.

McKinley, D. C., A. J. Miller-Rushing, H. L. Ballard, R. Bonney, H. Brown, S. C. Cook-Patton, D. M. Evans, R. A. French, J. K. Parrish and T. B. Phillips (2017) Citizen science can improve conservation science, natural resource management, and environmental protection. Biol. Conserv., 208: 15–28.

Pruitt, J. N. (2014) Animal personality: ecology, behavior, and evolution. Current Zoology, 60: 359–361.

Rockström, J., W. Steffen, K. Noone, Å. Persson, F. S. Chapin, III, E. Lambin, T. M. Lenton, M. Scheffer, C. Folke, H. Schellnhuber, B. Nykvist, C. A. De Wit, T. Hughes, S. van der Leeuw, H. Rodhe, S. Sörlin, P. K. Snyder, R. Costanza, U. Svedin, M. Falkenmark, L. Karlberg, R. W. Corell, V. J. Fabry, J. Hansen, B. Walker, D. Liverman, K. Richardson, P. Crutzen and J. Foley (2009) Planetary boundaries: exploring the safe operating space for humanity. Ecology and Society, 14: 32. [online]

Secretariat of the Convention on Biological Diversity (2014) "Global Biodiversity Outlook 4", Montréal, 155 pp.

Sullivan, B. L., T. Phillips, A. A. Dayer, C. L. Wood, A. Farnsworth, M. J. Iliff, I. J. Davies, A. Wiggins, D. Fink, W. Hochachka, A. D. Rodewald, K. V. Rosenberg, R. Bonney and S. Kelling (2017) Using open access observational data for conservation action: a case study for birds. Biol. Conserv., 208: 5–14.

Wolf, M. and F. J. Wiessing (2012) Animal personalities: consequences for ecology and evolution. TREE, 27: 452–461.

2

ブナ林の歴史と人のくらし
——成り立ちとかかわりから持続的利用を展望する

中静　透

1996年度に日本生命財団助成研究から受けた研究助成「ブナ林の維持・保全に関するネットワーク研究」では，積雪環境の異なる全国15ヵ所のブナ林をネットワークで結び，同一の手法による，種子から実生発生までの動態を比較した．その結果は，積雪の多い日本海側のブナ林ではブナの更新が起こるのに対して，雪の少ない太平洋側のブナ林では更新が進みにくいのかを明らかにした．このことは，本章で述べる日本特有の多雪環境下にあるブナ林の保全に関する生態学的な知見とその利用に関する重要な示唆を与えている．

2.1　ブナ林と人とのかかわりを探る

ブナ林は日本の冷温帯の極相林であり，かつては日本の中部地方の山地から東北地方の平地を広く覆っていたと考えられている．照葉樹林はその利用の長い歴史のなかで，明治時代までに原生状態の森林は非常に少なくなっていたのに対して，ブナ林は1920年ころまでは，主として日本海側の多雪地に，原生林と呼べる状態の森林が豊富に残っていた．しかし，現在では，原植生がブナ林であった地域の10%程度しか残っておらず，最近100年間の変化はとても大きい．1960年代のピーク時にはブナの材積で年間250万m^3も伐採されていたが，現在ではほとんど伐採されておらず，木材としての国産ブナの利用は非常にわずかな量に限られる．このような資源の枯渇状況のなかでも，最近は輸入されたブナ材の家具を時々見かける．そうした持続的とはいえない利用の歴史を振り返ると同時に，ブナ林利用の現状を分析して，ブナ林の保全と持続的利用のありかたを考えてみたい．

2.2　日本の冷温帯林の成り立ち

日本のブナ林は，日本海型と太平洋型の2つのタイプに分けられることが多い．そして，現存する原生林あるいはそれに近い状態の森林は圧倒的に日本海型が多い．それはなぜだろうか？

最終氷期には温度的には関東地方や西日本の平地の大部分も含めて冷温帯に属する地域は広かったはずであるが，花粉分析の結果によると，必ずしもこの時代にブナが優占する森林は多くなかった（内山，1998）．その後，縄文時代前期にあたる約6000年前には，現在より1-2℃気温の高い時代があったが，東北地方の平地・山地でブナ林が広く分布する状態ではなかったと考えられている．ブナ林が現在の分布域とほぼ同じ地域に分布するようになるのは，約4000年前以降だといわれている（図2.1）（内山，1998）．

森林の分布を決定するのは温度条件だけではなく，時には降水量や積雪量が重要である．日本の気候条件では，森林の成立に十分な降水量があり，森林の分布は温度だけで説明できると考えられがちである．しかし，年間を通じて湿潤な気候にあるのは日本海側だけであり，冬季の太平洋側は降水量がとくに少なく，強い乾季とも呼べる状態にある．最終氷期には，低温による海面上昇もあり，日本海には現在のような対馬暖流が流れ込んでいなかった．したがって冬季には凍結していた可能性もあり，水蒸気の供給量は少なかったため，日本列島全体で降水量が少なかったと推定されている（安田，1985）．その後の温暖化により，海面が上昇すると対馬暖流の流入が起こり日本列島への水蒸気供給量が増し，冬季には日本海側に大量の雪をもたらすようになった．ブナの花粉が増加する時期は，こうした降雪量の増加した時期と一致する（安田，1985; 内山，1998）．

こうした日本列島の湿潤と乾燥の歴史を示唆するのが，黒ボク土といわれる土壌の分布である．黒ボク土は，火山灰を起源として草原性の植生によって形成されるといわれ，日本には広く分布しているが，日本海側には少ない（河室・鳥居，1986）．また，花粉分析の結果からも，現在ブナの優占度の低い落葉混交林が分布する太平洋側の地域では，数千年前からブナの少ない状況が続いており，ナラ類，クリ，シデ類などの落葉樹を中心とする森林であった（内山，1998）．また，花粉分析の調査では，そうした地域の土壌からは

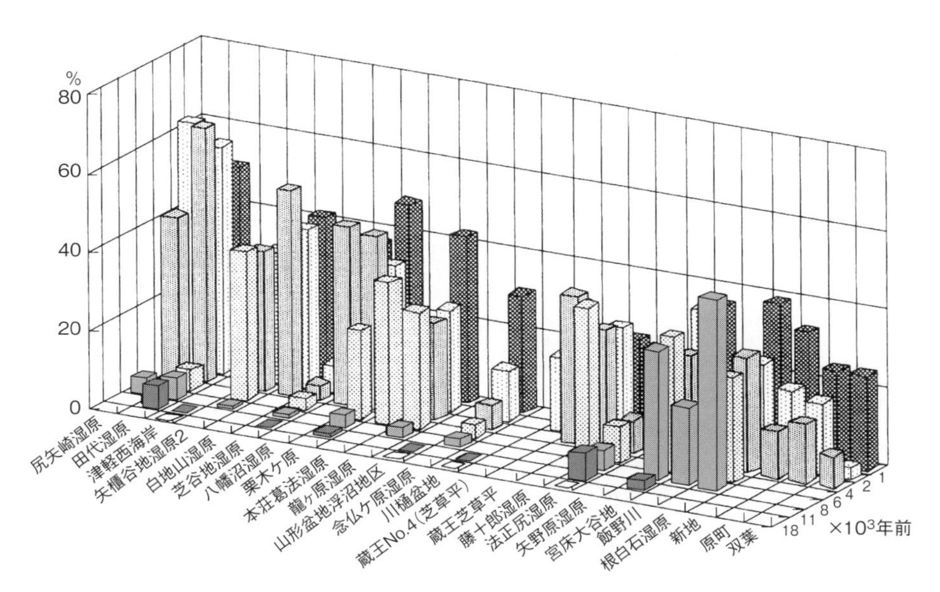

図 2. 1　東北地方の最終氷期以降のブナ属花粉の出現状況（内山，1998）

炭や灰が断続的に検出される．以上のことを考えると，太平洋側では乾燥した気候とそれによる山火事の影響で氷期から現在に至るまでブナの優占度は低く，場合によると草原様の状態が長く続くような場合もあったと考えられる（Nakashizuka and Iida, 1995）．その時代の山火事は，おそらく人間が狩猟などのために起こしたものである可能性が高い（岡本，2012）．現在の日本では，山火事の頻度は低いと思われているが，それは厳重に防止策をとっているからであり，実際に終戦後の 1945-50 年の 5 年間に 10 ha 以上の山火事は，北海道，東北地方の太平洋側，中部地方の内陸部，瀬戸内海などを中心に頻繁に起こっていた（図 2. 2）（井上，1950）．山火事は 2-4 月の冬季から春先の乾燥する時期に多く，現在ブナの原生林が残っている日本海側は，その時期にはまだ深い雪が残っており，自然の発火は起こりにくいし，人間も火を利用することが難しかったと思われる（中静，2003）．

太平洋側の草原は，明治時代ころまで東北地方の太平洋側には広く残っていた．北上山地や阿武隈山地の高原はいずれも馬産地や農耕用の牛を育てる場所として知られており，明治末期の地形図でも草原であったことが示され

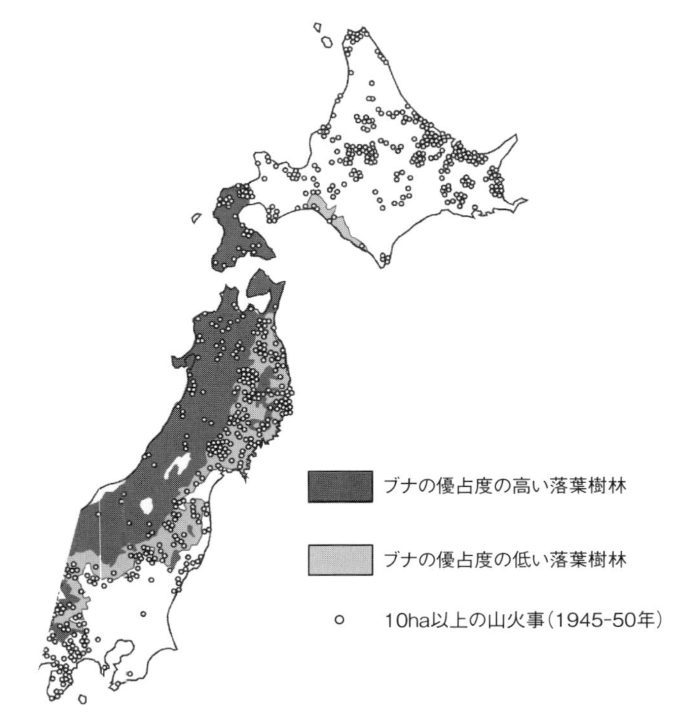

図 2. 2 ブナの優占する森林と山火事の分布（Nakashizuka and Iida, 1995 を改変）

ている（大住，2003）．こうした歴史の結果，明治時代までに，冷温帯で原生林に近い森林が残っていたのは，日本海側か，太平洋側でも標高の高い地域のみに限られていた．それ以外の場所は，数千年前あるいはそれ以前からブナが優占する森ではなかったと考えられる．日本の冷温帯の原生林は，単純にブナ林だと考えられてきたが，それは単にブナの優占する場所しか原生的な森林がほとんど残らなかったからであり，太平洋側の冷温帯はナラ類やクリ，シデ類などの多い森林を原植生と考えるほうが正しいのかもしれない（野嵜・奥富，1990）．ほかの広葉樹の少ない純林ともいえるブナ林は，日本のなかでも年間を通じて降水量の多い（特に雪の多い）地域に限られるのである．ブナの材の粘り強さが雪の圧力に耐えることや（Homma, 1997），積雪によってブナの種子がネズミ類の捕食から免れる（Homma et al., 1999）など，ブナ本来の生態学的特徴もその理由である．

2.3　ブナ林の利用の歴史

(1) 伝統的なブナ林の利用

そうして残ったブナの原生林を，人間は伝統的に緩やかな方法で利用してきた．木地師とよばれる器などを作る技術者集団がブナやトチノキを利用していたことは知られているが，戦後に行われたように大面積で伐採されることはなかった（図 2.3）．また，江戸時代には奥山から川を利用した流木(ながしき)によって薪材として都市に供給された記録がある（岩淵，1999）．

大正時代には国有林で択伐や皆伐が行われるようになっているが，効率的な伐採や集材技術がなかったため，伐採のスピードは速くはなかった．また，乾燥技術の未熟な時代には腐朽の速い木材と評価されたこともあり，高級材として利用されることは少なく，主として木炭やパルプなどに利用されていた．ブナを「橅」と書くのは日本で始められたことであるが，こうした理由に起因するともいわれている．

第二次世界大戦前には伐採量も多くなかった（図 2.3）が，第二次世界大戦でのエネルギー不足から木炭需要が急増して伐採量が増えている．後述するように，1980 年代のブナ林の更新の成功例は少ないが，この時代までのブナ林における木炭利用は，実は多くのブナ二次林を産んでおり，伝統的な

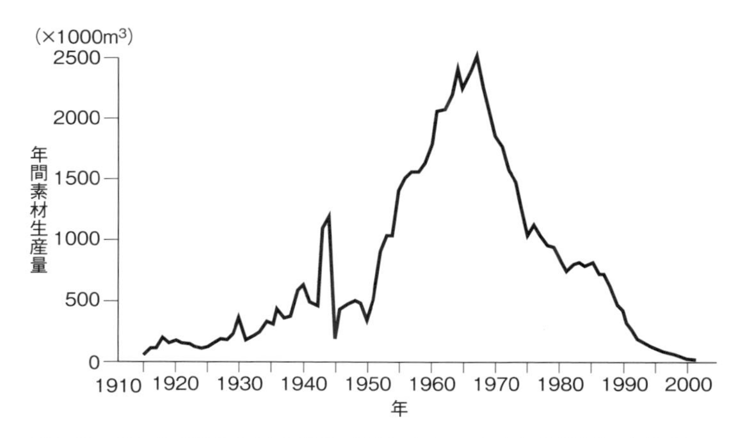

図 2.3　ブナの素材生産量の推移（片岡，1991 および林野庁資料より作成）

技術としてのブナ林の更新は，すでに確立されていた可能性がある．

(2) ブナ林の皆伐と人工林への転換

第二次世界大戦後，一時的に伐採量は減少するが（図 2.3），戦後の復興や高度経済成長のなかで急速な伐採が開始される．この時代には伐採・搬出技術などが進み，大規模な伐採が可能となっている．しかし，ブナの木材としての評価は高くなかったため，ブナを伐採した後にはより材としての価値が高いスギ・ヒノキなどの針葉樹人工林に転換（拡大造林）されていった．そして，1960 年代後半には年間伐採量 250 万 m^3 というピークに至るのである（図 2.3）（片岡，1991）．

一方で，高度経済成長時の木材供給は，国産材だけでは不足していたため，外国産材の輸入が拡大し，1964 年に木材の輸入が完全自由化される．このことが，日本の林業の衰退を招いたとされているが，同時にブナ林から転換された人工林についても，その需要や価格を著しく低下させ，手入れされずに人工林の成立を妨げた面があるだろう．

ブナの伐採が速度を速めた当初は，太平洋側のブナ林，あるいは日本海側でも標高の低いブナ林が中心であった．これらの地域では，積雪量も比較的少ないうえ，すでにアクセスもある程度確保されていたこと，まだ年間の造林面積が多くなく（図 2.3 に見るブナの伐採量の変化は，すなわち伐採後の造林面積の歴史でもある），手入れができたことなどが幸いし，人工林への転換が比較的うまく進んだといわれている．しかし，後年伐採の行われた積雪の多い地域では，伐採跡地の人工林化に失敗するケースが増えてくる．植林された針葉樹がうまく育たず，まばらな森林になってしまったり，伐採後に侵入した樹木との競争に負け，広葉樹林に戻ってしまったりしたものも少なくなかった（図 2.4）．ただし，再生した広葉樹林のなかにブナは通常少なく，カンバ類など攪乱を受けた後に侵入する先駆樹種と呼ばれる樹種が多い．つまり，すぐにブナ林に再生することが期待できない森林であった．

(3) ブナ林の天然更新

そのため，特に多雪地では人工林への転換をあきらめ，ブナの天然更新を優先する方向へと方針転換が行われるようになってゆく．当時，各地の営林

図 2.4　植栽したスギが育たず，ダケカンバの二次林になった森林（十和田湖）

局（現在の森林管理局）でブナの天然更新試験が行われ，様々な報告が出版されている（杉田ほか，2006）．その結果誕生したのが，皆伐母樹保残という技術である．この方法は，材積で 60-70% のブナを伐採し，残りを母樹として残す．それらの母樹が種子を落とし稚樹が育ったころ，もう一度母樹を伐採するという，林学的には傘伐あるいは漸伐と呼ばれる手法のひとつである．

ブナ林によっては，伐採前の状態で林床に十分なブナの実生があり，伐採によってこうした実生が急速な成長をして更新する場合もある．しかし，そうしたケースはむしろ稀で，ほとんどの場合は伐採のあとササ類や低木類の被覆が旺盛となり，その庇陰下でブナの稚樹が育たないうえ，母樹として残されたブナも強風で倒れやすくなり，効率的な更新が起こらない場合が多かった（図 2.5）．また，ブナの大量結実が数年に一度しか起こらず（隔年結実），更新に必要な実生や稚樹を確保できないという側面もあった．ブナの実生の生育を助けるために，林床のササ類や低木を刈りはらっても，1-2 年で回復してブナの更新を妨げるようになってしまう．しかし，毎年ほぼ一定量のブナ林を伐採する事業計画では，ブナの大量結実の年にあわせて事業を集中させることは難しかった．

このように，ブナ林が伐採される一方で，うまく育たないスギ林が増え，ブナ林の再生もうまくゆかないという状態が続く．さすがに 1980 年代にな

図 2.5 皆伐母樹保残方式によるブナ林の更新
60-70% の林冠木を伐採すると林内が明るくなり，ササ類や低木が茂ることで，ブナの更新は阻害される（長野県カヤノ平）.

って，残存するブナの原生林が少なくなり，「ブナ林を守れ」という保護運動が盛んになる．こうして，ブナ林の伐採は大きな批判を浴びるようになってゆくのである．

(4) ブナ林の再生

前述のように，1930 年代からの大規模なブナ林の伐採と天然更新の多くは失敗した．それは，いかにブナ林の効率的更新が難しいかを物語っているともいえるが，一方では，一斉に更新して形成されたと思われるブナの二次林は意外にも東北地方から北陸，山陰など多数の地域に存在するのである．

八甲田山から奥入瀬渓流にいたる地域には，明治時代末から第二次世界大戦前後にかけて成立したと思われる純林状態のブナ林が広く見られる．江戸時代までは藩による管理が行われていたが，奥山でも流木によって薪材としての利用が行われていた．薪材利用の方法は，地域によって様々であり，直径でいえば約 50 cm 以下の中小径木に利用が限られた場合も多いようである（岩淵，1999）．そうした場合には，森林に大きなダメージを与えないであろうし，林床での実生の更新を促進することも多かっただろう．その後，藩政がなくなって森林に関する制御を失ってブナ林の伐採量が増えるが，ブナ

図 2.6　ブナの二次林
まだ雪が消える前に林冠の葉が開いている（八甲田山）.

はうまく更新して美しい二次林となっている（図 2.6）.

また，八甲田山の山麓は馬産地として知られており，江戸時代から明治時代にかけて集落周辺での牛馬の放牧が盛んであった．しかし，日清戦争・日露戦争で軍馬の需要が増し，山麓の放牧地を陸軍が接収したことによって地域住民は放牧の場所を失い，より標高の高いブナ林での林内放牧を国有林から許可される．そうしてブナ林内に放たれた牛馬がササなどの林床植生を採食し，ブナの更新にとって好適な環境ができる．林床に十分な密度のブナ実生が生育している状態で炭焼きなどが行われた結果，ブナの純林ともいえる二次林が形成されたといわれる（岩淵，1999）.

こうした林内放牧は中部（長野県カヤノ平など）から東北のいくつかのブナ林（安比，森吉山など）で実施されており，そうした地域にはブナの二次林が成立している．また，放牧は行われなくとも，炭焼きを行った場所では，低木やササ類を炭俵などに利用したことから，低木やササ類の下刈りが行われ，林床にササ類や低木のない状況が継続されたため，ブナの更新が起こる（中静，2004）.

なかには，鳥海山の中島台のように，冬季の雪上伐採を通じて，「あがりこ」と呼ばれる萌芽を利用したブナ林の再生が行われている例もある（図 2.7）．ブナの場合は，ナラ類に比較して萌芽能力を早期に失うので，大きく

図 2.7 「あがりこ」の樹形
冬季に雪上伐採を行うが，萌芽枝を一度に全部伐採しない（鳥海山にて）．

なりすぎた株で萌芽枝を全部伐採してしまうと，株そのものが枯死する．しかし，「あがりこ」の場合には萌芽枝をすべて一度に伐採するのではなく，20-30 年に一度部分的に伐採することでブナの株を生きた状態に保ちながら萌芽を発生させることができる（中静ほか，2000）．いずれの場合も，伝統的な技術としてブナ林を再生するにはどうすべきかを経験的に理解していたと考えられ，1960-80 年代の大面積伐採・更新の失敗と対照的に，持続的なブナ林の利用技術として大きな示唆を与えている．

ブナ林を再生するには，植林という方法もある．人工林への転換や母樹保残による更新に失敗して，いったんササ類が繁茂したところでは，ブナの種子がいくら高密度に散布されても更新が難しい（中静，2004）．そうした場合にブナ林を復元させる方法としては，植林は残された有効な方法のひとつである．古くは，函館近郊のガルトネルのブナ林（プロイセンの貿易商ライノルト・ガルトネルと蝦夷島［榎本武揚］政府との間で，西洋農法の伝授を条件に土地約 300 万坪を租借する条約が 1869 年に交わされ，ブナや西洋果樹が植栽された）などの例もあるが，最近では 1980 年代後半以降，各地でブナの植林が盛んに行われるようになった．しかし，前述のようにブナの隔年結実現象のために十分な数の苗木供給が難しかったり，植林してもササ類などの競争に負けてしまったりすることもあり，林業的に見合うコストを大きく上回るケースが多い．また，苗木の入手しにくさから，遠隔地の苗木を用いて遺伝子攪乱を起こしているという批判もある．こうした問題の解決には様々なコストが生ずるが，それでもブナ林を再生する価値が認められるというケースはあるのかもしれない．

2.4　ブナ林の持続的利用

人間は森林を多様な形で利用している．従来は圧倒的に木質資源としての利用価値が重視されてきたが，2000 年以降，人間が生態系から得る利益を「生態系サービス」といい，近年ではそれ以外の価値が見直されている（中静，2011）．大量伐採時代のブナ林は，木材供給という点でもその評価は低く，樹種を転換することによって木材供給能力を高めようとしたわけであるが，それも成功したとは言えなかった．1980 年代からのブナ林の保全に関する運動は，ブナ原生林が残り少なくなって，日本全体で木材供給以外のブナ林の生態系サービスが再評価されたということでもある．今後ブナ林を持続的に利用することを考えた場合，原生林として緩やかな利用を考える方向と，伐採による木質資源の供給をにらみ，再生可能な資源としての持続的利用の 2 つの方向性があるだろう．それは間接的価値と直接的価値の利用ということもできるし，文化サービスと供給サービスの利用という言い方もできるかもしれない．いずれにしても，こうした価値を認識することが保全や持続的利用には欠かせないだろう．

(1)　世界遺産としての白神山地のブナ林

ブナの原生林が次々に伐採されてゆく動きのなかで，典型的な転換点となったのが白神山地であった．1980 年代後半には原生林に近い状態のブナ林は残り少なくなっていた．白神山地はそのなかでも，アクセスの悪さと，多雪地でかつグリーンタフが基岩となる地滑りの多い地域で林道などをつくりにくい地形があったことなどのため，まとまって残されたブナ林の数少ない地域のひとつであった．その地域に新たな伐採計画とそのための広域林道（青秋林道）の建設計画が起こったことで反対運動が激化した．

林道建設とブナ林伐採に対する反対運動は，秋田・青森両県の保護団体が中心となり，それに全国レベルの保護団体が加わって全国規模の問題となった．学術団体などもそれをサポートしたし，折から日本政府が世界遺産条約に加盟したこともあって，これまでほとんど保護の網にかかっていなかった白神山地が一気に世界遺産候補となり，1993年に屋久島とともに日本初の世界自然遺産となる．

世界遺産に指定される前の白神山地は，地域の人たちが山菜やキノコを採りに入山していたほか，マタギが野生動物の狩猟をしていた．国立公園などの保護地域に指定されている地域もほとんどなかったため，原生林状態は保ちながらも様々な利用が行われていた．世界遺産に指定された後には，こうした伝統的な物質的な（供給サービスとしての）利用は禁止された．白神山地の管理計画（環境省ほか，2013）では，「世界的にも類まれな価値を有する遺産地域の自然環境を人類共有の資産と位置付け，より良い形で後世に引き継いでいく」という方向性が明確に示され，利用方法としてはエコツーリズムのような緩やかな利用に限られ，しかも頻繁な利用は世界遺産地域の周辺が主になっている．

世界遺産の顕著な普遍的価値（Outstanding Universal Value; OUV）として，多雪地のブナ林が生態系としての完全性を保ちながら保存されていることが述べられており，日本海側のブナ林が世界的な観点からもユニークであることが条件となっている．こうしたグローバルな価値があるからこそ，エコツーリズムは成立する．実際に世界遺産に指定されて数年後には，年間100万人以上の人が白神山地とその周辺を訪れているが，現在では徐々に減少しつつある．

しかし，白神山地はそれまで国立公園などの保護地域に指定されていなかったこともあり，ブナ林のユニークさや価値が地域の人たちに十分理解されていたとはいえないのではないか．地域の人たちにとっては，身近で日常的にある自然であり，グローバルな特殊性を実感しにくかったのかもしれない．近年は，すこしずつ白神山地のグローバルな価値を利用する考え方が育ちつつあるが，まだそのポテンシャルは十分に利用されているとはいえないだろう．また，複数の自治体間の考え方の違いもあり，白神山地全体での利用の方向性が統一されていない感がある．

(2) 生物圏保護区（只見の試み）

同じ広域のブナ林を抱える地域ながら，白神山地とは少し異なった方向性を目指したのが只見町といえる．この地域でも1980年代までに広大なブナ林の伐採が行われたが，それでも周辺には尾瀬や飯豊連峰などの保護地域に隣接していたこともあって，面積的にも白神山地に勝るとも劣らない広さのブナ林が残っている．そうした原生的な生態系を核に，周辺地域での持続的利用も含めたモデルが，UNESCOの生物圏保存地域（ユネスコエコパーク，Biosphere Reserve; BR）である．エコパーク選定には，生態系の豊かさが保全されているか，地域主導の活動となっているか，持続可能な資源利用や自然保護と調和のとれた取り組みが行われているか，将来の活動の継続を担保する組織体制や計画があるかなどが基準となっている．只見エコパークの管理運営計画では，「この地域の豊かな自然環境（雪，ブナ林）や天然資源を保護・保全するとともに，それらの持続可能な利活用を通じ，地域の伝統，文化，産業を継承，発展させ，地域の自立と活性化を図るなかで，地域の社会経済的な発展」を目指す，とされている（只見ユネスコエコパーク推進協議会，2015）．

つまり，白神山地が世界遺産の普遍的価値である原生的な森林の維持を強調しているのに対して，只見ではその生態系や周辺の二次的な生態系を人間がどのように利用するかが強調されている．只見町としては，都市部を追従するような地域振興とは決別し，只見地域独自の自然環境，生活・文化，歴史，産業を活かし，自立した地域づくりを目指す一環としてのエコパークがある．

(3) ブナ林の持続的な直接利用は可能か

山菜やキノコあるいは野生動物などの非木材林産物（Non Timber Forest Products; NTFP）の利用は，木材としてブナを利用することに比べると，生態系を大きく改変することなくブナ林の産物を利用する方法である．現在の日本のブナ原生林のほとんどは，保護地域あるいは施業を行わない地域のみに残っているため，その資源を利用することは難しくなっている．しかし，森林を厳密に保護するだけで，私たちとブナの付き合いが深まり，その価値を深く理解することにつながるだろうか？　個人的には，ブナの家具で生活し，ブナの食器で食事をすることで，もっと身近な存在となり，その価値を感じられるのではないかと思っている．実際には一般の人たちで実際にブナ材を知る人は少ないし，すでに僅少となったブナ材ではあるが，有効に利用するような工夫をしている木工品メーカーもある．一方で主として東ヨーロッパから輸入されたブナ材が，日本国内で家具などに使われている．持続的な利用のためには，こうしたブナ材の価値やブナ林の歴史を理解してもらったうえで，自給を考えるべきではないだろうか？　最近，発達した二次林の国産ブナ材を利用した家具・木工メーカーも現れており，地域のもつ資源の価値と意味を考えさせる試みとして注目できる．すでに各地に成立した二次林の利用と，その効果的な更新方法も含めて，50 年後や 100 年後の日本の持続的利用を考える方向性が必要なのではないか．また，白神山地や只見エコパークを訪れた人たちが，その周辺の地域で持続的に生産されたブナ製品をお土産に購入できるような未来は，訪問者にはそれぞれの地域の印象をより強く印象付け，その価値と意味を理解することに貢献し，持続的な利用の重要性をさらに深く認識してもらうことにつながるのではないだろうか．

2.5　22 世紀のブナ林

これまでの 100 年間は，日本人がブナの利用方法を大きく変化させた時代であったが，今後の 100 年間はブナ林に対しては新たな危機が迫っている．とくに，人間活動による気候変化の影響は，予測の不確実さはあっても，重大な影響をおよぼす可能性がある．気候変動シナリオによると，日本の東北地方の気候は，温暖化すると同時に，積雪量が大きく減少する．こうした変化は本州におけるブナの分布適域を大きく減少させる（Matsui et al., 2004）．白神山地の世界遺産地域の多くも 21 世紀末にはブナの分布適域から外れるという予想もあり，その場合の持続的利用は現在の想定とは大きく異なったものになる可能性がある．

1980 年代のブナ林の保全に関する議論の多くは，原生的な森林としての存在や，固有の生物の生息地としての重要性に関する議論が多く，多様な生態系サービスの利用という観点からの議論は少なかったといえる．翻って，現代の日本では，ブナ林に対して私たちが期待しているものは何なのか，それを十分議論したうえで，今後の利用と保全を考える必要がある．

引用・参考文献

井上桂（1950）統計上から見た我が国の山火事．林野庁，8 pp.
岩淵功（1999）八甲田の変遷――史料で探る山と人の歴史．『八甲田の変遷』出版実行委員会．425 pp.
内山隆（1998）ブナ林の変遷．安田喜憲・三好紀夫編『図説日本列島植生史』朝倉書店，195-206.
大住克博（2003）北上山地の広葉樹林の成立における人為攪乱の役割．植生史研究，11: 53-59.
岡本透（2012）草原とひとびとの営みの歴史．須賀丈・岡本透・丑丸敦史『草地と日本人――日本列島草原1万年の旅』築地書館，99-160.
片岡寛純（1991）望ましいブナ林の取り扱い方法．村井宏・山谷孝一・片岡寛純・由井正敏編『ブナ林の自然環境と保全』ソフトサイエンス社，351-394.
河室公康・鳥居厚志（1986）長野県黒姫山に分布する火山灰由来の黒色土と褐色森林土の成因的特徴――とくに過去の植被の違いについて．第四紀研究，25: 81-97.
環境省・林野庁・文化庁・青森県・秋田県（2013）白神山地世界遺産地域管理計画．
杉田久志・金指達郎・正木隆（2006）ブナ皆伐母樹保残施業試験地における33年後，54年後の更新状況――東北地方の落葉低木型林床ブナ林における事例．日本森林学会誌，88: 456-464.
只見ユネスコエコパーク推進協議会（2015）只見ユネスコエパーク管理運営計画書．
中静透・井崎淳平・松井淳・長池卓男（2000）「あがりこ」ブナ林の成因について．日本林学会誌，82: 171-178.
中静透（2003）ブナ林の背腹性と中間温帯論．植生史研究，11: 39-43.
中静透（2004）『森のスケッチ』東海大学出版会，236 pp.
中静透（2011）森林と上手に付き合っていくために（国際森林年の幕開け）．森林技術，826: 8-14.
野嵜玲児・奥富清（1990）東日本における中間温帯性自然林の地理的分布とその森林大敵位置づけ．日本生態学会誌，40: 57-69.
安田喜憲（1985）東西二つのブナ林の自然誌と文明．梅原猛・安田喜憲・南木睦彦・岡本素治・渡辺誠・市川健夫・太田威・石川純一郎・中川重年・斎藤功・大場達之・西口親雄・泉祐一・四手井綱英『ブナ帯文化』思索社，29-63.
Homma, K.（1997）Effect of snow pressure on growth form and life history of tree species in Japanese beech forest. Journal of Vegetation Science, 8, 781-788.

Homma, K., M. Akashi, T. Abe, M. Hasegawa, K. Harada, Y. Hirabuki, K. Irie, M. Kaji, H. Miguchi, N. Mizoguchi, H. Mizunaga, T. Nakashizuka, S. Natume, K. Niiyama, T. Ohkubo, S. Sawada, H. Sugita, S. Takatsuki, and N. Yamanaka (1999) Geographical variation in the early regeneration process of Siebold's Beech (Fagus crenata BLUME) in Japan. Plant Ecology, 140, 129-138.

Matsui, T., T. Yagihashi, T. Nakaya, N. Tanaka, and H. Taoda, (2004) Climatic controls on distribution of Fagus crenata forests in Japan. Journal of Vegetation Science, 15: 57-66.

Nakashizuka, T. and S. Iida, (1995) Composition, dynamics and disturbance regime of temperate deciduous forests in Monsoon Asia. Vegetatio, 121: 23-30.

3

在来知とレジリエンス
——持続可能モデルへ転換する

羽生淳子

この章では，右肩上がりの経済成長が好ましいと考える「成長モデル」の限界と，それに代わる「持続可能モデル」への転換の必要性について，とくに在来知の重要性とシステムのレジリエンス（弾力性・回復力）という観点から検討する．

1960年代以降，多くの研究者が，人口増加，食料不足，土壌・大気・水質汚染などの地球環境問題に対して警告を発し，無限の経済成長とそれに伴う大規模な環境破壊を前提としない，より持続可能なシステムへの移行を主張しはじめた（たとえばメドウズほか，1972）．ほぼ同時期に，日本では，四大公害病をはじめとする様々な公害問題が明らかになり，地域の被害者と生産者による抗議行動に続いて，全国各地で公害反対・環境保護の住民運動が起こった．これらの運動は，1980年代以降の消費者運動と有機農業運動を含む，草の根レベルでの食と環境への関心につながっていった．前者の地球環境問題に対する警鐘が研究者を含む知識階層の主導であったのに対し，日本における環境運動の多くが，地域の住人と消費者によるボトムアップの活動であったことは，特筆に価する（桝潟，2008）．

筆者は，地球環境問題は，地域における様々な環境問題の累積の結果として生じるものであり，環境問題の解決を目指すためには，具体的な地域研究の事例にもとづいた検討が重要だと考える（たとえば寺西ほか，2014）．とくに，2011年の東日本大震災後の日本においては，地域コミュニティにおける暮らしのなかで培われてきたいわゆる「在来知」を再評価し，地域の知恵と社会ネットワークが災害への回復力と環境保全・再生に果たす役割を検討する必要性が感じられる．

このような視点から，日本生命財団2014年度・2015年度学際的総合研究助成による，「ヤマ・カワ・ウミに生きる知恵と工夫――岩手県閉伊川流域における在来知を活用した環境教育の実践」と題したプロジェクト（以下，「ヤマ・カワ・ウミ」プロジェクト）が誕生した．研究課題名から明らかなように，このプロジェクトでは，山と海，そして両者の間にある川とのつながりを生態学的な視点から強調した．川は，その流域全体の森林や湿地から栄養素や微量元素を集め，沿岸地域の生態系を形づくる．さらに，川の水量や水温は，流域にある森林によって安定化される（白岩，2011）．したがって，山が荒れると，海の生態系に悪影響が現れるだけでなく，台風などの災害に対する地域のレジリエンスも低下する．

筆者らのプロジェクトでは，岩手県宮古市閉伊川流域を主な研究対象として，地域住民によるヤマ・カワ・ウミの複合的な利用のなかで培われてきた在来知の実態とその歴史的変化についての研究を行った．具体的には，まず，ヤマ班（閉伊川上流域～中流域），カワ班（閉伊川中流域～下流域），ハマ班（閉伊川河口～海浜部）に分かれて在来知の過去と現在についての聞き取り調査を行った．そして，その成果を地域のレジリエンスという観点から検討するとともに，地域の住民とともに環境教育を目指す実践コミュニティを形成し，体験学習やワークショップ，写真展を行った．さらに，比較研究として，岩手県二戸市浄法寺地区と福島県内で，小規模な農家や事業者を中心とする聞き取りも行った（羽生ほか編，2018）．

本章では，第1に，在来知とレジリエンスの概念について理論的な考察を加えるとともに，その成果を地域のステークホルダー（研究対象・研究地域と何らかの関係がある人）と共有する方法としての環境教育の意義を検討する．具体的には，聞き取り調査にもとづいて掘り起こした在来知や文化景観についての様々な世代の記憶を，写真展や絵地図などの手法で可視化して地域の住民と共有し，さらに体験学習プログラム等を通じて次世代に伝える試みの重要性を強調する．第2に，「ヤマ・カワ・ウミ」プロジェクトのうち，筆者が直接調査に関わった3つの事例を中心として，在来知と地域のレジリエンスとの関係について検討を行い，その成果を，持続可能な地域づくりという視点から評価する．

なお，本章に示した事例研究の調査は，総合地球環境学研究所フルリサーチ「地域に根ざした小規模経済活動と長期的持続可能性――歴史生態学からのアプローチ」（研究番号 14200084），および人間文化研究機構の広領域連携型基幹研究プロジェクト「日本列島における地域社会変貌・災害からの地域文化の再構築」と連携して行った．

3.1 在来知，レジリエンスと環境教育

(1) 在来知

在来知（在来環境知，local ecological/environmental knowledge; LEK）とは，ある地域に固有の社会・文化に根ざした，環境と生物間の関係に関する知識とそれに伴う諸体系を指す．在来知と重複する概念に，伝統知（伝統的な生態学的知識，traditional ecological knowledge; TEK）がある．在来知は地域に重点を置き，伝統知は世代を超えた経験と蓄積を強調するが，実際には，ほぼ同義語として扱われることも多い．

伝統知のなかでも，先住民族（異民族がその地域を占拠する前にその地に居住していた人々の子孫）の環境知は，先住民族知（indigenous environmental/ecological knowledge; IEK）と呼ばれることもある．バークスら（Berkes et al., 2000）は，伝統知について，知識，実践とともに信仰（belief）をあげ，在来知が人々の間に共有される世界観と一体である点を強調する．

ラドルとデーヴィス（Ruddle and Davis, 2010）は，在来知，伝統知，先住民族知の三者について，あえて定義すれば，「ある地域において世代を超えて伝達される，直接的な経験にもとづいた環境と生態系の諸関係に関する知識とその発現（other expressions）」といえるかもしれない，と述べる．そのうえで，「知識」，「生態系」，「直接的な経験」，「世代を超えた伝達」などの概念のあいまいさと，諸研究者によって在来知・伝統知・先住民族知の定義が一様でないことを指摘する．さらに，在来知の研究には，環境管理や政治的なプロセスなどの外部要因との動的な相互関係や，政府をはじめとする公の組織や大企業とステークホルダーとの間の力関係の不均衡についての理解が不可欠である点を強調し，画一的な定義に捉われない概念化の重要性を指摘する．

在来知・伝統知に関連する議論の一環として，バレーら（Balée ed., 1998）

が提唱する歴史生態学では，環境への人為的な影響が生物多様性の維持や増加に積極的に寄与する例が多く見られることを指摘する．このような考え方は，ネイティブ・アメリカンの諸部族における野焼きの再評価（Lightfoot et al. 2013），日本における里山や入会権が環境保全に果たした役割の再検討，などの議論とも接点を持つ（たとえば武内ほか編，2001）．

(2) レジリエンス

レジリエンスとは，弾力性・回復力を意味する単語であり，システムが（生態系の）乱れを吸収し，その基本的な機能と構造を維持する能力である（Walker and Salt, 2006）．在来知の概念と同様に，レジリエンスの概念も静的なものではなく，すべての生態システムないし社会システムは，常に変化し続けると仮定する．

レジリエンスに関する議論の理論化は，生態学における物理学のフォーマル・モデルの適用をその起源とする．しかし，1980年代以降，レジリエンスの考え方を生物だけでなく人間の社会に適用して，天災や人災に対するコミュニティの弾力性や，災害などから回復する力について検討する試みが盛んになった．

レジリエンスに関する近年の議論の元となったホリングとガンダーソン（Holling and Gunderson, 2002）による適応サイクルのモデルでは，生態システムの時間的な変化として，4段階を設定する（図3.1）．このモデルによれば，ひとつのシステムは，システム内のサイクルが早く外界の変化に柔軟に対応できるr期（試行期），システムが固定化して外界の変化に対する対応力が次第に低下するK期（安定期），硬直化したシステムが災害などを契機として急激な解体にむかうΩ期（解体期），解体されたシステムが再構成されて次のシステムの準備へと向かうα期（再構成期）を経て，次のサイクルに移行する．

図3.1の横軸は，コネクテッドネス（連結度）と呼ばれ，システム内における諸変数のつながりの強さを表す．コネクテッドネスが低い集団や社会は，外界の変化に対して柔軟に対応する．これに対して，コネクテッドネスが高い集団や社会は，見かけ上の安定性は高いが，コネクテッドネスが過度に高くなると，外界の変化に対応できなくなる．Y軸のポテンシャルとは，シス

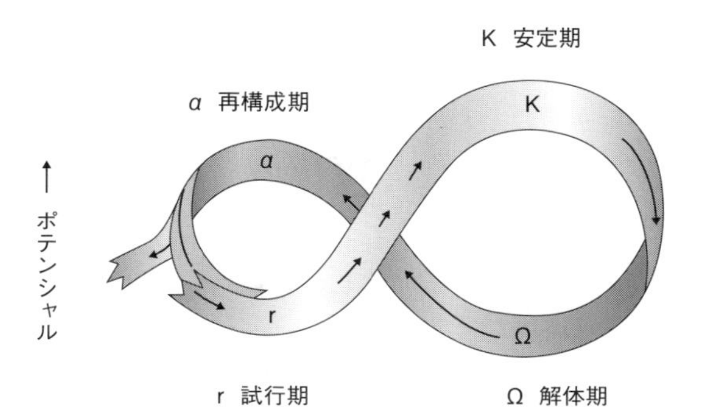

図 3.1 適応サイクルのモデル：レジリエンス理論から見た生態システムの 4 つの機能（Holling and Gunderson, 2002 より改変）

テムの方向性に大きな変化が生じる可能性だ.

このモデルにもとづいて考えるならば，災害にレジリエントなシステムとしては，2 つの形が考えられる．第 1 は，常に小さな変化を繰り返しながら r 期にとどまる，小規模で柔軟性の高いシステムだ．第 2 は，既存のシステムがいったん解体したあと，外界の変化に対応する柔軟性を取り戻して新しい形を目指す α 期のシステムだ．日本の農漁村で考えるならば，在来知が健在な地域において，それを活かしながら科学知も利用して新たな展開をはかる試みが前者の例，東日本大震災などの大きな社会・環境変化をきっかけとして既存のシステムが解体を余儀なくされた結果，新しいシステムの再構成を目指すのが後者の例といえる.

現実の世界の生態系では，短期から長期にわたる無数のサイクルが入れ子になったり相互に影響しあいながら，景観の変遷を形づくっていく．社会・経済システムについても同様である．このような，時空間スケールが異なる複数の適応サイクルの組み合わせを，ガンダーソンとホリング（Gunderson and Holling eds., 2002）は，「パナーキー（Panarchy）」（適応サイクル複合，図 3.2）と命名した.

図 3.1 や図 3.2 に示したようなフォーマル・モデルを基盤としたレジリエンスの議論が盛んになったのは，1990 年代以降である．しかし，人類学者

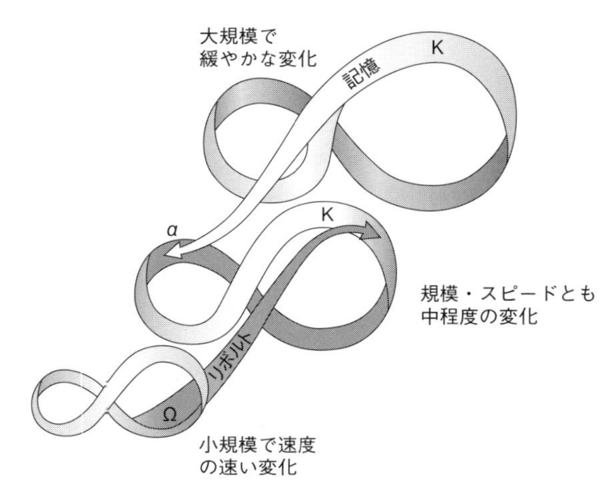

図 3.2　パナーキー理論による短期・中期・長期適応サイクルの相互関係（Holling et al., 2002 より改変）

たちは，自らのフィールド経験にもとづき，在来知にもとづいた地域文化・社会のレジリエンスの重層性について，それよりも早い段階から注目している．たとえば，1950 年代から北米北西海岸のマカー族と中央アフリカのトンガ族の調査を行ったコルソンは，1979 年に出版した論文で，フィールド調査の結果として，気候変動などにもとづいた食料不足に備えるためには，①生業と食の多様性，②食料貯蔵，③救荒食に関する知識の継承，④余剰食物を耐久財と交換して将来の食料不足に備えること，⑤食料不足の際の互助関係を可能にする地域間のネットワーク構築，の 5 点が重要だと指摘した（Colson, 1979）．とくに，彼女が強調したのは，重層的なバックアップ・プランを保つための生業と食の多様性の重要性である．この論文では，生態学や物理学のモデルには言及していないにもかかわらず，その結論は，r 期における小規模で多様な生業活動の重要性を強調するレジリエンスとパナーキーの理論と多くの共通項をもつ．

(3)　環境教育と超学際的研究

「ヤマ・カワ・ウミ」プロジェクトの特徴は，上記のような在来知とレジリエンスに関する調査と分析を，地元のステークホルダーと議論を重ねながら行い，その成果を共有する手法として，様々な形の環境教育ワークショップやイベントを試みたことだ（羽生ほか編，2018）．古典的な自然・社会科学の研究では，研究テーマに沿った資料の収集とその分析，学術論文の出版を最終目標とする．これに対して，ステークホルダーとの協働作業と社会への発信を中核に据えた，より実践的な研究の試みは，超学際的研究（transdisciplinary research）と呼ばれ，近年の環境研究において注目を浴びている（Hadorn et al. eds., 2008）．

超学際的研究で重要なのは，ステークホルダーとの意見の交換が，研究者側からの一方通行ではなく，相互の行き来を保障することだ．それと同時に，研究成果は基礎研究と実践に二分されるのではなく，地元のステークホルダーの興味・関心が基礎研究にも反映されるような研究計画が不可欠である．最終的には，このような試みを通じて，研究を「いかに」行うか，だけでなく，地元のステークホルダーにとって重要なトピックを研究テーマの主眼に据え，「何を」「どのような視点から」研究するか，について，ともに検討を行うことが必要となる．

今回のプロジェクトでは，環境教育を重視する視点から，地域に存在する在来知を意識的に掘り起こしてヤマ・カワ・ウミの相互関係の系を明らかにし，その成果について地域のステークホルダーとの共有を試みた．具体的には，地域でこれらの問題と長年取り組んできた農漁業従事者，教育者，研究者を含めた地域住民とともに，環境教育を実践するコミュニティの生成を目指した．

宮古市内各地でワークショップや写真展を行うにあたっては，研究の成果を地域に還元するだけでなく，地域の声を研究にフィードバックさせる，という双方向の系を視野に入れたうえで企画を行った．さらに，在来知の項で述べた外部要因との動的関係や歴史的背景を考慮に入れたうえで，本章の冒頭で述べたマクロな視野での環境保全と，それぞれの地域の歴史と現状にもとづいたミクロな視点との接点を探すことを試みた．とくに，閉伊（へい）川河口～海浜部については，宮古市磯鶏・藤原地区について，ハマの記憶と在来知に関するグループ型の聞き取りを行い，その成果を「“むかし須賀”記憶の絵解き地図」として視覚化し，その成果を「やってみよう！　むかしの浜あそび」と題した体験型ワークショップで披露した（福永，2018）．一方，閉伊川中流域を中心とした川の利用については，サクラマスとヤマメ（サクラマスの陸封型）の利用に焦点をおいた聞き取りを進め，その成果を用いて，地元の住民や閉伊川漁業協同組合らとともに，「水圏環境教育プログラム・サクラマス MANABI プロジェクト」と題した周年5つの体験学習活動を行った（佐々木，2018）．

宮古市街に近い閉伊川下流域～中流域に対して，上流に近い山間部では，若者の都市への流出と平均年齢の高齢化がとくに深刻な社会問題となっており，体験学習活動の参加者を募ることも難しい．一方で，在来知と地域のレジリエンスに関する聞き取りという面では，山間部，とくに閉伊川流域の旧川井村地区における調査において得るところが大きかった（真貝・羽生，2018）．また，比較研究として行った岩手県二戸市浄法寺地区（伊藤・羽生，2018），および福島県内の事例（後藤ほか，2018）でも，在来知と地域のレジリエンスの問題について，示唆に富む結果が得られた．これらは，すべて筆者が直接調査にかかわった事例である．次節では，この3つの調査地域における研究成果を紹介する．

3.2　在来知と地域の暮らし――3つの事例から

(1) 在来知とレジリエンスの重層性――岩手県宮古市旧川井村地区の事例

北上山地の中央に位置する旧川井村地区は，第二次世界大戦後に水田稲作が本格化するまで，常畑で生産する雑穀・ムギに加えて，焼畑による輪作と，ドングリを含む多様な山の幸の利用によって通年の食料を確保してきた．聞き取り調査の結果，1）食と生業の多様性，2）主食生産の重層性，3）食料貯蔵，4）社会ネットワーク，5）過去の災害や飢饉の記憶の伝承，がこの地域のレジリエンスを支える重要な要素となっていたこと，このような在来知にもとづいた暮らしの原則は，形をかえながらも，人々の暮らしのなかに現代まで生き続けていることが確認された．前節で紹介した適応サイクルのモデルで考えるならば，r 期において小さな変化を繰り返しながらも小規模で多様な生業形態を維持し続けることによってレジリエンスを保ってきた地域の具体例といえる．

旧川井村は，平成の大合併によって2010年に宮古市に合併されたが，1955年より前には，この地域はさらに3つの村（川井，小国，門馬）に分かれていた．文化と交通の面からは，東部の旧川井村域は宮古市街とつながりが強いのに対し，南部の旧小国村域は遠野市，西部の旧門馬村域は盛岡市と生活圏が近い．今回聞き取りを行ったのは，このうち，旧川井村域と旧小国村域に対応する地域である（真貝・羽生，2018）．

旧川井村地区の大部分は森林と山地が占めており，川沿いのわずかな平地に集落がつくられた．山林が多い北上山地では，林業や炭焼きなど，山で木とかかわる仕事が生活の大きな要素となっていた．寒さが厳しく急傾斜地の多いこの地域では，水稲耕作が普及する以前の昭和30年ごろまでは，米ではなくヒエが主食で，常畑によるヒエと裏作のムギ，2年目の春に播種するマメ類の二年三毛作（2年間で3種類の作物を栽培すること）が農耕の基盤となっていた．

この地域における伝統的な生業，とくに農業と焼畑，山の幸の利用については，川井村郷土誌編纂委員会（2004）による詳細な民族誌の記録がある．聞き取り調査では，民族誌の記録を踏まえたうえで，近代から現代にいたる歴史的変化のなかで，食と生業の多様性，食料貯蔵などに関する在来知と，社会ネットワークが，地域のレジリエンスとどのようにかかわっていたのか，を焦点とした．

90歳代から50歳代の方々を主な対象として行った聞き取り調査の結果，戦前から昭和30年代までのこの地域では，常畑による二年三毛作，それを補うためのソバやアワなどの焼畑，それでも食料不足の年にはドングリ（シタミ）やトチなどの救荒食，という三重の生業戦略が，地域のレジリエンスを支える重要な柱になっていたことが確認された．ドングリやトチは凶作に備えて屋根裏に保存されており，トタン屋根が普及する以前には，どこの家にも備えられていた．主食以外でも，多品目の野菜栽培や，クリやワラビ，キノコなど，多彩な「山の幸」の採集も，食生活の多様性とそれに伴う地域のレジリエンスの高さに貢献した．自給的な農業に加えて，炭焼き，林業，養蚕，畜産などの現金収入源も地域の人々の暮らしを支えるうえで重要だった．これらの仕事の季節性は，人々の暮らしのなかで周年のサイクルを形成し，季節間の生業の多様性も地域のレジリエンスを高めるのに貢献した．食と生業の多様性とともに，食料の通年確保には，凍み芋，凍み豆腐，干し葉などの冷凍・乾燥による保存技術とその継承が重要な役割を果たした．コウタケ，マイタケをはじめとする干しキノコなどの貯蔵食品は，地域内外の社会ネットワークを通じて，交換・贈与物資としても活躍した．さらに，在来知にもとづいた日々の営みの記憶には，民具をはじめとするモノ（物質文化）や周囲の景色・景観が分かちがたく結びついていたこともわかった．

旧川井村地区におけるこのような聞き取り調査の成果は，コルソン（Colson, 1979）が指摘した，食料不足への備えとみごとに重なる．とくに，この地域では，コルソンがその重要性を強調した生業と食の多様性が顕著に見られる．

このようなレジリエンスの重層性の構築に至った歴史的背景として，川井村文化財調査委員会（2004）は，江戸時代天明年間の「七年飢渇（けがつ）」（1781-87年）と呼ばれる大凶作の伝承をもとに，トチとドングリを救荒食として常備し，その食べ方を学習するようになった，と述べている．筆者らの聞き取りでも，七年飢渇について同様の逸話を確認した．

品種改良と開墾作業の機械化が進み，水田耕作が一般的となった1950年代後半以降，ヒエをはじめとする雑穀栽培の重要性はこの地域の農業のなかで低下し，ドングリ食も一般的ではなくなった．しかし，興味深いのは，近年において食品の貯蔵と加工に関する技術に大型冷凍庫をはじめとする電化製品が導入されているものの，食の多様性と貯蔵，交換と贈与にもとづいた社会ネットワークの重要性など，この地域の在来知の根幹部分が，地域の人々の生活のなかに生き続けている点だ．

人々の日々の暮らし，とくに女性を中心とした食生活に関する聞き取りの結果では在来知の価値観の健在が認められた一方で，高度経済成長期以降に生じた地域のレジリエンスの低下と環境に関する様々な問題点が繰り返し話題にあがった．具体的には，1970年代に始まった米の減反政策とそれに起因する販売農家の困難，大規模造林の増加に伴う樹種の減少と山林の保水力の減少，1975年から1982年の北上山系開発事業に伴う人工草地の増加による地域の生態系へのダメージ，などがあげられる．

減反政策による販売農家の困難に加えて，林業，畜産，養蚕，葉タバコなどの現金収入源が歴史の流れとともに下火になるにつれて，この地域における人口は減少し，とくに若年層の都市部への移住が目立っている．このような状況のなかで，1999年，旧川井村地区の川内に，地域に根ざした産地直売所として「やまびこ産直館」が開館し，地元の農産物と伝統食品の販売が始められた．この産地直売所は，盛岡駅と宮古駅を結ぶ106急行バスの休憩所である道の駅「やまびこ館」に隣接し，地元産業の掘り起こしにも力を入れている．「やまびこ産直館」の組合長へのインタビューからは，食の保存と加工に関する在来知を活かしたうえで，女性の視点から新しいアイディアを積極的に取り入れて，多様性に富んだ回転の速い品揃えを実践していることが明らかになった．

旧川井村地域における地域活性化の試みとして，筆者らのプロジェクトが注目したもうひとつの事例が，かわい雑穀産直生産組合の活動である．この組合は，東京からのいわゆるＩターンとしてこの地域に移住した夫婦が，地元の高齢者の間で自家用に栽培されていた雑穀を買い取って商品として全国に販売する，という試みから始まった．健康ブームに支えられた近年の雑穀ブームが，このような試みを後押しした．新たな販路が開拓されたことで，自給的農業として続けられてきた雑穀栽培の技術が，現金収入源として機能することになり，それが地域の雑穀栽培の活性化にもつながっている．

ここで紹介した地域活性化の試みは，どちらも歴史的な脈絡のなかで伝えられてきた在来知の独創的な応用にもとづいている．やまびこ産直館の事例では，この地域の伝統的な和菓子や饅頭に工夫を加えて「道の駅」で製造している作りたての商品や，食べ物の加工・保存の伝統を活かした様々な保存食や季節の地元野菜の売り上げが好調だ．かわい雑穀産直組合は，生産者とのきめ細かな相談と製品の直接加工を通じて，衰退に向かっていた雑穀栽培を活性化させ，その販路はインターネットを通じて全国に広がっているという．

旧川井村地区では，若年層の都市流出が宮古市のなかでもとくに著しく，地域の文化と経済の担い手不足は，「ヤマ・カワ・ウミ」プロジェクトが研究対象としたどの地域よりも深刻だ．そのため，子どもたちを対象とした体験活動を企画しても，参加者を確保することが難しい．このような実態をふまえて，筆者らのプロジェクトでは，閉伊川流域の山側における環境教育イベントとして，「山は宝だ」と題した写真展と交流会を２回，開催した．初

図 3.3　薬師塗漆工芸館における「山は宝だ」写真展・交流会で，凍み芋の実物を見せながら在来知について語る真貝理香・総合地球環境学研究所研究員（当時）（2016 年 7 月 29 日）

図 3.4　リアスハーバー宮古における「山は宝だ」写真展（2016 年 7 月 31 日）

回は，旧川井村の川内にある薬師塗漆工芸館で 2016 年 7 月 29 日に，2 回目は，宮古市街に近い浜側のリアスハーバー宮古で 7 月 31 日に行った（図 3.3，図 3.4）．

写真展のテーマは，「つくる・とる」「たべる」「ほぞんする」「そして，つなぐ」とし，雑穀やマメ類を中心とした農業とともに，クリや山菜などの山の幸の採集と調理・保存に関する知恵と技術にかかわる在来知を反映する景観と物質文化に焦点をあてた写真約20点を展示した．写真撮影とプリント作成は，岩手県に在住する写真家の稲野彰子さんに依頼した．

写真展という手法の採用は，物質文化と景観を通して在来知を視覚化することにつながった．古典的な西洋の科学知では，物質文化を人間の思考と切り離しがちだが，近年の人類学や考古学では両者が不可分であることが指摘されている．とくに，今回の聞き取りからは，農業をはじめとする様々な生業に用いられた道具の数々や，凍み豆腐，凍み芋，干し葉などの保存食が，人々の記憶のなかで大きな役割を果たしていることが確認された．保存食づくりは，上記に述べた食の多様性とともに，この地域におけるレジリエンスの核である．在来知が個々のモノから地域全体の景観にいたるまで様々なスケールで機能することを示したこの写真展では，日々の暮らしと地域景観の保全とのかかわりを有機的に考えるための材料を提供することを目指した．

浜側で行った2回目の写真展と交流会は，ハマ班による，「やってみよう！　むかしの浜あそび」と題した体験型ワークショップと同じ日に，同じ会場で開催した．ワークショップでは，山の景観とそれにかかわる在来知が，川を通じて，海の環境保全と海岸部の人々の生活にも直接影響をおよぼしている点を強調し，旧川井村における聞き取り調査の成果について，凍み芋の実物などを見せながらプレゼンテーションを行った．

(2)　生業複合のなかの漆生産——岩手県二戸市浄法寺地区の事例

「ヤマ・カワ・ウミ」プロジェクトでは，閉伊川流域での調査活動と並行して，岩手県二戸市浄法寺地区と福島県内での聞き取り調査を行った．これらの地域における成果には，フォーマルな環境教育プログラムは含まれていないが，調査の結果は，在来知と地域のレジリエンスの関係を考えるうえできわめて示唆に富む．

雑穀類の生産と山の幸の多角的な利用を特徴とする二戸市浄法寺地区の伝統的な生業活動は，旧川井村地区と多くの共通点をもつ．この地区では，多様な生業活動の一環として，生漆（きうるし）の生産が近世から現代に至るまで維持されてきた．国産の生漆の生産は，第二次世界大戦後，中国産の漆の流通の増加により激減したものの，浄法寺地区を中心とする岩手県では，地域の生業複合の一部として現在まで存続している．現在，国産漆の7割は，浄法寺地区を中心とする二戸市で生産されている．近年，国産生漆の需要増加に伴い，この地区における生漆生産が注目を浴びている．適応サイクルのモデルにおける，r期の小規模で多様な生業活動を基本としながら，その生業複合のなかで，伝統工芸の一環である生漆生産が再評価されて新たな役割を得た事例である．

浄法寺地区は，奥羽山脈の稲庭岳の東部に位置し，安比岳を水源とする馬渕川の支流安比川とこれに注ぐ6本の支流に沿って開かれた地域である．旧川井村地区と比べれば平地が多いが，それでも約八割が山林となっている．近代まで，この地域の農業は，ヒエ，ムギ，ダイズ，ソバなどの畑作を主体とし，稲作は畑作より少なかった（浄法寺町史編纂委員会，1997）．畑作と稲作のほかに，林業，畜産業，養蚕を含む生業の多様性と季節性が精緻な周年サイクルを形成していた点は，旧川井村地区と類似する．凍み芋や凍み豆腐などの保存食の技術が受け継がれている点も旧川井村地区と同様だ．

聞き取り成果からは，漆掻きにおける，植物としてのウルシの木，土，掻き方，そして地域の植生に関する在来知の重要性が浮かび上がってきた．さらに，漆生産の変遷を理解し将来への展望を考えるためには，ウルシの木の日々の変化，6月から10月までを漆掻きの中心とする季節サイクル，年毎の漆の出来不出来や外的要因による需要の変化，そして第二次世界大戦前から現代にいたるまでの地域の歴史的変化，という様々な時空間スケールの変化を考慮に入れる必要があることもわかった（伊藤・羽生，2018）．

東北の他地域と同様に，浄法寺地区でも，1960年代以降，専業農家が減少し，若年労働人口の都市への流出が目立っている．そのなかで，地区内の産地直売所で行った聞き取りからは，自給的農業の延長から出発して多種類の野菜類を出荷するようになった女性たちの活躍状況と，評判をきいて県外から車で買いに来る盛況ぶりが明らかになった（伊藤・羽生，2018）．

以上をまとめると，浄法寺地区を含む二戸市は，雑穀栽培を含む，食と生業の多様性にもとづいたレジリエンスの重層性と，保存食の重要性，産地直売所の成長など，旧川井村地区の事例と多くの共通項が見られる．これらの成果を踏まえて，2017年12月に二戸市で行われた考古学のフォーラム「岩手県北の縄文文化を世界遺産に」で，筆者は，岩手県北の山間地における食の多様性と食べ物の保存技術について，旧川井村のスライドを用いた説明を行い，在来知にもとづいた地域のレジリエンスの重層性が，過去から現在にいたるまで重要だったことを強調した．フォーラムの入場者は，二戸市の住民，および隣接する一戸町の住民を中心に350名以上におよび，終了後のアンケート結果では，「普段私たちの暮らしの中にある，昔から続いているものを大切にしていきたい」「食の多様性を強調していたのが印象深かったです．地域に残っている伝統食等の大切さを強く感じました」「地元の宝を誇りに思い，食についても，またこれからの時代（を）生きていくための知恵なども含めて自信をもってアピールしていく必要性も大いに感じました」など，食を中心とした在来知に関するコメントが目立った（御所野縄文博物館編，2018）．

(3) 福島県内における小規模農家の試み

3つめの事例研究としては，福島県内の小規模農家と小規模事業者に聞き取り調査を行った成果を紹介したい（後藤ほか，2018）．2011年の東京電力福島第一原子力発電所事故（以下，福島原発事故）の結果，福島県内外で，広範囲にわたって土壌と森林，海洋の放射性物質汚染が生じた．その結果，福島県をはじめとする汚染地域の農家は，事故以前からの後継者不足に加えて，核被災に起因する様々な困難に直面している．福島県は，「ヤマ・カワ・ウミ」プロジェクトが主たる研究対象とした閉伊川流域からは離れているものの，東北地方における地域のレジリエンスと地域住民の主権を考えるうえではきわめて重要な地域である．このような視点から，「ヤマ・カワ・ウミ」プロジェクトでは，比較研究のひとつとして，福島県内の低線量汚染地域における小規模農家を中心として，事故前と事故後の生産活動の変化，被害の深刻さと長期性，将来の展望などについて聞き取りを行った．

福島県内で聞き取りを始めた当初は，土壌汚染などの被害が甚大であるため，在来知にもとづいたレジリエンスの枠内では対応できない事態ではないか，と予測していた．聞き取り調査の結果では，被害がきわめて大きいことが確認された一方で，在来知にもとづいた多様性の維持と社会ネットワークが事故被災後の原動力となり，太陽光発電などの新たなプロジェクトが開始された例が数多く確認された．適応サイクルのモデルで考えれば，原発事故という大規模な人災の結果，従来のシステムが解体を余儀なくされた地域がある一方で，在来知と社会ネットワークを活かして，システムの再構成を目指す α 期の試みが始まっていると解釈できる．

今回の調査の焦点のひとつは，福島県農民運動連合会（以下，県農民連）のメンバーからの聞き取りだった．県農民連のメンバーは，福島原発事故直後より，農作物の放射性物質汚染は根拠のない「風評」ではなく実害である，との立場から，東京電力（以下，東電）による損害賠償の必要性を主張して，他者に委任するのではない直接交渉による賠償請求で成果をあげてきた．さらに，県農民連では，2013 年に，福島県伊達市霊山において市民ファンドを募り，非耕作地を転用した福島りょうぜん市民共同発電所を立ち上げた．同様の市民ファンド型の小規模太陽光発電は，現在までに県内の 7 ヵ所にひろがっている．このような試みは，「メガソーラー」と呼ばれる大規模な太陽光発電と対照的な，新しい形のエネルギー生産活動である．

この市民共同発電所には，県農民連の事業である「福島県北農民連第一発電所」が隣接する．原子力発電所は日本国内には不要との立場から，「半農半エネ」を掲げて発電事業を開始した，という．再生エネルギーの地産地消を目指した動きは，このほかにも，福島県内の各地で認められた．

小規模農家を中心とした聞き取りの成果からは，戦前からの歴史的背景と，福島県内における地域性の一端も明らかになった．たとえば，浜通り地域（福島県東部・太平洋岸側）は，城下町として栄えた相馬地方を含みながらも，江戸時代以降，開拓者の入植も含めた人の移動が見られる地域である．この地域では，上記の市民ファンド型よりも規模の大きい太陽光発電など，従来の価値観にとらわれない新たな事業が試みられている．これに対し，中通り地域（阿武隈山地と奥羽山脈にはさまれた地域）からは，代々続いてきた農家の知恵とネットワークを活かした集落営農への提言があった．福島原発事故による放射性物質汚染の被害が浜通りや中通り地域と比べて少ない会津地域（福島県西部）では，在来知と地域のネットワークを活かした加工・保存食の生産・販売についての聞き取り成果が得られた．

これらの聞き取り例から，調査地域における農業は，福島原発事故前から様々な課題に直面しており，1960 年代以降の「成長パラダイム」にかわる，よりレジリエントなシステムへの移行を目指した取り組みは，事故以前から行われていたことがわかった．そのなかで，聞き取りからは，「地域を守る」という意識が共通してうかがわれた．背景には，福島原発事故による放射性汚染物質被害に加えて，東日本大震災以前から，農業従事者の高齢化と過疎化が大きな問題となっていたことがあげられる．福島原発事故後に県外移住者が増加したことにより，高齢化と過疎化の問題がさらに明確になった一方で，農業の大規模化と画一化を推し進めるこれまでの農のあり方を再考する議論も盛んになっている．

3.3　在来知と地域のレジリエンス ――「持続可能モデル」への転換へむけて

以上，「ヤマ・カワ・ウミ」プロジェクトにおける3つの事例研究を通じて，在来知にもとづいた地域のレジリエンスの重要性を検討した．これらの事例からは，食と生業の多様性を中核とする在来知と社会ネットワークが，地域のレジリエンスの重層性を構築するにあたって重要な役割を果たしてきたことが見て取れる．さらに，旧川井村での事例研究では，成果を写真展・交流会という形で視覚化して地域のステークホルダーと共有し，写真展・交流会時のフィードバックを研究成果のまとめに活かした．

在来知の再評価と，その背後にある山，川，海のつながりを含む生態系ネットワークを全体としてとらえる視点は，冒頭における，「成長モデル」の妥当性を問い直し，地域の生態系全体のつながりとそれを支える在来知を重視する「持続可能モデル」へのパラダイムシフトを模索する視点へとつながる．その際に重要なのは，3.2節で強調した在来知の動的な性格と，それを取り巻く社会的・政治的状況の動態である．

今回のプロジェクトで行った聞き取りの成果のうち，とくに福島の農民連をはじめとする新しい農の在り方への模索には，海外におけるアグロエコロジーの動きと共通する部分も多い．アグロエコロジーとは，直訳すれば，農業生態学だが，その内容は，生物学の一分野としての生態学の枠内にはとどまらない．研究者と農民が，理論と実践の両者において在来知・伝統知と科学知の接点を追求する超学際的なアプローチとなっている（アルティエリほか，2017）．アルティエリは，アグロエコロジーの重要な要素として，多様性，社会ネットワークと農民主権の3者をあげた．在来知議論の根幹に通じる考え方であるとともに，農民主権を強調することによって，「成長モデル」に固有の大企業先導型のトップダウンのアプローチとは別個のボトムアップの姿勢を明確にした．

日本におけるパラダイムシフトへのボトムアップの動きには，アグロエコロジーの提唱と共通する部分はあるものの，日本に固有の歴史的背景も重要な要因として考慮する必要がある．東北地方をはじめとする日本の農村の多くは，農地改革を伴う戦後の復興期から昭和30年代までは比較的順調な発展を続けたが，経済の成長モデルに伴う地方の工業化と公害問題や環境破壊の進行，米の減反政策と農家の兼業化，農村の過疎化と少子化に起因する耕作放棄地の増加などの歴史的背景により，多くの農家は様々な困難に直面してきた．一方で，冒頭に述べたように，1970年代以降からさかんになった草の根の反公害運動や消費者運動，提携のネットワーク（たとえば桝潟，2008）が，今日における環境保護運動や脱原発運動に大きな影響を与えているのも日本の特徴である．福島での聞き取りでは，日本に特有な社会の変化と環境問題への対応に関する歴史のなかで，消費者運動と農家とのつながりが市民ファンドの形で新しい地産地消の動きに貢献していることがわかった．

筆者は，人と自然が共生する持続可能な地域づくりを考えるためには，本章で述べたような在来知の再評価およびレジリエンスの重層性に関する研究を進展させることが重要と考える．その結果は，必然的に，「成長モデル」から「持続可能モデル」への発想転換へとつながることが予測される．このような変化を目指すにあたっては，日本に固有の歴史的背景と政治・社会情勢のなかで，どのような形で個別の地域的な試みを広げていくかという議論が必要とされる．

引用・参考文献

アルティエリ，M. A.・ニコールズ，C. I.・ウェストウッド，G. C.・リーチン，L. 著，柴垣明子訳（2017）『アグロエコロジー』総合地球環境学研究所，42 pp. www.chikyu.ac.jp/fooddiversity/agroecology/agroecology.pdf

伊藤由美子・羽生淳子（2018）生業の多様性と漆．羽生淳子・佐々木剛・福永真弓編『やま・かわ・うみの知をつなぐ——東北における在来知と環境教育の現在』東海大学出版部，189-202.
川井村郷土誌編纂委員会（2004）『川井村北上山地民俗誌 上巻』川井村，531 pp.
御所野縄文博物館編（2018）『岩手県北の縄文文化を世界遺産に——御所野遺跡の世界遺産登録をめざして』世界遺産フォーラム記録集．御所野縄文博物館.
後藤康夫・後藤宣代・羽生淳子（2018）核被災と社会のレジリエンス．羽生淳子・佐々木剛・福永真弓編『やま・かわ・うみの知をつなぐ——東北における在来知と環境教育の現在』東海大学出版部，163-188.
佐々木剛（2018）川のサクラマスがつなぐ山と海——子供たちと一緒に考える科学知と在来知．羽生淳子・佐々木剛・福永真弓編『やま・かわ・うみの知をつなぐ』東海大学出版部，67-98.
浄法寺町史編纂委員会（1997）『浄法寺町史 上巻』浄法寺町，613 pp.
白岩孝行（2011）『魚附林の地球環境学——親潮・オホーツク海を育むアムール川』地球研叢書，昭和堂，244 pp.
真貝理香・羽生淳子（2018）主食の多様性，在来知とレジリエンス．羽生淳子・佐々木剛・福永真弓編『やま・かわ・うみの知をつなぐ——東北における在来知と環境教育の現在』東海大学出版部，99-140.
武内和彦，鷲谷いづみ，恒川篤史編（2001）『里山の環境学』東京大学出版会，272 pp.
寺西俊一・井上真・山下英俊編，岡本雅美監修（2014）『自立と連携の農村再生論』東京大学出版会，272 pp.
羽生淳子・佐々木剛・福永真弓編（2018）『やま・かわ・うみの知をつなぐ——東北における在来知と環境教育の現在』東海大学出版部，280 pp.
福永真弓（2018）須賀の絵解き地図を描く——風景の「上書き」を超えて．羽生淳子・佐々木剛・福永真弓編『やま・かわ・うみの知をつなぐ』東海大学出版部，51-65.
桝潟俊子（2008）『有機農業運動と〈提携〉のネットワーク』新曜社，319 pp.
メドウズ，D. H.・メドウズ，D. L.・ランダーズ，J.・ベアランズ三世，W. W. 著，大北佐武郎監訳（1972）『成長の限界——ローマ・クラブ「人類の危機」レポート』ダイヤモンド社，203 pp.
Balée, W. ed.（1998）Advances in Historical Ecology. Columbia University Press, New York, 448 pp.
Berkes, F., J. Colding and C. Folke（2000）Rediscovery of traditional ecological knowledge as adaptive management. Ecological Applications, 10（5）: 1251-1262.
Colson, E.（1979）In good years and in bad: food strategies of self-reliant societies. Journal of Anthropological Research, 35（1）: 18-29.
Gunderson, L. H. and C. S. Holling eds.（2002）Panarchy. Island Press, Washing-

ton D. C., 507 pp.

Hadorn, H. G., H. Hoffmann-Riem, S. Biber-Klemm, W. Grossenbacher-Mansuy, D. Joye, C. Pohl, U. Wiesmann and E. Zemp, eds. (2008) Handbook of Transdisciplinary Research. Springer, New York, 448 pp.

Holling, C. S. and L. H. Gunderson (2002) Resilience and adaptive cycles. In "Panarchy", Gunderson and Holling, pp. 25-62. Island Press, Washington D. C.

Holling, C. S., L. H. Gunderson and G. D. Peterson (2002) Sustainability and panarchies. In "Panarchy", Gunderson and Holling, pp. 63-102. Island Press, Washington D. C.

Lightfoot, K. G., R. Q. Cuthrell, C. J. Striplen and M. G. Hylkema (2013) Rethinking the study of landscape and management practices among hunter-gatherers in North America. American Antiquity, 78 (2): 285-301.

Ruddle, K. and A. Davis (2010) Local Ecological Knowledge (LEK) in Interdisciplinary Research and Application: a Critical Review. Asian Fisheries Science, 26: 79-100.

Walker, B. and D. Salt (2006) Resilience Thinking. Island Press, Washington D. C., 192 pp.

4

人と自然の多様なかかわりを支える自然アクセス制
——北欧とイギリスの世界

三俣　学

人と環境のかかわりを観察していると，時々不思議なことに遭遇する．たとえば，他人の土地を散策したり，ベリーやきのこを採ったり，さらにはキャンプまでしている．そんな光景が北欧では見られる．本章では，所有の如何を問わず誰であっても自然にアクセスし，一定の活動をなしうる権利や制度が社会的に容認されている体制を自然アクセス制とし，そのような制度をとるスウェーデンとイギリスを概観し，環境資源の利用や管理について考えてみたい．もちろん，日本においても，他人の田畑のあぜ道を歩いたり，川や海で泳いだり魚を取ったりもする．だが，それを支える権利や仕組みはない．日本では，主として近世村落を単位とするメンバーシップのコモンズが形成されてきた．筆者は日本生命財団から研究助成を受け『入会林野とコモンズ』（室田ほか，2004）を上梓し，「コモンズ」として入会林野を捉える視角を提示し，入会が長らく地域の共益増進に寄与してきたことを指摘した．さらに，2008年再び同財団より受けた研究助成により刊行した『コモンズ研究のフロンティア』（三俣ほか編，2008）において，入会の持つ変化への対応力にその重要性があることを述べた．本章は，後者の書籍で着眼していたものの，紹介にとどまっていた北欧の万人権をはじめとする自然アクセス制の有する意義や課題を明らかにすべく展開した研究成果の一部である．

さて，筆者がこの自然アクセス制に着眼したのは，その対極にある強い排除性を持つ所有権が「環境資源の劣化」を招く一因になっている事態が日本で比較的顕著に見て取れるからであった．そのような環境資源の劣化は大きく2種類ある．第1は，自然の乱伐，乱獲，乱開発などであり，「過剰利用問題」と呼ばれる．第2は，自然の放置，放棄などであり，「過少利用問題」と呼ばれる．この両者ともに，土地所有者以外の第三者に対し不利益・

損害が発生し，それが顕在化することで「問題」となる．

本章との関係から見て，第1の好例は，歴史的に白砂青松の浜辺で名を馳せてきた兵庫県姫路市高砂の地で1970年代に起きた入浜権運動であろう．風光明媚な浜辺で人々は泳ぎを楽しみ，そこでとれる小魚や藻類はおかずになった．近隣住民以外の人々も自由にアクセスできた浜辺は貴重な空間であった．同時に，経済成長期にあって工場群にとっても廃熱の捨て場として貴重であった．後者の勢いは凄まじく，工場が浜辺を占拠し，陸と海とが落ち合う豊かな生態系は瞬く間に消失した．第2の例は，現在の全国で散見される放棄人工林問題である．戦後，拡大造林政策で造成されたスギ，ヒノキなどの人工林は，1964年には無関税で世界林業市場に接続し，安価な外材に圧倒された結果，日本の林業は失速し放置された状態が年々進んできた．その大きな要因は，工業化偏重政策，広域市町村合併，そして猛烈な勢いで短期間に進捗してきたグローバリゼーションである．

正反対の問題に見える過剰利用問題と過少利用の問題に対して，ひとつの共通項を見出そうとする時，そこには他者にかかわる余地を与えない強靭な所有権が生み出す問題が立ち現れてくる．過剰利用も過少利用も所有の問題が本質的に絡みついているといってよい．日本は私的所有権の絶対排他性が強く，上記2点の問題が深刻化しやすい．このような問題認識のもと，本章は，自然アクセス制にこれらの両問題を緩和・是正するヒントを得るべくスウェーデンとイギリスの事例を検討する．

4.1 スウェーデンの万人権

(1) 万人権と野外生活

スウェーデンには，「プライバシーを侵害しない」「自然を破壊しない」という制約の下で，すべての人が自然にアクセスすることが慣習的権利として認められている（Raadik et. al, 2010）．これはスウェーデン語でallemansrätt（アレマンスレット，以下「万人権」）と呼ばれている．この万人権の歴史は中世に遡り長らく不文律の慣習であった．万人権の語の初出は，1899年に法学者アドルフ・オストロムの著した作品であり，20世紀になってその概念は確立されたという（Valguarnera, 2017）.

万人権は，通行だけでなく，自転車，乗馬，スキーによる林野の通行，キャンプなどの一時滞在，ベリーやきのこなどの採取も可能であり，その対象となる空間も陸域だけでなく，水辺にまでおよぶ．このような慣習は，ノルウェー，フィンランドをはじめ北欧諸国で広く見られ，またスイスやドイツでも林野において同種の権利が存在する（石崎ほか，2018）．法制面における万人権は，国民の基本的権利と自由，その重要な構成要素である財産の保障を明記したスウェーデン憲法第2章第18条の末部において，「上記（財産権の保障：筆者付記）のような条項にもかかわらず，誰もが万人権によって自然環境へアクセスすることができなければならない」とされている．ただし，万人権を直接規定する法律はなく，いくつかの法律において間接的に規定されている．憲法，環境法典，刑法典によって万人権を人々の権利として積極的に認めてきた一方，その行使によって土地所有者や自然生態系に悪影響を与えないように，環境法典や刑法典が万人権のおよぶ範囲を規定しているのである（法制度の詳細は，嶋田ほか，2010を参照）．とはいえ，その法的解釈における相当な不明瞭さの存在が指摘されており，これまでにかなりの数におよぶ論争が展開されてきた（Sténs and Sandström, 2013）.

万人権と密接な関係にあるのが野外生活であり，これはスウェーデン語でFriluftsliv（フリルフッツリブ，以下，「野外生活」）と呼ばれる．この野外生活には特別な意味が込められている．たとえば，ビーリィ（2013）は野外生活を「アウトドア・レクリエーション，自然体験，哲学，そしてライフスタイルといった考えを融合した概念」と定義している．野外生活は，商品化あるいは，技術的に高度化されたレクリエーションとは異なり，人間の元来的な営みでシンプルな自然とのかかわりである（Kaltenborn et al., 2001）．また，ヘンダーソン（2001）は，野外生活には，土地に対する愛情を伴い，また土地に根差し土地で学ぶ伝統と結びついたものであるとし，アウトドア・レクリエーションとは異なると述べている．ラーディクら（2005）に至っては，万人権および野外生活の概念は，北欧ゲルマン系民族の文化の本源をなす自然に関する2つの哲学であり，北欧民族はこの両者の価値を認識していると言い切っている．大量生産・大量消費型の余暇としてのレジャーとは一線を画そうとしている点で，これら論者の主張はおおむね一致している．

(2) 万人権に基づく野外生活

後述するイギリスと異なり，公的機関による野外生活の実態に関する包括的な統計データは少ない．本項では，筆者らが2014年にスウェーデンの人口の3分の2が集中するストックホルムと，そこから北東に800 km弱離れた北極圏に近い，シェレフテオ（Skellefteå）において実施した対面聞き取り調査（以下，「筆者ら2014年調査」）の観察に基づき，野外活動の多様な実態について素描してみたい（齋藤ほか，2015）．

ウォーキング，散歩，ジョギングは定番である．冬期のスポーツに備えるためなのか運動負荷を計測する機器をつけて走るランナーが多く見られる．犬の散歩，マウンテンバイカー，バスでの観光ツアー，釣り，乗馬，一面に広がるブルーベリー，リンゴンベリー，ラズベリー，それにマッシュルームを摘む人たち，実に多くの利用目的で老若男女が自然を楽しむために来訪している．筆者ら2014年調査で，万人権を行使した採取目的に対する回答では「手軽なレクリニーション」，「日々の食材のため」，「森林散策のついで」が多く，自給的で娯楽的な利用が多い．筆者が大変驚いたことは，「森と人との距離の近さ」である．シェレフテオでは，若いOLがタッパーを持ってお昼休みに来ていた．訪ねてみると，おしゃべりをしに森に入り，ついでにベリーを摘んで，そしてまた仕事場に戻るのだとわかった．

(3) 万人権に基づく野外生活によるコンフリクト

以上で見たように，自然アクセスを支える万人権は広く一般の人々に理解されており，それゆえ深刻なコンフリクトは少ない，といわれている（Colby, 1988）．そのような見方がある一方，万人権を巡るコンフリクトの存在（土地所有者と利用者間，利用者間）を指摘する論文も散見される（Elgåker et al., 2012）．とりわけ，サンデルとフレッドマン（2010）は，商業的利用，集団的な利用においてコンフリクトが発生しやすく，農業者協会や保守政党から批判が生じやすいと指摘している．商品化を目的とするベリー採取が前者を代表するひとつであり，後者の代表としては集団乗馬による道の破壊であり，これは法廷論争にまで発展している（Sténs and Sandström, 2013: Elgåker et al., 2012）．このようなコンフリクトの発生は，万人権によるアクセスと私的所有との根本的矛盾から発生しているというより，都市化，産業化

表 4.1 万人権をめぐる社会経済・野外活動の変容
(Elgåker et al., 2012; Sandell and Fredman, 2010 にもとづき筆者作成)

	近代以前	19 世紀後半〜	変容の契機
万人権の服する場	農山村が主体	農山村に加え, 都市・都市近郊	都市化
上記の場と万人権を行使する主体との距離	暮らしに身近な場所(近距離)	都市住民の農山村へのアクセス(長距離)都市近郊は比較的近距離	モータリゼーション
主体の変化	自然環境を熟知(自然に根差した生業基盤:農林業)	自然環境に不慣れ(自然環境に関係しない生業:工場・サービス業)	産業構造の変化
野外生活の内容	自給的・伝統的(散策・採取)	商業的・レジャー利用(スノーモービル・マウンテンバイク・大規模なツーリズムなど)	余暇・スポーツ・旅行のグローバルな展開
野外生活の様式	単純:小規模 非組織的	複雑:大規模 組織的	同上

による野外生活の内容の変化によって生じているという見解がいくつかの論文で指摘されている(表 4.1).

上述したシュレフテオでの筆者ら 2014 年調査では, 1 日かけて摘んだと思われるベリーの入ったケージを積んだ複数の車が, 夕方, 森へのアクセスポイントに集まってきた. そこには素朴な板を張り合わせた簡素な仮設販売小屋があり, 業者と思しき男性が, スケールで重量を測り, ベリーの摘み方の良しあしを吟味して取引していた. その場は, 和やかな雰囲気であり, この種の取引が本当に問題視されているのか, と感じるほどだった. 現地研究協力者によれば, 業者はスウェーデン人が多く, ベリー採取を請け負う多くがアジア人であるという.

(4) 多様な主体・組織が支える万人権と野外生活

スウェーデン政府(自然保護庁)

スウェーデン政府は, 一貫して万人権を支持してきた. 同政府は, 2009

年10月に発表した「将来の野外生活」と題する計画書において，野外生活の基本指針を表明した．この計画書には，自然は万人にとってアクセス可能とすべきであること，それを可能にするために万人権は維持されなくてはならないこと，自治体は万人権に服する自然環境の保全に責任を負うことが明記されている．加えて，公衆の健康とりわけ疾病予防の点から野外生活の奨励は重要であり，運動や休息が一般市民の健康増進に寄与することが明瞭に示され，重要な政策として位置付けられている．このような認識から政府は，様々な種類の野外生活組織を支援している．また，政府の自然保護庁は，万人権の原則，認められる行為・程度・場所，留意点などを細かく記したウェブサイトを作成し，随時，更新している．さらに，万人権に関するパンフレット（9ヵ国語），万人権に関するリーフレット（15ヵ国語），万人権および採取についてのリーフレット（9ヵ国語），万人権およびカヌーに関するパンフレット（2ヵ国語），火気使用と万人権のリーフレット（5ヵ国語）などを作成するとともに，様々な啓発活動を行っている．先述したグローバル化に伴う影響を考慮して，上述したパンフレットもまた9ヵ国語に上る（Swedish Environmental Protection Agency website）．加えて，このような万人権に基づく野外生活奨励政策の背景には，政府による社会政策の展開が少なからず影響を与えている．たとえば，労働時間の短縮による余暇時間の増大やレジャーホームの普及政策・病気による早期退職者に対する政策などはその一例である（Terry and Fransson, 2009）．

アソシエーションの役割

野外生活関連団体は数多く存在する．利用内容の運動性，活動性が高くなるにつれ，土地所有者と利用者，利用者間におけるコンフリクトが生じやすくなる．スウェーデンで盛んなスポーツであるオリエンテーリングもまたそのひとつである．スウェーデン・オリエンテーリング連合（Swedish Orienteering Federation; SOFT）の『オリエンテーリングと万人権』（2013）と題する報告書では，「政治家，行政，アソシエーション（地縁基盤ではなく，特定の目的を実現するために形成された集団：筆者付記）そして地域コミュニティの目に映るオリエンテーリングについての見方をより確固たるものとするのがその目的である」とし，「競技者・企画者双方はオリエンテーリングに対するよい評判を得ることを確固たるものとする責任がある」と述べている．報告書は，①オリエンテーリング主催者・競技者の万人権の理解を促す手引書であり，オリエンテーリングが万人権のうえに成り立っていることを徹底かつ入念に論じている．また，②係争を引き起こす可能性の高い具体例を列挙し，その回避策として，たとえば土地所有者との事前協議を欠かしてはならないなどの留意事項を主催者，競技者に周知している．そのうえで，③オリエンテーリングというスポーツは，元来，自然親和的であり，また商業利用でないことを強調している．逆に言えば，オリエンテーリングは，ひとつ間違えば万人権の範囲を超えるものという非難を受けかねず，そのことを主催者や競技者は理解し十分な配慮のもとで競技せねばならないのであろう．

教育機関とそれに先立つ家庭の役割

上述した通り，様々な論争もあるなか，現在，万人権に対する国民からの支持は高い．万人権が多様な野外生活を可能にする根拠になっているからであろう．実際，筆者らの2014年調査においても，他人の土地における採取の根拠についての質問に対し，「万人権として認められているから」，「昔から認められているから」という回答が大半を占めており，万人権の認知度は高い．ここで生じるのは「そのような権利に関する知識はどこから得られたのか？」さらには「権利を行使するうえでの技術，作法はどこで習得されているのか？」という疑問である．同国では，学校教育をはじめ社会全体で野外生活に関する多彩な体験や学びの機会が国を挙げて提供されてきたことはあまりに有名である．政策的には，1950年代から野外生活を通じ自然美を捉える感覚，学生が自然との関係を育むことが，教育のひとつの基軸となっており，非正規の教育実践もまた数多く存在している．就学児童を対象とする野外生活（Friluftsfrämjandet, 1892年），スコーグ・ムッレによる「ムッレの森」（Skogsmulle, 1957年），校舎や教室を持たない「自然学校」（Naturskolor, 1981年）などはその代表である．ところが，筆者ら2014年調査では，就学以前の早い段階（初めての野外生活体験の平均年齢は約5歳）で，家族で野外生活を体験していることがわかった．幼少期にベリーやマッシュルーム摘みを始めており，その知識や技法は家族から引き継がれていたのである．つまり，野外生活の入り口が家族であり（齋藤ほか，2015），そこでの体験を通じて会得される技法や作法，ふるまいが万人権に対するより肯定的で，かつ深い理解につながっていると考えられるのである．

4.2　自然アクセスの権利化と対象領域の拡張を続けるイギリス

(1) 歩く権利誕生前史としてのコモンズの歴史

現在，イギリスには国有・私有を問わず，いかなる人も他人の所有地にアクセスすることを可能にする「歩く権利」（right of way）が存在する．大土地所有者の土地上を地域住民が共同で利用する共同放牧地（commons, 以下，コモンズ）の歴史を抜きにそれを理解するのは難しい．そこで本項でまずコモンズの通史を略述し，どのように「歩く権利」が誕生したかを辿ってみる．ただし，ここで触れるイギリスは，イングランド・ウェールズを主たる対象とする．

コモンズの起源は，ノルマンディー公ウィリアムによるノルマン・コンクェスト以前の英国史上で「アングロ・サクソン時代」と呼ばれる時代に遡る．人々の大半は，共同利用の場であるコモンズにおける牧畜を中心とした農業で生計を立てていた．コモンズに対する権利は一般に「コモンの権利」（a right of common, 以下，入会権）と呼ばれ，その権利を持つ地域住民は commoner（以下，入会権者）と呼ばれる．その入会権は，大土地所有者と各々の入会権者の間で契約がなされた．それゆえ，同一のコモンズを利用していても，各入会権者の有する入会権の種類（放牧入会権，泥炭採取入会権，採木入会権など多数）や権能（放牧頭数など）は異なる場合が多い．

そのようなコモンズのうえに成り立っていた地域住民の生活を脅かし始めたのは，1236年制定のマートン法（Statute of Merton 1236）以降である．以来，入会権者の共同利用を排除するために柵や石垣などで物理的にコモンズを囲い込む（enclosure）だけでなく，法的権利としての入会権自体を抹殺するインクロージャー（inclosure）によるが進んでいった．とりわけ15世紀から17世紀にかけては私法律のもとで入会権の侵犯，柵の設置などが進み，干拓工事，航路改良などの事業による大規模なコモンズの収奪が起こった．産業革命や三圃式農業の展開などの社会・経済的変化を受け，1830年代までに相当数のコモンズが消滅したといわれる．

このように，一方で囲い込みの劇的進捗，他方では工業化，都市化による人口増加によって，多くの労働者が，清浄な水や空気，レクリエーションの場を失っていった．このような事態を受け，衛生学者のプレイフェアらにより，自然アクセスの場や機会の創出の重要性が喚起されるようになった．また，政策面でも労働法などの制定により労働者が獲得した余暇の時間をより健全に過ごせる場の確保が模索された（川北編，1987）．加えて，自然保護やシンプルで質素さの美を追求するアーツアンドクラフツ運動（W. モリスやJ. ラスキン）やカントリーサイドへの回帰を謳うロマンティシズム運動などが進む一方，J. S. ミルらをはじめとするコモンズ保全運動などが，ほぼ同時期に進行していく．

(2)　コモンズ保全から歩く権利の誕生へ

このような流れのなか，19世紀後半にはコモンズ囲い込みから保全への転換が生じ始めた（表4.2）．領主層による囲い込み条件を厳しくし，コモンズの保全（入会権者の生活保護）を図ると同時に，都市部ではすべての人にコモンズへのアクセスを保証する方向に舵を切ったのである．その転換を進めるべく，1866年首都圏コモンズ法を皮切りに暫時法制が整備されていく．同法制定直前の1865年に設立されたCommons Preservation Society（現Open Spaces Society, 以下，OSS）は，オープンスペースの拡大をはかるべく，これ以降の法制にも強い影響をおよぼした．

清浄な空気と緑に飢えた労働者の鬱憤はもはや極点に達し，政治家らもこれを無視できなくなった．キンダー・スカウト事件[1)]後，世論は大きく自然アクセスの権利化へと傾き，1888年から議論されては廃案となってきた歩く権利法（Rights of Way Act 1932）が1932年に成立した．同法成立により，私有地であっても過去20年間使用が確認できる道は，歩く権利の服する歩行道になった．また英国アクセス制において決定的な意味を持ったといわれる1925年の財産法（The Law of Property Act 1925）は，イングランドの約20%のコモンズ上に歩く権利を生み出した（Natural England, 2010）．さらに，1949年国立公園およびカントリーサイド・アクセス法（以下，

表 4.2 イギリスにおけるコモンズおよび歩く権利・アクセス権法制の展開
(Riddall and Trevelyan, 2007; Natural England, 2010, 2012; Clayden, 2007 にもとづき筆者作成)

法令名称	内　容
The Metropolitan Commons Act 1866 1866 年首都圏コモンズ法	チャーリングクロスから半径 15 マイルのロンドン警視庁区内においてコモンズの囲い込みを妨げるだけでなく，ロンドンバラに，コモンズにおける公衆アクセスの提供と管理を常に可能にする管理計画を認める．
The Commons Act 1876 1876 年コモンズ法	ゲームやレクリエーションの目的で「近隣の住民」のアクセス権の法律条項を作成する Board of Conservators による政令も認める．
The Commons Act 1899 1899 年コモンズ法	次々に発足した国立公園管理団体（district councils）に対し，地域住民がすべてのコモンズにおいて，レクリエーション目的のアクセス権を確たるものとする規制計画を課した．
The National Trust Acts 1907 1907 年ナショナルトラスト法	公衆アクセス権が既に認められた広大なコモンズを取得したナショナルトラストに対し，その権利の保護のため，囲い込み，建造物設置をしないことを義務化．ただし，歩く権利の条項を表現した箇所はない．
The Law of Property Act 1925 1925 年財産法	首都圏のコモンズやバラや都市の区（ディストリクト）において全体的ないしは部分的に位置するコモンズにおいて「空気や運動のため」のアクセス権を与える（第 193 条）
The Right of Way Act 1932 1932 年歩く権利法	20 年以上，なんら異議申し立てなく公の使用が行われてきた道には，歩く権利が付与されている（推定公共提供）となることを確たるものにした．
The National Parks and Access to the Countryside Act 1949 1949 年国立公園およびカントリーサイド・アクセス法	レクリエーションの目的のため「オープンカントリー」へのアクセスを可能にした．オープンカントリーとは，山岳地帯，荒蕪地，ヒース，丘陵地帯，崖，水辺が全体的にまたは優勢な場所．
The Ancient Monuments and Archaeological Areas Act 1979 1979 年歴史的記念建造物および考古学上貴重な土地に関する法	所有者ないし，国務大臣の保護管理人ないし，歴史的記念建造物を管轄する委員会や地方当局のもと管理されるすべての歴史的記念建造物に対する公衆のアクセスを認める．
Local or Private Acts 地方ないし私的な法	例）1884 年マルバーンヒル法と 1878 年のエッピングフォレスト法は，両者の地域において公衆アクセスを提供． マンチェスター水道組合法：「ティルメヤー（Thirlmere）湖の周りの丘や山に公衆や旅行者の不可欠な要素の上にこれまで実際上楽しまれてきた権利」の制限を禁止（CRoW 2000 の範囲を超えるアクセス）．

法令名称	内　容
The Countryside and Rights of Way Act 2000 2000年田園地域および歩く権利法	CRoW法のもとでのアクセス権は,「オープンカントリー」と, 上記各法のうちのいずれかにおいて法的なアクセス権が既に付与されているコモンズ以外のすべての登記されたコモンズに適用. すべてのコモンズ上に, 歩く権利が付与.
Marine and Coastal Access Act 2009 海洋および海浜アクセスに関する2009年法	英国とウェールズの海岸線全体（海岸アクセスをするにふさわしい, ビーチ, 砂丘, 岸壁など）におよぶアクセス権の拡大. 十分な標識と管理されたルートの構築を可能にすることが目的.

NPACA 1949）では, 山岳地帯, 荒蕪地, 崖, 水辺が優勢する「オープンカントリー」へのアクセス, そして歴史的建造物へのアクセスなどを認める法律や地方および私的な法によって, アクセス対象域を拡大していくことになった（表4.2).

1958年イギリス王任委員会（Royal Commission）により, コモンズ上のアクセス権設定の方向性が勧告されるという決定的な施策が打ち出された. これに先立ち, 同委員会はイングランドとウェールズにおいてコモンズ悉皆調査を実施した. それを踏まえ1965年にはコモンズ登記法（The Commons Registration Act 1965, 以下, CRA 1965）によりコモンズの登記が行われた. コモンズの所有者, 入会権者, 権利内容の明確化を目的とする同法は, 失敗と挫折を経験することになった. 入会権者の権利の重複登記, 権利売買が可能な入会権の存在による登記の複雑さ, そして牧草地の再生産を超える実態を超えた入会権登記[2]が発生したのである（三俣, 2009).

その後, 幾多の論争を経て, 2000年カントリーサイトおよび歩く権利法（The Countryside and Rights of Way Act 2000, 以下CRoW 2000）が成立する. 同法より, 上述してきた法律で歩く権利が付与されたコモンズ以外のコモンズ, つまりCRA 1965で登記されたコモンズのすべてが, 2000年法下で定める歩く権利の服する空間となった. 歩行道の線的アクセスから, コモンズという面的広がりを持つ空間をぶらぶら歩く権利（Right to Roam, 以下, 逍遥権）が法認されたのである. それは後述通り, NPACA 1949の「オープンカントリー」を継承・拡大し「アクセスランド」としてCRoW 2000で規定されたのである.

(3) イギリスにおける歩く権利・アクセス権の服する場空間の今

歩く権利とその対象としての歩行道

筆者がここまで用いてきた「歩く権利」はRight of Way（以下，RoW）の訳語である．この語は「権利」とその権利の対象としての「道」の2つの意味を持っている．筆者は前者の場合を「歩く権利」，後者を「歩行道」と訳す[3]．さてそのような歩く権利に服する空間的広がりをここで概観してみたいのであるが，一筋縄ではいかない．先に見たCRoW 2000以前の一連の法律下で認定された歩く権利（RoW）に服する土地が多く存在するためである．現在もCRoW 2000でなく各法下で管理されているこれらは，CRoW 2000において，第15条地（section15 land）と呼ばれている．第15条地にはCRoW 2000のRoWとしては認められていない乗馬やそれ以外の行為が認められているものがある．それゆえ，それら各々が表4.3にみる4種類の歩行道のどれに該当するかを明確に示しえない．このような限界を理解したうえで，あえて歩行道の線的広がりを示すとその推定距離の総延長は約18万8700 kmにおよぶ．歩く権利の服する歩行道は，可能な行為の内容的差異により，歩行専用道，乗馬歩行道，制限付きバイウェイ，全交通主体に開かれたバイウェイに分類されている．

他方，CRoW 2000下での歩く権利に服するアクセスランドについても，歩行道同様，コモンズの誤登記，CRoW 2000の対象ではない適用除外地（excepted land）が相当あるので，正確な面積を示しえない．既存研究・調査限りでいえば，その面積は約131万4000 haの広がりをもつ．その内訳は，イングランドが推計94万7000 ha（Robinson ed., 2008），ウェールズが36万7000 ha（Natural Resources Wales “Managing Public Access to Areas of Land”）となっている．「オープンカントリー」は，NPACA 1949で「オープンカントリーは，全体または主要部分が，山地，荒蕪地，ヒース，草地丘陵，断崖地，水辺（堤防，砂丘，防潮堤，浜辺，砂州ないし水辺に近い他の地勢）からなる」（第5部第59条2項）とされ，土地所有者との合意協定の成立または国務大臣の承認を得たアクセス命令（access order）の発令により設定されると明記されている．しかし実際，同法下において協定はほとんど結ばれず，アクセス命令の発令は皆無であった（Naturarl England, 2010）．CRoW

表 4.3　歩く権利の服する 4 種類の歩行道

（Defra, 2007※; Muler, 2005; British Horse Society, 2017 にもとづき作成）

歩く権利に服する歩行道の種類	推定距離	各種歩行道での可能な行為				
		歩行	乗馬	自転車	荷積み乗馬	動力付乗り物
Public Footpath 歩行専用道	146, 600 km	✔				
Bridleway 乗馬歩行道	32, 400 km	✔	✔	✔		
Restricted Byway 制限付きバイウェイ	6, 000 km	✔	✔	✔	✔	
Byway Open to All Trafic（BOAT） 全交通主体に開かれたバイウェイ	3, 700 km	✔	✔	✔	✔	✔
	総延長 188, 700 km					

※ Defra ウェブ上で 2007 年 5 月 22 日確認したものであるが現在は確認できず.

2000 下の「アクセスランド」は，このオープンカントリー（国立公園管理当局ないし地方公道局が作成した地図に掲載された場所）に加え，オープンカントリーの地図にはないが標高 600 m 以上に位置している場所，同法 16 条の定めるところの公共供与地（献地）を含む場所等，と定義されている.

歩行道，アクセスランドの管理については，各カントリーエイジェンシー（Natural England，環境庁と並び，環境保全を中心に持続可能な社会の実現を目指す非省公共団体の位置づけをもつ．以下，NE. ウェールズの場合には CCN）が公式確定地図（definitive map）を作成する義務を負い，地方自治体（county council）とその一部門をなす地方公道局がフットパス，アクセスランドの調査，評価，境界確定や変更手続きを担う．一方，土地所有者はアクセスの妨害物の除去や標識などの設置義務を地方当局と分担する形で負っている（表 4.4).

上記 4 つのタイプの歩行道に加え，それ以前に整備されてはきたものの誤認修正や変更の反映が追いつかないコモンズの登記と地図の更新はそれ以上に困難である．先述したように，英国の場合は入会権者各々により入会権の種類が異なる．各人の有する入会権の種類や権能（放牧頭数など）を把握す

表 4.4 歩く権利・アクセス権の服する場の現在
（CRoW 2000, MACAA 2009 の条文，Clayden (2007), Riddall and Trevelyan (2007), Natural England website にもとづき筆者作成）

歩く権利およびアクセス権に服する道および土地	権利	歩行道・オープンカントリーアクセスランドの種類	管理主体と主たる義務
歩行道 (Right of Way) 【線的アクセス】	歩く権利 (Right of Way)	4 種類：歩行道・乗馬歩行道・制限付きバイウェイ・全交通主体に開かれたバイウェイ 可能な行為：原則歩行のみ，ランニング，登山，撮影ピクニック，野鳥観察※1 不可能な行為：自転車，乗馬，キャンピング，ロッククライミング車両（ただし電動のシニアカー・車椅子利用は可能）	1. カントリーエイジェンシー（NE, NCC）：公式確定地図の作成義務 2. 地方当局（国立公園局, 地方カウンシル，ディストリクトカウンシル，首都圏のバラ，単一地方自治体）：とりわけ，地方公道局の役割として，調査・評価・境界確定・変更担当 3. 土地所有者：障害物除去，標識，危険の警告などの義務（地方当局と責任分担部分あり） 注）コモンランド登記に関しては，CRA 1965 登記されたコモンランド，CRoW 2000 の後に制定された Commons Act 2006 下で登記・修正
オープンカントリーおよびアクセスランド (Open country/Access land)【面的アクセス】	アクセス権 逍遥権 (Right to Roam/Freedom to Roam)	CRoW 2000 下の「アクセスランド」 可能な行為：歩行，ランニング，野生動植物観察，登山※2 不可能な行為：バイク，乗馬，自転車，キャンプ，犬以外の動物の携行，車両（ただし電動のシニアカー・車椅子利用は可能）	

るための情報量は膨大になる．このことにつき，一目瞭然で理解できるものとして NE 作成の Magic website を参照されたい．筆者が聞き取り調査で訪問したノーフォーク州やカンブリア州では，コモンズ・歩行道にかかる登記や情報の更新作業について，一様に難航し重い負担であると答えた．先に見た OSS, The Ramblers' Association, 加えて CRoW 2000 第 94，95 条に基づき設置されている Local Access Forum が歩行道やアクセスランドの管理上，大変重要な役割を担っていることをここで付言しておくべきだろう．

歩く権利およびアクセス権に服する道および土地	権利	歩行道・オープンカントリーアクセスランドの種類	管理主体と主たる義務
海岸パスおよび浜辺【線および面的アクセス】	アクセス権 逍遥権 （Right to Roam/Freedom to Roam）	①MACAA 2009 The Access to the Countryside（Coastal Margin England Order 2010（CRoW 2000 第1部第3条Aの海岸部に関する修正に基づく）	国務大臣およびNEが，海岸沿いの長距離歩行道整備をすすめることを義務として負うことをMACAA 2009は規定 両者は，当該地の土地所有者，借地人，法的に当該地で職を持つ人のすべての利害調整を進め，工程順に随時，整備を進め責任を負う

※1※2 ともにNatural England（2010）およびGOV.UKウェブサイト（https://www.gov.uk/right-of-way-open-access-land）参照.

水辺への拡張——海浜・浜辺アクセス法2009年の制定

水辺へのアクセスの権利化については，NPACA 1949に見られたが実効性はなかった．それを再び法令で表明したのはCRoW 2000（第3条）である．水辺とりわけ海岸にまでアクセス権を拡大するべく国務大臣はNPACA 1949下での「オープンカントリー」の修正命令が可能である旨を記している．水辺の公衆アクセスは歴史的に続いてきたが，それは保証された確たる権利ではなく法制化する必要が示された（Natural England, 2012)．これを実現するべく海浜・浜辺アクセス法2009年（The Marine and Coastal Access Act 2009: 以下，MACAA 2009）が制定された．この権利の拡張についての基本的な責任は国務大臣とNEが負うとされた．両者の責任の下，①対象地選定等の準備，②当事者との話し合い，③NEによる設置および広聴会を含む提案，④それを受けての決定，⑤国務大臣による決定公示の5段階の過程を経て，アクセス権設定を進めることになった（Natural England, 2012)．とはいえ，MACAA 2009下のアクセス権がないと，海岸に近づけないわけではない．アクセスランドとして分類されるCRoW 2000の登記コモンズがかなり水辺に広がっているからである．たとえば，2017年12月現在，上述した5段階の行程中の「準備」の段階にあるノーフォーク州のブランカスターの海岸には登録されたコモンズが広がっており，筆者も幾度となく同地で浜遊びを楽しんだ．

(4) 自然アクセス制の課題——コンフリクトの発生

上述した4種の歩行道，オープンアクセスランド，加えて海辺まで，イギリスでは私有地にアクセスする権利が法レベルで認められている．多くの人々が多様な目的でこれらの場を利用している．当然，多様なアクセスは，①土地所有者と利用者，②利用者間におけるコンフリクトを少なからず引き起こす．

①についてカントリーサイドの農家（土地所有者）へのアンケート結果を踏まえたミルダーら（2006）によれば，土地所有者の半数が自所地へのアクセスを締め出したいと考えていること，土地所有者らは，利用者のカントリーサイドへの理解の欠如や無自覚のうちになされる無責任なふるまいにその原因がある，と考えていることを指摘している．同論文において土地所有者が直面したトラブルは，放牧地のゲートの開けっ放し，不法侵入，犬の放し飼い，ゴミの放置や不法投棄などである．土地所有者の69%が，正式なアクセス権ではなく，利用者が利用の都度，彼らにアクセスの了解を乞うようなインフォーマルな権利としての位置づけを望んでいることも示されている．

同様に，海辺アクセスについて広聴プロセスにおける分析を進めたメイフィールド（2009）は，海岸アクセスに対して反対を表明するものが3割弱存在すること，アクセス反対者のなかには，新規アクセスルートの創出でなく，既存ルートにおけるアクセスの改善を図るべきと提案する者がいること，アクセス反対者の大多数が海岸線沿いの土地所有者であること，を指摘している．

他方②の利用者間コンフリクトは，ウォーキング，ハイキングからトレイルランニング，自転車，バイカーなど多様な利用ニーズが生み出すコンフリクト（競合）であり，その解消に向けた棲み分けを行ってきた結果，4種類の歩行道となっているともいえるだろう．

4.3　自然アクセス制のもつ日本の抱える過少利用問題への示唆

以上までで論じた2国の事例から私たちは何を学ぶことができるだろうか．各国のエコロジー，文化，経済，自然観などの共通性や相違点に言及できていない本章の限界を認識したうえで，筆者なりの考えをここで述べてみたい．それに先立ち，本章の冒頭で触れた日本の森林コモンズについてまず手短に述べておこう．

(1)　日本のコモンズ「入会」のもつ3つの機能とその衰弱過程

入会は，主として近世村落を単位とする村が共有・共用する制度である．地域住民の共同利用の場としての入会地は，山菜，きのこ類，柴草，薪炭，建材，萱（かや），秣（まぐさ），牧草などの供給源として重要な役割を担ってきた．この入会のもつ能力を資源管理に限定した場合，次の3点が指摘できる．①自発的制度供給能力（共有・共用財の管理に必要な制度を自らの集団で創設する力），②ローカル・ルールの構築とその履行能力，③集落内外で起こる変化への対応能力である（三俣，2013）．①と②は，純粋公共財はもとよりある特定集団に便益をおよぼす集合財（collective goods）であっても，その集団は当該財の持続的管理を実現する制度を自発的に生み出すことはない，という見方がかつての社会科学では支配的であった．これに対し，オストロムらは，①資源利用者（入会権者）は各地の異なるエコロジーを反映するローカル・ルールを自らの手で創り上げ，②そのルールを遵守させるべく相互規制や違約者への罰則などを実行し，集合財（共有資源）の持続的な管理制度を自ら創り上げ，③集落の内外で生じる変化にも巧みにも対応する力をもっていると指摘し，入会を含む共的諸制度の再評価を行った．これまでの筆者の入会研究においても，ほぼ同様のことを確認している（室田・三俣，2004ほか）．

しかし，21世紀の日本の村々は，生産・消費・廃棄を地域内あるいは地域圏内で完結できず，むしろ他地域あるいは他国との相互依存関係のうえに成り立つグローバル時代を生きている．石油を原動力とする長距離輸送やグローバルな市場経済の浸透と拡大は，山野海川のもつ意味を大きく変化させた．それは，所有者にとっての山野海川のもつ価値を著しく低下させる変容であった.「石油文明元年」と称される1960年以降のエネルギー革命により,緑肥として田に鋤きこむ採草利用は化学肥料の普及により減少し,薪炭利用も石油・ガスに代替されて激減した.1964年の木材輸入の全面自由化以降,次第に外国産材が優位になり,木材市場を圧倒し,国産材は行き場を失った.戦後の森林政策の基調をなしてきた拡大造林政策(広葉樹を中心とする里山を一斉皆伐し,その跡地にスギ,ヒノキ,マツを植える木材生産を進める政策)が当て込んでいた林業によるGDP増大は水泡に帰した.この過程で,森林のもつ意義や役割は,その所有者にとって感知できない程度にまで低減し,その結果,日本の森林は放置される傾向をたどった.

上述した「入会の環境資源管理における3つの能力」に即していうと次のようになる.①日本の入会林野が所有者にとっての経済的価値が低下し,当該集団に便益をおよぼす集合財ではなくなりつつあり,それゆえ入会集団から入会林野の維持管理に必要な貢献(下刈りや枝打ちなどの出役)を引き出すことが困難になっている.②それゆえ,入会集団は,利用収益ルール(便益:入会林野の立木売却益の使途や配分等)よりも,管理負担ルールの履行(費用)をより強く求められる状況に陥っている.③①および②の変化は集落内外で起こる変化への対応力を必然的に鈍化させる.

明治初期,近代国家を形成していく際,入会は「公」「私」どちらに属するものなのか,あるいはそれを法的にどのように位置づけうるか,という議論が盛んで研究も数多く蓄積された.その結果,入会権は共同所有の一形態として,民法において,妨害排除請求権・妨害予防請求権を伴う強い「私」的権利として構成された.それにより守られた農山村民の生活の安寧があったことは非常に重要なことであった.しかし,現在,その権利の対象である林野の経済的価値が低迷し,放置や放棄が散見される事態になっている.上述した①〜③の機能低下により,コモンズが本来有していたエコロジー(共有物のもつ環境容量)に規定されるメンバーシップという排他律に基づく資源管理上の優位性が失われる一方,地域によっては,利用・管理が放棄された森林であるが強い私権性が形骸化して残り,その結果,善意のかかわりを求める第三者であっても,そこには近づきがたい状態も散見される.

このようなグローバル時代のコモンズの抱える問題に自然アクセス制はどのような示唆を与えてくれるのだろうか? 利用や管理をしない,あるいは,そうしようとしてもできない所有主体をどのように支援したり是正したりできるのだろうか？

(2) 自然アクセス制からの示唆

2018年5月に参議院本会議で可決・成立した森林経営管理法は，そのやり方次第では，入会財産（私的財産）の大量剝奪をなした明治林政の暴挙の再現にもなりうる．所有権の制約という点で類似性をもつ同法との相違を視野において[4)]，自然アクセス制のもつ現代日本への示唆を引き出すとすれば，それはまずもって，その創出プロセスにあるだろう．

とりわけ，イギリスでは長い歴史を通じて自然アクセスの価値を国民が理解し，世論が政策を後押しして制度を作り上げてきたプロセスがあった．所有権の内在的制約を誰もが喜んで受け入れるはずがない．むしろ逆である．コンフリクトを幾度も経験し，その都度，議論・調整の過程を通して生まれてきたのが所有権の一部分を他者に開くという自然アクセス制であった．清浄な空気や水辺にアクセスし，そこにわが身を置くような機会がすべての人に開かれていることが，人間が健全に生命をつないでいくうえで重要な基盤をなす．そのような考えは，絶対・排他的なローマ法的所有観を超えたところにあり，英国の場合，1世紀以上にわたる議論を通じ，自然アクセス制への回路が創出されてきたのであった．これは短視眼的政策の多い日本の環境政策が学ぶべき点であろう．

加えて，自然アクセス制は，「遠い自然」を「近い自然」に引き戻し，「人と自然の関係を結びなおす」という課題を抱える日本にとって，たいへん示唆に富んでいる．所有者だけでなく，市民・行政からも，そのような機会を創出していくことが，林業一辺倒の日本林政下にあって，また長らくの森林過少利用時代にあって重要である．自然を愛でる体験をともなった自然アクセスの展開は，国民が森林をはじめ自然一般について，その機能や価値の多様性を認識する場や機会を提供する．ひいては，国民の環境政策への理解や支持にもつながる可能性をもつ．それは市場の変動に左右されないような森林利用や管理の道を開くことでもある．スウェーデンをはじめ北欧諸国では，この点における自然アクセスのもつ意義をとくに重要視している（Sandell, 2006）ことを付言しておきたい．

このような「人と自然との関係性」の構築の仕方は，戦後日本の林業政策の歩みとは好対照をなすものである．単一主体による単一的価値の排他的な囲い込みではなく，同一の自然に対し複数主体が多様な価値を共用するという自然アクセス制は，なお人工林を念頭に置いた大規模林地の団地化や高度利用の促進に拘泥し続ける日本の林業政策に対し，根本的な「人と森林のありよう」に再考と転換を迫るものである．

(3) コモンズ研究の課題――閉鎖と開放のバランスをどうとるか？

各国，各地域が互いに強いインパクトを与え合う構造にあるグローバル時代にあって，日本の閉鎖型コモンズの一部に風穴をあけることは，オストロムらのコモンズ論の研究に即して見た場合にも重要な課題といえる．彼女たちの発見は，対象財が利用者集団に便益を生む限り，経済学的な意味での「合理的個人」を設定してもなお（利他・倫理・公共心などを持ち出さずとも），利用者集団は乱伐や乱獲などの過剰利用を回避する制度を共同で生み出す可能性を有する，という点にあった．つまり，理論的には外部主体は基本的に必要性が少なく，そのかかわりもあくまで最小でよいのである．

ところが，現在の日本の森林では，あまりに大きい外部インパクトによって利用者集団にとっての便益が低減し，そのような前提条件が崩れてしまっている．それは，コモンズの利用者集団のみでは，上述した①～③の機能がもはや十分に発揮されないことを意味している．グローバリゼーションをはじめとする外部インパクトを与件とする限り，第三者の「かかわり」を視野に置いた地域主導の環境資源管理，つまり「協治」の設計原理を構想する必要性（井上，2009）が，処方箋となるひとつの選択肢として鮮明に浮かび上がってくる．

その際，所有権のありよう，所有権の束という考えから，ひとつひとつ手繰り寄せていく作業が，コモンズ論におけるひとつの重要な研究課題になるだろう．かつてその正当性を求めて繰り返されたトレスパス（不法侵入）が，現在の歩く権利につながっている英国の歩く権利・アクセス権の拡張の歴史が教える通り，単純に一時代の法制度のみに回収できないデファクト（利用の実態）の世界が，新たな制度を創出していく点への着眼（フィールドベース）もまた同時に重要になるだろう．

「所有権の内在的制約」という考え方が共通理解にある経済社会では，他者に著しい不利益を与える過剰利用問題や過少利用問題は，少なくとも理屈としては生じ得ない．そのような方向への舵取りは可能だろうか．この問いを追求することが，グローバル時代のコモンズ研究に突き付けられている大きな課題のひとつであることは，どうも間違いなさそうである．

本章で展開したイギリス・コモンズのオープン化の歴史については，2017年2月に急逝された多辺田政弘先生（専修大学経済学部教授）との議論から示唆を受けた．多辺田先生から賜った多大な学恩に心から感謝申し上げたい．

また，本研究はJSPS科学研究費基盤研究（B）「自然アクセス制の国際比較」（課題番号：16H03009）および韓国政府研究助成（NRF-20171A3A20767220）を受けて可能になった研究成果の一部である．記して感謝したい．

注

1)　1932年4月24日，デヴォンシャー伯爵が所有するマンチェスター市とシェフィールド市に広がるピークの丘陵地に400人近くの労働者が集結し番人と衝突した．この事件で不法侵入を理由とし5名が逮捕されたが，世論は，逮捕者に対する批判でなく，地主層に対する非難の方向で形成されていった．

2)　中世以降，各入会権者の放牧できる家畜頭数は，年ごとに異なる牧草地の再生産に従って決められていた（起伏の原則という）．登記となればある決まった頭数を明示する必要がある．入会権者は，できるだけ多くの放牧頭数を自分の持つ入会権として登記したのである．

3)　権利としてのRight of Wayを「通行権」と訳するものもあるが，立ち止まり自然を愛でる行為を含むCRoW 2000下の歩く権利，それを拡張したアクセスランドに対する権利には明らかにそこに留まるright of remainが含まれる（CRoW 2000, 第2条1項）．つまり，ある地点からある地点への単なる通過を意味しない広がりをもつので，筆者は「歩く権利」とする．道としてのRoWも，BOATにおいてでさえ歩くないし乗馬利用が元来的であることがあえて明示されている（Riddall and Trevelyan, 2007, p. 7）ことを鑑みて「歩行道」とする．

4)　2018年5月に参議院本会議で可決・成立した「森林経営管理法」は，経営意欲の低い山林所有者からその管理権限を市町村へ委譲することも可能にする．「所有権の制約」という一面だけを見れば，同法と自然アクセス制とは親和性を有するように見える．しかし，その両者は，自然に対する観念や社会における森林の位置づけにおいてまったく異なっている．前者はその一部に過ぎない木材生産の価値を強調（私的利潤追求と囲い込みの強化）し，これに寄与しない者の所有権を制約する．これに対し，自然アクセス制は，自然の多様な機能や価値を万人が享受できるように，所有者は部分的に所有権の制約を受忍しあっているのである．

引用・参考文献

石崎涼子・三俣学・斎藤暖生・川添拓也（2018）自然アクセス権と森林利用を巡る諸問題——スイスおよびドイツを事例として．第129回日本森林学会大会学術講演集，115.

井上真（2009）自然資源‘協治’の設計指針——ローカルからグローバルへ．室田武編『グローバル時代のコモンズ管理』ミネルヴァ書房，3-25.

川北稔編（1987）『非労働時間の生活史——英国風ライフスタイルの誕生』リブロポート，286 pp.

齋藤暖生・三俣学・嶋田大作（2015）スウェーデンにおける資源採取を伴う野外活動の行動規範——森林訪問者へのアンケート調査から．第126回日本森林学会大会学術講演集，173.

嶋田大作・齋藤暖生・三俣学（2010）万人権による自然資源利用——ノルウェー・スウェーデン・フィンランドの事例を基に．三俣学・菅豊・井上真編著（2010）『ローカル・コモンズの可能性』ミネルヴァ書房，64-86.

高村学人（2014）過少利用時代からの土地所有権論史再読——フランス所有権法史を中心に．立命館大学政策科学，21(4)，81-131.

平松紘（1995）『イギリス環境法の基礎研究——コモンズの史的構造とオープンスペースの展開』敬文堂，466 pp.

三俣学（2009）21世紀に生きる英国高地コモンズ——その史的変遷の分析．室田武編『グローバル時代のコモンズ管理』ミネルヴァ書房，237-262.

三俣学・森元早苗・室田武編（2008）『コモンズ研究のフロンティア——山野海川の共的世界』東京大学出版会，252 pp.

室田武・三俣学（2004）『入会林野とコモンズ——持続可能な共有の森』日本評論社，280 pp.

Beery, T.（2013）Nordic in nature: Friluftsliv and Environmental Connectedness. Environmental Education Research, 19(1): 94-117.

Clayden P.（2007）“Our Common Land: The Law and History of Common Land and Village Greens” Sixth edition, Open Spaces Society, 220 pp.

Colby, K. T.（1988）Public Access to Private Land: Allemansrätt in Sweden. Landscape and Urban Planning, 15: 253-264.

Elgåker, H. S. P., S. Pinzke C. Nilsson and G. Lindholm（2012）Horse Riding Posing Challenges to the Swedish Right of Public Access, Land Use Policy, 29: 274-293.

Henderson, B.（2001）Lessons from Norway: Language and outdoor life. Path-

ways. The Ontario Journal of Outdoor Education, 13 (3): 31-32.
Kaltenborn, B. P., H. Haaland and K. Sandell (2001). The Public Right of Access: Some Challenges to Sustainable Tourism Development in Scandinavia. Journal of Sustainable Tourism, 9 (5): 417-434.
Mayfield, B. (2009) Troubled Waters: The Unifying Influence of Conservation and Public Health on the Access Provisions of the Marine and Coastal Access. Act Liverpool Law Rev, 30: 247-262.
Milder, C., S. Simon and J. Hale, (2006) Right of Way Improvement Plans and Increased Access to the Countryside in England: Some Key Issues Concerning Supply. Managing Leisure, 11: 96-115.
Natural England (2010) Commons Toolkit FS13 Access.
Natural England (2012) Marine and Coastal Access Act 2009 Natural England's Coastal Access Report: Guidance on the Secretary of State's Decision Making Process. https://www.gov.uk/government/uploads/system/uploads/attachment_data/file/428251/pb13855-marine-coastal-access.pdf
Natural Resources Wales "Managing Public Access to Areas of Land" (2017年12月21日確認) https://naturalresources.wales/media/1176/mpaoatemplated-changes-1.pdf
Raadik, J., C. Bosangit, L. Shi and S. P. Cottrell (2005) Perceptions of Wilderness: Comparison among Finns and Estonians. In Book of Abstracts for the 11th International Symposium on Society and Resource Management: From Knowledge to Management: Balancing Resource Extraction, Protection & Experiences, Östersund, Sweden, 139 pp.
Raadik. J., S. P. Cottrell, P. Fredman, P. Ritter and P. Newman (2010) Understanding Recreational Experience Preferences: Application at Fulufjället National Park, Sweden, Scandinavian Journal of Hospitality and Tourism, 10(3): 231-247.
Riddall, J. and J. Trevelyan (2007) "Right of Way: A Guide to Law and Practice" Forth Edition, Ramblers' Association and Open Spaces Society.
Robinson G. ed. (2008) "Sustainable Rural Systems: Sustainable Agriculture and Rural Communities (Perspectives on Rural Policy and Planning)", Routledge, 226 pp.
Sandell, K. (2006) The Right of Public Access: Potential and Challenges for Ecotourism, In S. Gössling and J. Hultman eds., "Ecotourism in Scandinavia: Lessons in Theory and Peactice" CABI, Oxfordshire, 240pp.
Schlager, E. and E. Ostrom (1992) Property Rights Regimes and Natural Resources: A Conceptual Analysis. Land Economics, 68(3): 249-262.
Sténs, A. and C. Sandström (2013) Divergent Interests and Ideas around Rroperty Rights: The Case of Berry Harvesting in Sweden. Forest Policy and

Economics, 33: 56–62.
Swedish Environmental Protection Agency website http://www.swedishepa.se/Enjoying-nature/The-Right-of-Public-Access/
Terry, H. and U. Fransson (2009) Leisure Home Ownership, Access to Nature, and Health: A Longitudinal Study of Urban Residents in Sweden. Environment and Planning, 41: 82–96.
The British Horse Society website http://www.bhs.org.uk/access-and-bridleways/what-we-do-for-you/england-and-wales/
Valguarnera F. (2017) Access to Nature. In Graziadei M. and L. Smith eds., "Comparative Property Law: Global Perspectives", Edward Elgar, 258–279.

第 II 部
いまを評価する

5
森と川の変貌
——その歴史といまを考える

中村太士

この章では，現在ある文献や資料から江戸・明治時代以降の日本の森と川の変貌について述べたい．大きな流れとして，江戸・明治から終戦直後まで，日本の森林資源はオーバーユーズの時代であり，禿山が全国各地に見られ，多くの土砂害や洪水被害が発生した．その後，高度経済成長期から現代にかけて，外材輸入によって日本の森林資源は温存され，資源があっても利用しないアンダーユーズの時代に入ったといえる．そして，未来の日本の流域保全を考えるうえで最も重要な要因は，人口減少に伴う土地利用の変化と気候変動であり，どうしたら自然豊かな環境を維持しながら安心安全な国土を形成できるか，持論を展開したい．

筆者は2005-2007年の2年間，日本生命財団重点研究助成によって「北海道の森林機能評価基準を活用した地域住民・NPO・行政機関・研究者の協働による森林管理体系の形成」に取り組むことができた．この時すでに，放棄人工林やエゾシカによる森林破壊の問題が北海道の森林管理を考えるうえで重要課題になっており，行政や一部の専門技術者だけで対応することは難しくなっていた．地域住民やNGOが行政機関や研究者と協働し，きちんとした科学的知見に則って森林管理を実施するためにはどうしたらよいか．森林の公益的機能を維持し，生物種を保全しながら森林資源を利用するためにはどんな施業を実施すればよいのか．白老町の方々と膝を突き合わせながら議論したことが懐かしく思い出される．

本章で述べる自然資源管理に関する根本的な問いは，このプロジェクトで醸成されたと言っても過言ではない．最後で述べる“グリーンインフラ”という考え方も，白老町における共同研究が示してくれた将来の方向性であったことを付記したい．

5.1　明治から戦後までの森

明治以前の江戸時代から，城郭や屋敷，神殿，寺院などに必要な建築材を確保するため，そして燃料としての薪炭材を確保するため，日本の森林は過度に利用されてきた．そのため，明治から昭和の戦後にかけて，日本の山地は禿山が至るところにあったと考えられ，江戸時代の浮世絵に描かれる樹木も荒れ地に生えるマツが多く，個体もまばらな疎林が多い．この時代，森林の主要な樹種はマツであり，スギやヒノキが多く見られるところもあったが，今日の森林と比べると貧弱で，かなり樹高の低い個体が多かったことが推測されている（小椋，2012）．また，草や灌木の刈り取りや山焼き，家畜の放牧といった人為的圧力が加わることによって，草原も広く維持されていたと推測されている．

森林から木材が過度に産出され，植被を失うか貧弱な植生に変化すると，多くの場合，侵食が発生する．表層斜面崩壊や土壌侵食によって生産された土砂は，土石流となって人家や田畑を襲い，保水力の低下に伴う洪水によって多くの家屋が浸水した．江戸幕府は，これらの災害を防止するために，森林の伐採やその他の利用を排除したり，野焼きの制限や野火の防止，開墾や家畜の放牧制限をするなど，様々な森林保護・保全策を導入した．森林伐採を禁止する「留山（とめやま）」制度を広く適用し，森林を保全するための規制が強化され，水土保全を目的とした造林も推進された．

江戸時代において3000万人程度で移行した人口は，明治以降，急激に増加した．また，“殖産興業”を目的に，多くの日本技術者が海外へ留学し，また海外からも多くのお雇い外国人が招聘された．近代化や人口増加とともに木材利用も活発になり，建築用材をはじめ，工事の足場や杭，鉱山の坑木，電柱，鉄道の枕木，桟橋，パルプの原料等，様々な用途に木材が使われた．河川による木材の流送を軸とする森林開発方式に加えて，鉄道や軌道，あるいは林道による運搬方式が普通になり，奥地林開発も展開された．過度な森林伐採により，禿山は全国に広がり（図5.1上），それに伴って水害，土砂害が多発した．とくに，日本には花崗岩が広く分布し，過度な利用で植被を失うと侵食が一気に進み，禿山が数十 km^2 にわたって形成された．

よく里山は利用と保全のバランスがとれた緑豊かな景観であったといわれ

図 5. 1　滋賀県立石国有林の 100 年の変貌（滋賀森林管理署提供）

るが，この時代エネルギーを石炭や石油といった化石燃料に頼ることもできず，古い写真で見る限り，木材を燃料として，下草や落葉を堆肥として使うために強度に利用され，禿山かきわめて貧相な疲弊した林であったと考えられる（太田，2012）．

こうした状況に対処するため，政府は 1896 年に河川法，1897 年に森林法と砂防法を制定した．これらを“治水三法”と呼ぶ．近代国家日本の国土保全事業は，土砂生産ならびに流出をいかに防止し，崩壊地を緑化するかの闘いの歴史であった．生産された土砂は河川を通じて海岸にも運ばれ，大量の飛砂によって海岸の家屋は埋没した．こうした状況は，戦後まで続いている．

とくに1930年代，戦争の拡大に伴い，軍需物資として大量の木材が必要となり，これを満たすため更なる森林伐採が行われ，森林資源は枯渇した．この時代の荒廃地の分布を示すデータは少ないが，氷見山ら（1995）によれば，人工林も含めた森林面積は24万390 km^2 で，森林ではない荒地の面積は約41800 km^2 におよぶ．

1897年に制定された森林法では，保安林制度が制定されている．保安林と聞くと，警察権力によって管理される林のように思われるかもしれないが，そうではなくて，その意味するところは保護林もしくは保全林である．いったん保安林に指定されると，伐採率や植栽義務，作業道の開設などに一定の制限が加えられる．つまり森林は，たとえ個人所有の森林であっても多くの公益的な機能を担っており，これを私的な所有と利用にまかせていては様々な問題が発生すると考えられ，流域保全上，重要な森林に公的な規制を加えて保護したのである．森林資源の枯渇に伴う災害防止の観点から，保安林への期待は水源涵養と土砂流出防備，すなわち水土保全機能に偏重しており，その考え方は現在まで続いている．

5.2　明治から戦後までの川

森林の荒廃と禿山の拡大から，河川には大量の土砂が輸送され，河道を埋めつくしたと考えられる（図5.2）．当然，土砂生産をおさえて下流河川の河床上昇を防ぎ，治水上の安全と飛砂を防止するために，様々な砂防・河川工事が実施された．社会的条件も大きく変化した．人口については1900年の4400万人から1950年の8300万人へ，この50年間で3900万人増加した．人口増加に伴い，大河川の沖積平野にも新たな土地を求めて都市が拡大し，かつての洪水常襲地域にも開発が進むようになってきた．

明治政府が招聘したお雇い外国人として有名なオランダ技術者ヨハネス・デ・レーケも，当初は低水工事を指導したが，オランダとは異なる流況や大量の流砂に驚き，緑化や森林保全の必要性を説くに至っている（高橋，1971）．低水工事とは，舟運を中心にした物資輸送を可能にするため，また安定して取水，灌漑できるようにするために，川の水の水位が低い時期，流路がみだれないように調節し，安定した水量や水深を確保するために実施する工事の

図 5.2　岡山県吉井川本流中流部の 1950 年代の土砂堆積状況（支流吉野川との合流部下流）

ことである．

しかし，明治 10 年代後半から 20 年代にかけて，1885 年の淀川洪水や 1889 年の十津川大水害など，多くの災害が発生する．このため，オランダ低水技術が批判され，物資輸送の手段が舟運から鉄道運搬に変わるのと相まって高水工事の必要性が叫ばれるようになった．高水工事とは，川の水位が高い時に，すなわち洪水の時に河川の氾濫をおさえ，河水を一時貯留したり，より速く海まで流すように計画された工事のことであり，現在の河川工事の基本概念となっている．明治時代にフランスでの海外留学から帰ってきた若い日本人技術者によって，築堤を中心にした洪水防御工事が実施された．

洪水災害はその後も続き，1910 年利根川，荒川，多摩川水系の広範囲にわたって河川が氾濫し，大水害が発生したことを契機に，全国 50 河川で連続した堤防による治水事業が展開されることになった．連続堤防による全国的な治水事業は，昭和初期までに一応の完成をみる．

明治以降，コレラや赤痢など水系感染症を防止するため，そして火災による延焼被害を防ぐため，水道を整備する必要が叫ばれた．水道を安定的に供給する手段として注目されたのが，ダムによる水道用貯水池の建設である．さらに大正時代に入ると，産業の発展に伴う電源開発を目的にダム事業も多く実施されている．また，崩壊地や禿山からの土砂生産をおさえるために，治山・砂防ダム建設も始まっている．

こうした防災工事の進展が日本の河川生物相に与えた影響については資料もなく想像の域をでないが，生物多様性は減少傾向にあったと考えられる．一方で，コンクリートを使った土木技術がさかんに使われ水質も悪化した戦後と比べると，まだ土木技術も土や木材など自然素材を使ったものが多く，生物が生息できる場所はある程度確保できていたのではないかと推測される．

5.3　戦後から現代の森

終戦後も，主要な都市が戦災を受け，食料も物資も欠乏するなかで，復興のために大量の木材を必要としたことから，日本の森林伐採は続いた．このような戦中・戦後の森林の大量伐採の結果，日本の戦後の森林は大きく荒廃し，昭和20年代および30年代には，台風等による大規模な山地災害や水害が発生した（高橋，1971）．

戦後の荒廃した国土において緑化事業は大きな役割を果たした．その結果，日本の山地や海岸に広く分布した禿山や崩壊地，飛砂侵食地は姿を消した（図5.1下）．1950年代から1970年代にかけて，高度経済成長期を迎えた日本では，土地利用の集約化が進んだ．戦後の経済復興を支えるため，木材需要は急増し，これに対応するために，政府は“拡大造林政策”を推進した．拡大造林とは，広葉樹主体の天然林を伐採して，針葉樹中心の人工林に置き換える政策であり，本州ではスギ・ヒノキ，北海道ではトドマツ・カラマツの大規模造林が実施され，日本全体で約1000万haにのぼる人工林がこの時期を中心に植林された．

一方で，木質燃料から石炭・石油等の化石燃料への転換，さらに経済成長に伴う木材需要を補うために，1960年代より木材輸入の自由化が推進され，1964年の「林業基本法」によって法制化された．その後，安価な外材輸入により日本の人工林は温存され，伐採地は減少してきた．むしろ，林業として成り立たない等の理由から管理放棄され，間伐も実施されない人工林が全国に増えており，いまでは台風等による林分全体の倒壊が心配されている．

放棄されて高い密度のまま推移した人工林では，枝も枯れあがり，細く，樹冠が樹木の最上部にのみ発達する不安定な形状になる．枝が枯れあがった林分においては，たとえ間伐を入れても樹冠の偏った形状を変えることはで

図 5.3 1991 年 9 月に九州地方を襲った台風によって倒壊した人工林

きない．そのため，重心が樹木頂部に位置する危険な状態で風が当たることになり，風倒に対してきわめて弱い（図 5.3）．大規模風倒は，全国各地に見られ，河川に流出した大量の倒流木は，河川に天然ダムを形成したり，一気に下流域に流出し橋脚に集積して災害を起こす原因になる．

かつての疲弊した里山の様相は，化石燃料や化学肥料の使用が増加し木材が使用されなくなるにつれて，緑豊かな森に変貌した．現在はむしろ，農山村の急激な人口減少と高齢化に伴う手入れ不足，放棄が問題となっており，人間の手が加わらないことによって異なる生態系に遷移し，里山に依存してきた生物種の存続を脅かしている．環境省の調べでは，全生物種の 5 割以上が里山生態系に依存しているといわれている（生物多様性政策研究会，2002）．さらに，放棄人工林のあちこちに，竹が侵入している箇所が見られる．これらの竹林は，管理されないまま旺盛に，そして暴れるように拡大している．かつて，村人たちは様々な用途に竹を利用し，タケノコも貴重な食料だった．そうしたバランスが離農，離村とともに崩れ，里山の景観や生物多様性にも大きな影響を与えている．また，密生した竹林が，倒壊している場所も多い．倒壊した竹は，樹木同様，斜面の不安定化をもたらし，洪水によって下流に運ばれ，竹の集積による洪水被害をもたらす可能性も高い．

さらに，人間の里山からの撤退とともに，野生生物による被害が顕在化してきた．ニホンジカ（以下，シカと記す）による植生破壊は，全国で発生している．北海道でもシカ（エゾシカ）による食害で，樹皮がなくなり枯死する個体が多数発生している．最近では，高山帯の植物もシカによる食害を受けており，アポイ岳のヒダカソウや知床のシレトコスミレなど，高山帯の希少植物まで食害を受けている．シカ被害の激しい神奈川県の丹沢山系では，林床植物が毒のあるバイケイソウなどの一部の植物を除いて，一木一草すべて食い荒らされ，鉱質土壌がむき出しになっている．その結果，雨が降ると土壌侵食が発生し，時にはガリー侵食（降水による水が集まってできた深い裂刻）にまで発達し，緑化工事が必要な事態となってきている．

5.4　戦後から現代の川

日本の戦後の高度経済成長を牽引したのは工業生産であった．このため，農業と工業の所得格差が顕在化し，その是正が必要になった．そこで政府は，1961 年に農業基本法を定め，日本農業の近代化を目指した．農地拡大や土地利用の集約化に伴い，河川の捷水路工事と築堤工事が大規模に進められた．捷水路工事とは，河道を直線化し洪水疎通を高める工事のことで，治水対策として説明されることが多い．これも間違いではないが，それ以上に農地開発を促進した点も見逃してはならない．流路延長が短かくなり，河床勾配も急になるため，一般的に河床が下がる．これによって，川の水位も低下し，連動して河川の両側に拡がる後背湿地の地下水位も下がる．この効果と明暗渠排水路の整備により，後背湿地を乾燥化させ，田畑として利用することを可能にしたのである．

戦後の荒れ果てた国土では活発な土砂生産は続き，河川が天井川化し，治水上の問題を抱えた．このため，治山・砂防ダム建設が進められ，日本で堰堤が存在しない渓流はないほどにまでなった．さらに，高度経済成長に必要な電源開発や水利用のため，多くの貯水ダムが建設され，その後，洪水調節を含む大規模多目的ダムが主流となった．そして，社会資本整備のための道路や鉄道，建造物の資材として，河川では大規模な砂利採取が行われた．

外材輸入と国内森林資源の温存，禿山の緑化により，流域の土砂生産量は大幅に減少し，砂利採取，ダム建設と相まって，近年，全国の河川で河床低

図 5.4　河床低下する北海道豊平川の現況

下が顕著になってきている．河床が下がることは，川が水を流すことができる断面積が増えることになり，治水上の観点からは歓迎されてきた．しかし，侵食が度を超し，数 m 下がりだすと，橋脚や堤防・護岸の根の部分が洗われ，場所によっては構造物の安全性に影響をおよぼす事態になっている．

現在の日本の扇状地にある多くの河川は，平均して 1-2 m 程度，河床が下がっている（Nakamura et al., 2017）．河床の低下は生き物にも甚大な影響をおよぼす．河床がどんどん掘れ出すと，大きな石ばかりが河床を覆ってしまい，水生昆虫が棲めるような小さな礫がなくなってしまう．サケの産卵床としても適さなくなる．また，さらに侵食が進むと，河床を覆っていた巨礫もなくなってしまい，今度は河床の岩が現れるようになる．岩には昆虫も底生魚類も棲むことはできない．

河床の岩が硬い場合，侵食はゆっくり進むが，軟らかい岩が現れると一気に侵食が進み，滝や渓谷のような様相が現れる．札幌市を流れる豊平川の扇頂部では落差 10 m 程度の滝とキャニオンができあがっている（図 5.4）．かつての豊平川は砂利を運ぶことによってエネルギーを消費してきた．その後，砂利採取等で河床の砂利が奪われると，残った石礫は，河床にステップとプールの段差を作りながらエネルギーを消費した．さらに，ダム等で砂利が山から供給されなくなると，最後に川は基岩をえぐりエネルギーを消費する．

図 5.5　樹林化する北海道札内川

河床が低下する一方で，砂礫堆や氾濫原の樹林化が進んでいる（図 5.5）．樹林化とは，かつて礫質河原として維持されてきた場所に，ヤナギ類，ハンノキ類，外来種のニセアカシアなどの樹木が侵入し，旺盛に繁茂することである．樹木が繁茂する理由は様々であるが，その多くは上流からの砂礫の供給が減少し，河床が低下し，川が変動しなくなり，洪水攪乱が減ったことに原因がある．川は洪水時に砂礫を運搬する．源流部から土砂が生産され，砂礫が活発に移動する川では，複数の流路が網目状に発達し，広い礫床の河原が形成される．こうした元気な川では，たとえ樹木が河原に定着してもすぐに流されてしまい，大きな樹林に成長することはない．一方，今の日本の河川では，河床低下に加えて，発電・取水・治水による流量調節によって流況が安定し，低水路護岸によって澪筋（みおすじ）が変動しなくなっている．その結果，樹林化が進行し，名前の前に「カワラ」が付くカワラノギク，カワラハハコ，カワラバッタなど，河原特有に見られる生物が日本の川から姿を消している（Nakamura et al., 2017）．流況の安定は，樹林化とともに外来牧草による砂質・礫質河原の草原化をもたらし，ニセアカシアなどのマメ科植物の繁茂は窒素固定による雑草の繁茂をもたらしている．どちらも河原特有の生物相が失われる重要な要因になっている．

樹林化は，川に棲む生物相を変えてしまうだけでなく，洪水時にも治水上の大きな問題となる．樹木が川の周りに繁茂すると，洪水時に川の流れに抵抗するため，疎通能力が低下し氾濫する危険性が増す．また，時に流木化して橋脚に引っかかって集積し，ここでも堤防決壊や橋・道路などの構造物を破壊する危険性が増す．

5.5　流域の保全と管理の未来像――グリーンインフラ

(1)　グリーンインフラ導入の背景

流域の保全と管理の未来像を描くうえで考慮しなければならない最も重要な要因は，人口減少に伴う土地利用変化と気候変動であろう．

2010年の日本の総人口は同年の国勢調査によれば1億2806万人であった．国立社会保障・人口問題研究所の将来予測（出生中位推計）に基づけば，この総人口は，以後長期の人口減少過程に入る．2060年には8674万人になるものと推計されている．こうした人口減少の地域格差は明らかで，都市圏への人口集中が進むと予想される．北海道では，2005年比で2035年までに，道東地方の大部分の市町村人口は，4割程度減少すると見込まれている．すなわち，中山間地や里山はいまや限界集落となり，将来は消滅集落となる．日本では，今後数十年間でまちがいなく大きな社会変化が訪れる．

また，戦後復興期や高度経済成長期に作られた既存インフラの老朽化が進み，維持管理・更新に従来どおりの費用がかかると仮定すると，2037年度には維持管理・更新費が投資総額を上回り，必要な費用が得られなくなると国は試算している．そして，気候変動に伴い大規模台風や豪雨頻度が増加する．人口減少に伴う税収減と既存インフラの老朽化，維持管理費の増大，そして温暖化に伴う豪雨頻度の増加を考えると，将来も新規の社会資本整備を実施しながら国土管理することは現実的ではない．1000万haに拡大した人工林についても，中山間地における人口減少による放棄人工林の拡大や竹の侵入を考えると，すべての人工林を維持するには無理がある．自然林として再生することも検討すべき時期に来ている．

2015年8月に新たな国土形成計画（全国計画）と国土利用計画（全国計画）が閣議決定された．国土利用計画においては，今後の国土の利用と管理の課題について，①適切な国土管理：本格的な人口減少社会を迎えたいま，管理水準の低下が懸念される国土を適切に管理し荒廃を防ぐこと，②自然共生：地域が持続可能で豊かな暮らしを実現する基盤として，自然環境・美しい景観等の保全・再生・活用を進めること，③防災・減災：災害リスクに対する安全・安心を実現する国土利用の推進等を図ること，の３つが基本方針として挙げられている．

そして，これらの方針を達成すべく「複合的な効果をもたらす施策の推進」や，「選択的な国土利用」の考え方が示されている．また，自然環境が有する多様な機能を活用し，持続可能で魅力ある国土づくりや地域づくりを進めるグリーンインフラに関する取り組みを推進することも初めて盛り込まれた．ここでグリーンインフラとは「自然が持つ多様な機能を賢く利用することで，持続可能な社会と経済の発展に寄与するインフラや土地利用計画」を指す（グリーンインフラ研究会ほか編，2017）．この概念を先進的に議論し活用してきたEUでは，「戦略的に計画・維持され，生態系サービスの提供と生物多様性の保全に資する質の高い自然や半自然生態系のネットワーク」をグリーンインフラと定義している（European Union, 2013）．EUでは2013年５月，土地利用を含めて体系的に組み込むことを目指す新たな戦略が承認された．

急激な人口減少社会では，農地ばかりか，町の病院，学校，水道，道路などの社会資本を維持することも，今後ますます難しくなるだろう．これまでどおりの生活圏を前提に公共投資を続けることは難しく，土地利用の集約化を進めざるを得ない．こうした土地利用変化の流れを生かしながら，洪水氾濫区域からの人の撤退が可能になれば，その場所はグリーンインフラとして機能する．グリーンインフラの多機能性をうまく生かせば，現在急激に姿を消している攪乱依存種（攪乱がなくなると絶滅する種）を保全できる自然再生区域になるだろう．そして同時に，地球温暖化に伴う洪水規模の増加に対応した緩衝空間として，防災的にも機能すると思われる（中村，2015）．

(2) グリーンインフラと既存インフラの相補的関係

グリーンインフラを説明しようとする際，既存インフラ（多くはコンクリートを使うため，グレーインフラと呼ばれている）との違いが強調され，対立する概念のように受け止められるが，これは適当ではない．お互い相補的であり，私たちの生活は既存インフラとグリーンインフラで形成される安全性，利便性のうえで成り立っていると考えるべきである．たとえば，よく知られているグリーンインフラのひとつである森林も，水源涵養機能を「緑のダム」として人工構造物であるダムと対立軸で議論するのは賢明ではない．森林，とくに人工林の管理をしっかり行い，土壌浸透を促進しダムによる流量調整機能への依存度を抑えることを目指すべきである．未来の日本の国土保全は，グリーンインフラと既存インフラをどうやって組み合わせていくかという視点から考えるべきである．

すでに気候変動に伴う豪雨に対して，既存インフラによる防災の限界は現れている．2015年の鬼怒川災害，2016年の北海道台風災害など，河川整備計画で目標流量（計画規模）以上の洪水が発生した．これら目標流量以上の洪水を安全に流下させるためには，目標流量を上げて既存施設を改良する（たとえばダム改良により流量の低減を図るか，河道掘削，引堤，堤防の嵩上げで河積を確保する）か，目標流量は変更せずにそれ以上の洪水が来た時には計画的に堤内へ越流氾濫させる必要がある．後者の場合，氾濫する場所がグリーンインフラとなる．

前者のように目標流量を見直すことは容易ではない．ダムは基本的に見直しを前提に建設されていない．また，河道整備による対応は流域下流から進められるため，いまだ掘削や築堤が終了していない上流域は多い．こうした状況で目標流量を見直すことは下流区間で再び河道整備を実施しなければならず，上流域の整備がさらに遅れることになる．そして，近年の豪雨災害で理解できるように，仮に目標流量を上げたとしてもさらに大きな規模の洪水が来るリスクは常にあり，見直しを繰り返し行うことは実質的に不可能である．

既存インフラの多くは計画規模までの現象に対して安全度は確保できるが，計画規模以上の現象に対してはほとんど機能を発揮できない．破堤して氾濫した洪水流が家屋を飲み込む姿がこれに当たり，図5.6（a）のように矩形型になる．それに対してグリーンインフラの安全性は規模に対して漸減し，不確実性は高いが閾値的な応答はしない（b）（Onuma and Tsuge, in press）．つまり機能の持続性は高いのである．この2つのインフラ概念を対立的に捉

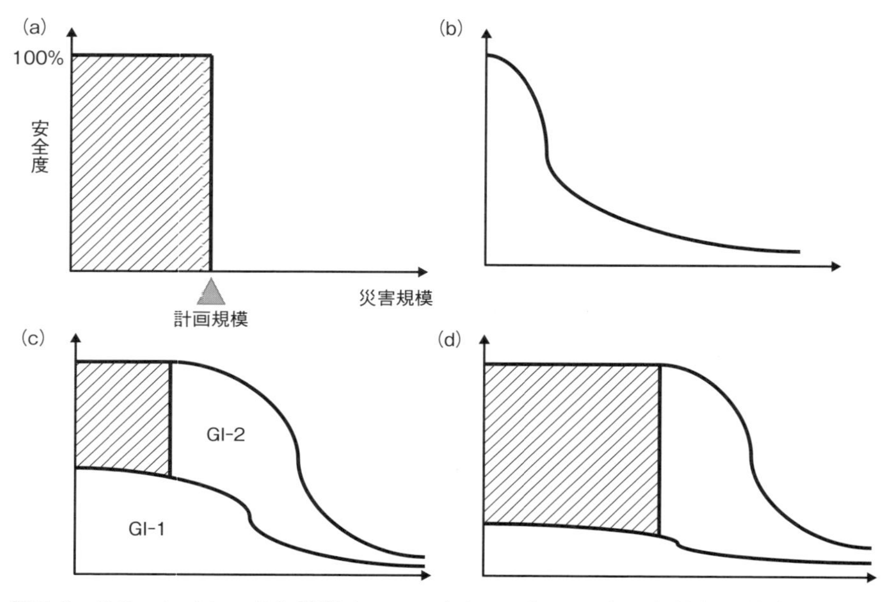

図 5.6 グリーンインフラと既存インフラ（グレーインフラ）の相補的関係（a, b は Onuma and Tsuge, in press を改変）

(a) 既存インフラ，(b) グリーンインフラ，(c) 農村部における組み合わせ，(d) 都市部における組み合わせ．既存（グレー）インフラは斜線で示した．GI-1 は森林のように広域に分布する“基盤グリーンインフラ”，GI-2 は遊水地のように既存インフラの計画規模を超えた現象に適応する目的で設置された“重層的グリーンインフラ”と呼ぶことができる．

え，グリーンインフラの特徴である漸減型の安全度（b）を，既存インフラで確立してきた矩形型の構造物技術指針（a）に当てはめようとすると，その不確実性も含めてうまくいかないことは明らかである．その結果，グリーンインフラは役に立たない，といわれてしまう可能性すらある．

一方で，2つのインフラがもつ特徴を生かして組み合わせると（c）（d）のようになり，災害規模に対して閾値的な強度ではなく，粘り強い頑強性を確保することができると考える．この図ではグリーンインフラを2つに分けることにした．図の GI-1 は，森林や湿地のように広域に分布する“基盤グリーンインフラ”，GI-2 は遊水地のように既存インフラの計画規模を超えた現象に適応する目的で設置された“重層的グリーンインフラ”をイメージしている．GI-1 は縁の下の力持ちのような存在であるが，失うと大きなリスクを背負うことなる．1970年くらいから顕在化した都市型水害も，宅地化によってGI-1を失ったことに起因する．その結果，総合治水事業が始まっている．また，2016年に4つの台風が襲った北海道東部では多くの洪水や土砂災害が発生したが，釧路川流域は例外であった．明らかにGI-1のひとつである2万haの釧路湿原が自然の遊水地として機能し，釧路市街を守ったと報告されている．

将来，図5.6の斜線で示した既存インフラの効果領域をどの程度拡げる（増強する）かは，前述した施設の維持管理や土地利用も含めた検討が必要だろう．都市域のように資産や人口が集中し空間的に余裕がない地域では，不確実性を排除し狭い空間で防災対策を実施する必要があり，既存インフラ領域（斜線部分）を拡大（増強）することが考えられる（d）．一方で，農山村域では将来の人口減少に伴い土地利用に余裕が生まれることが予想され，維持管理費が抑えられるグリーンインフラを積極的に活用すべきである（c）．

(3) 日本のグリーンインフラ変貌の歴史

前節（5.1-5.4）で解説した森と川の変貌の歴史は，図5.6にあるグリーンインフラの縮小と拡大，質の変化，グレーインフラによる代替によって説明できる．

明治時代から1950年代まで，日本は資源収奪によって森林で構成される大面積のGI-1を失うか，劣化させた．江戸時代からの急激な人口増加と殖産興業に伴う資源利用は，日本のGI-1を大きく弱体化させたといえる．また，洪水氾濫を防止するために始まった築堤工事は，かつては氾濫原もしくは後背湿地帯として維持されてきた土地の集約的な利用を可能にし，GI-2についても縮小を促す結果となった．一方で，霞堤に代表される不連続堤防はこの時代全国各地に残されており，GI-2としての機能も一部維持されたと考えられる．

戦後の高度経済成長期において，グリーンおよびグレーインフラの配分は大きく変化する．戦後の復興工事，炭鉱開発，人口の爆発的増加に伴い，政府は更なる木材需要を見込み，人工林の造成を促進した．この時，多くの天然林が伐採され人工林に置き換わった．また，その後の外材輸入自由化とともに，日本の人工林は育成され，50年生程度の成熟した森林に発達したが，近年は人口減少とともに管理放棄された人工林が広がっており，風倒や土壌侵食リスクが高まっている．つまり戦前の禿山に象徴される森林 GI-1 は拡大造林と外材輸入によってある程度量的には回復したといえる．一方で，人工林 GI-1 は風倒や土砂流出に弱く，防災・減災機能は天然林に比べて低いと推測され，現在は管理放棄によって質的にさらに悪化している状況である．災害リスクが低い立地に造成され，効率的に木材生産を行うことができる人工林は維持し，災害リスクが高く生産力も弱い人工林については自然林へ転換することによって，GI-1 を健全化する必要がある．

高度経済成長期には，爆発的な人口増加に伴って，さらに河川周辺の氾濫原開発が進み，居住地もしくは都市・町として開発され，後背湿地も農地開発された．これを可能にしたのが，捷水路工事（河道の直線化）と連続堤防の設置・拡大であり，霞堤等の不連続堤防は閉じられ，連続堤防に置き換わった．その結果，かつて洪水の緩衝地帯として残っていた氾濫原に代表される GI-2 はほとんど姿を消し，近年の台風に伴う洪水災害に象徴されるように，いったん堤防が破堤すると大規模災害を被るに至っている．つまり，現状の安全度は図 5.6（a）に示した矩形の応答に近くなっているといえる．

ここで，明治維新の時代に活躍した民間治水論者，尾高惇忠や西師意の言葉を紹介したい．彼らは自著の中で「堤防は甲冑のごとし」と書いている（高橋，1971）．甲冑とは“よろい”“かぶと”のことで，より強力な銃丸に攻められれば被害は一層大きくなることを意味し，強固な堤防への偏重を戒めた．いったん堤防を築くと更なる安全を求めてより高い堤防を築こうとする．これを続ければ決壊した場合の被害が大きくなることに警笛を鳴らしたのである．また，堤防を築くことによって洪水の水位がますます高くなることも指摘している．グレーインフラに頼りすぎた現代社会の脆弱性をいい当てており，傾聴に値する．

高度経済成長期に整備されたグレーインフラは，平坦な国土が少ない日本において，確かに安全な生活基盤を提供してきた．しかし，近年の気候変動に伴う豪雨の増加は，頻繁に計画規模を超し，GI-2 を失った国土は大きな災害リスクを抱えることになった．現在では，GI-2 を再構築するために，宅地の嵩上げと不連続堤の維持，そして農地との併用を考えた遊水地の造成が，少数ながら全国で実施されている．

(4) グリーンインフラの多機能性

グリーンインフラは防災・減災効果のみで評価すべきではない．グリーンインフラの特徴は「多機能性」にあり，地域の「原風景を守る」ことにある．グリーンインフラがもつこの2つの特徴を生かせば，農業等の土地利用を維持することができ，湿地等の自然生態系に復元すれば生物多様性豊かな地域社会を形成できる．また逆にグレーインフラに大きく依存する，つまり図5.6の斜線部分を大きくしすぎると，たとえば海の見えない防潮堤を造ることになり，地域の原風景は失われる．これは致命的であり，いくら数十年から百数十年に一回程度の災害に対する安全性を100%確保できたとしても，原風景を失った故郷に戻る住民は限られている．人口減少に歯止めがかからない東北の東日本大震災の被災地がこれを表している．インフラは人が住んでこそはじめて意味があり，グレーとグリーンのバランスをよくよく吟味しないと社会的に受容されない地域づくりを行ってしまうことにつながる．

GI-2の好事例として，北海道千歳川流域に建設されつつある遊水地を紹介したい．低平地が広がる千歳川中流域は，内水氾濫を起こしやすく，長沼町は2年に1回程度の洪水被害に見舞われる洪水常襲地帯であった．札幌市が大きな水害に見舞われた1981年豪雨災害では，長沼町も甚大な洪水被害に見舞われた．これを契機に越流堤の整備と遊水地を併用した治水対策が国の事業として行われた（図5.7）．この遊水池の面積は約200 haにおよび，他にも千歳川流域には150–280 haにおよぶ広大な遊水地が5ヵ所で建設されている．これらの遊水地は湿地景観を呈しており，雪解け時には多くのハクチョウ，マガン，オオヒシクイが集まり，夏にはミズアオイが咲き乱れる．

一方，北海道を代表する国の天然記念物であるタンチョウの個体数は1800羽を超えた．個体数としてはすでに安定した個体群を維持できる数に増加したタンチョウであるが，遺伝的多様性は非常に低く，病原体に対する抵抗性も低いことが明らかとなっている．過去，大幅に個体数を減らしたことが，いまなお大きな課題として残っている．遺伝的多様性の低い集団が狭い範囲に高密度で生息すると，感染症等が発生するリスクも高くなる．そのため，釧路湿原以外に繁殖地や越冬地を分散させることが重要になっており，今後は，北海道もしくは東北地方も含めて，タンチョウが繁殖・越冬できる生息地を拡大する必要がある．

図 5.7　北海道長沼町に建設された舞鶴遊水地

図 5.8　舞鶴遊水地に飛来したタンチョウ

遊水地群が分布する石狩低地帯は，多くの文献資料によってタンチョウの生息が裏付けられている．長沼町にも「舞鶴小学校」「繁殖橋」という地名が残っており，かつてタンチョウの生息地であったことは間違いない．その豊かな湿地環境を遊水地に再生し，タンチョウを呼び戻そうという気運が地域で高まり，国と長沼町が連携して「タンチョウも住めるまちづくり検討協議会」が設立された．

そんな期待を知ったのか，2015年くらいからタンチョウがこの遊水池に舞い降りるようになってきた（図5.8）．まだまだ繁殖するには時間がかかると思われるが，現在その準備をするために，遊水地内にヨシが生育できる水位環境を造成したり，周辺地域に冬季結氷せずにエサとなる生物が生息できる湧水環境がないか調査したりするなど，遊水地の整備を超えて周辺環境の整備に目を向けつつある．

地域のなかには，タンチョウをシンボルとして減農薬や無農薬の野菜や米を作り，安心・安全な長沼ブランドを醸成していくことに興味を示す営農者も現れ，コウノトリやトキのブランド化で先進的な取り組みをしている豊岡市や佐渡市を訪問している．グリーンインフラによる生物多様性の保全が，地域で作られる農作物に付加価値をもたらし，それを生かした地域づくりが広がることを期待している．

気候変動下の地域づくりは，故郷の原風景を大事にしながら両インフラを相補的に配置し，計画規模以上の現象に対しても堤外のみならず堤内側（人が住んでいる側）の空間も利用しながら減災し，良い環境を維持すべきである．グリーンインフラの導入によって，人口減少下という条件を生かしながら，安心安全で豊かな地域づくりを実現できる．

引用・参考文献

太田猛彦（2012）『森林飽和――国土の変貌を考える』NHK出版，東京．
小椋純一（2012）『森と草原の歴史――日本の植生景観はどのように移り変わってきたのか』古今書院，358 pp.
グリーンインフラ研究会・三菱UFJリサーチ＆コンサルティング・日経コンストラクション編（2017）『決定版！　グリーンインフラ』日経BP社．
生物多様性政策研究会（2002）『生物多様性キーワード事典』中央法規，248 pp.
高橋裕（1971）『国土の変貌と水害』岩波新書，224 pp.
中村太士（2015）グレーインフラからグリーンインフラへ．森林環境研究会編『進行する気候変動と森林』森林文化協会，89-98.
氷見山幸夫・新井正・太田勇・久保幸夫・田村俊和・野上道男・村山祐司・寄藤昂編（1995）『アトラス――日本列島の環境変化』朝倉書店，192 pp.
European Union（2013）Building a Green Infrastructure for Europe. ISBN 978-92-79-33428-3　doi:10.2779/54125（http://ec.europa.eu/environment/nature/ecosystems/docs/green_infrastructure_broc.pdf　からダウンロード可能）
Nakamura, F., J. I. Seo, T. Akasaka and F. J. Swanson（2017）Large wood, sedi-

ment, and flow regimes: Their interactions and temporal changes caused by human impacts in Japan. Geomorphology 279: 176–187.

Onuma, A and T. Tsuge (in press) Comparing green infrastructure as ecosystem-based disaster risk reduction with gray infrastructure in terms of costs and benefits under uncertainty: A theoretical approach. International Journal of Disaster Risk Reduction.

6

魚を育てる森の経済モデル

——森と海を川でむすぶ

浅野耕太

国土を潤す雨は，上流において豊かな森を育み，同時に川を通じ，下流の豊穣の海に注がれている．そこで見られる水や物質の循環は農林漁業などの文化的あるいは社会的多様性をもって展開される生業を通じ，世界中の人々の生活の基盤をなしている．たとえば熊本県白川流域のように，中流域で活用される農業用水などを主に経て，大量の地下水が涵養され，下流においてその湧水が水道の原水や地域の名産となる清酒やビールの仕込み水として使われていることなどがその一例である．

本章では，この循環のうちから魚やカキといった水産物を育てる森の機能に焦点をあてる．日本では，有名な気仙沼の取り組みを初めとし，各地で漁業者による植林活動が広がっている．草の根の環境保全活動のひとつとして，マスコミ等の好意的な取り上げ方も追い風となって，社会的に大きな関心を集め，社会運動として着実に定着してきた感もある．一方で，運動論を超え，漁民による植林活動に科学的根拠はあるのであろうか．ちょっと気になるところである．その根拠を明確にしようとすることは暇な学者のお節介以上の意味があると思われる．

ただ，この議論はなかなか難しい．たとえば，狭義の魚付き林の議論と比較しても，問題の広がりやメカニズムの複雑さから容易に想像できるように，他分野にまたがる本格的な議論が必要となることは覚悟しておいた方がいい．そこで，筆者の専門である経済学の立場から，漁業者による植林活動などによって具体化されてきた流域保全の取り組みについて，どこにその必要性があるのかを説明してみたい．そこには環境問題にありがちな外部性による市場の失敗の問題が深く影を落としている．

また，水産経済の分野において，それを育む周辺環境の機能を評価する試みがすでになされてきている．それらの先行研究を概観し，その限界を見たうえで，日本における最新の評価結果を提示し，水産物を育む森の機能をささやかながら可視化し，望ましい方向に一層進む一助としたい．

国土は川を通じつながっている．強いつながりのあるものの未来の姿を見通そうと試みる時，それぞれの構成要素を個別に扱うのは得策ではない．そこで，流域をひとつのものとして構想する新時代の農林漁業を提唱し，そのために必要となる公共政策のあり方を議論し，締めくくることにしたい．

なお，著者がこの分野の研究を開始したのは1994年である．この年，「魚を育てる森のメカニズムの計量経済学的解明と環境保全型農林漁業システムの構築」というテーマで日本生命財団から研究助成をいただいた．その時は日本全体を対象に当時の最新の計量経済学的手法で解明を試みた．今回その後の研究の展開を紹介する機会を与えられたことに感謝したい．

6.1 森と海のつながりを経済学はいかに捉えるか

(1) 投入要素としての環境

森と海のつながりというと河川を通じて上下流をつなぐ水，とりわけその水量と水質が重要である．自然科学的には環境の質の一形態である水量や水質がどのように決められるかについての水圏における機構解明が議論の中心となるかもしれない．しかし，この機構については，現実のフィールドを素材に，様々な要因が同時に変動し，種々の攪乱が生じているものを長期にわたり精密に観測することなしに，解明に至ることは難しいであろう．幸い，経済学の観点から論じる際には，若干バイパスすることが可能である．

経済モデルのなかに環境の質を取り込む方法には様々ある．環境の質が通常の商品のように直接人々の効用の構成要素となっている場合，すなわち人々が環境の質をどう直接楽しんでいるかが重要であれば，消費者行動のモデルにおいて，消費者の効用関数に環境の質を取り込めばよい．

しかし，本章の場合，人々は環境の質を直接享受しているわけではなく，水産業者が従事する漁業や養殖業といった生産活動に環境の質が影響をおよぼし，国民は有用な水産物の生産・流通・消費を通じ環境の恩恵を受けている.

このような場合には，企業やそれが属する産業が有する技術体系を表現するために経済学で用いられる生産関数のなかに環境の質を生産要素として入れることがふさわしい．通常，生産関数は資本と労働が投入要素の代表であり，それら投入要素は市場で一定の価格で常に調達可能と想定されることが多い．ここでは，水産業者は，市場で調達可能な資本や労働に加え，流域の様々な活動に規定される環境の質を生産要素とする生産関数を有し，自己の意思決定を行うことになるのである．このような想定は，灌漑用水の水質が稲作の作柄に影響を与えるような場合や地下水を水道の原水に利用し，水質に応じて，水道の供給費用が変化する場合など，その生産過程が人為によって完全に統制できず，生産工程の一部に環境の力を借りなければならないケースを表現するのに望ましい．なお，ここでは環境の質として，水質を取り上げている．この水質と生産活動の相互作用に関する機構解明が十分になされていなくとも，水質が何らかの形で観測可能であり，それが生産関数の構成要素となっていることが実証的に確認できるのであれば，それ以上の詮索は無用であるという意味で，少し機構解明を棚上げできるといえる．

(2) なぜ市場は失敗するのか

さてここで想定したように，環境の質が水産業者の生産技術に影響を与えるとしたら何が起こるであろうか．問題となるのは，環境の質は水産業者の生産関数を規定しながらも，通常は水産業者の意思決定にとって先決事項となっていることである．その帰結を例示するために簡単な経済モデルを導入する．ここで考察するモデルは，もともと浅野（2007）によって，流域連携の実現可能性を検討するために提案されたものである．

流域は河川の地理的配置により上流の森林と下流の沿岸に分けられ，それぞれ林業と水産業を営んでいる．また，単純化のために経営者の意思決定の対象は異なる生産要素の投入水準のみとする．ここでは，林業においては労働力を，水産業においては資本を生産要素と想定する．利潤はこの生産要素の投入水準の関数となるが，くわえて水産業者は上流での林業の活動水準によっても影響を受けるものとする．これは林業が下流の水産業に外部性をおよぼすことの一表現である．この外部性は上流から下流への一方向のもので

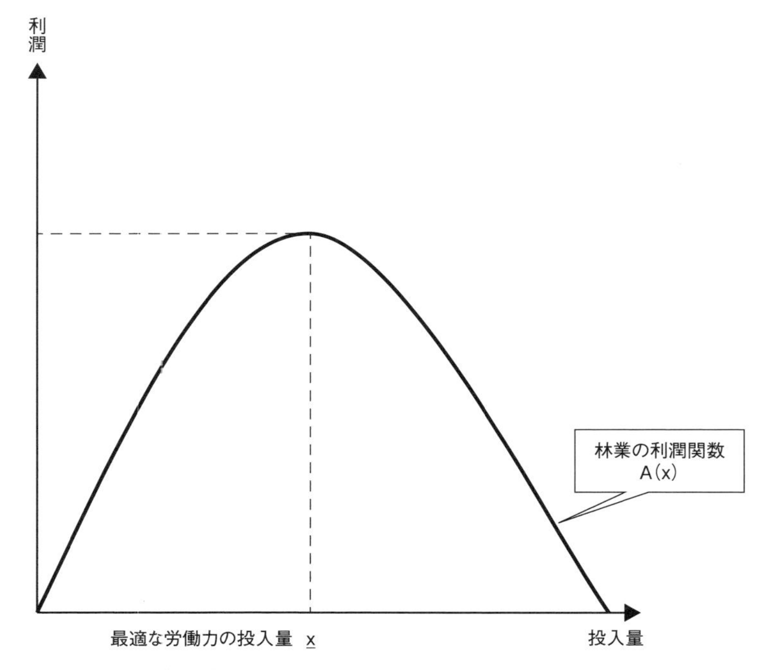

図 6.1　林業（上流）の利潤関数

ある．またそれは正の外部性とする．上流の活動は下流にとって良き恵みを与えるのである．また，水産業は自己の投入水準も外部性に正の影響を与えるものとする．これすなわち，規模を拡大すればするほど上流の活動の恩恵をより享受できるとするのである．上流の林業における森林管理の改善が下流にもたらされる水の水量や水質によい影響を与えているということである．

林業の生産要素である労働力の投入量と利潤の関係を図示したものが図 6.1 である．図のような単峰性を仮定する．すなわち，上流に位置する林家の所与の経営資源のもとで，最適な労働力の投入量 $\underline{x}$ が存在する．

一方，下流の利潤関数は少し複雑である．外部性に関して上記の条件を満たす最も単純な形を考える．すなわち外部性は Sxy とする．ここで S は定数である．ここで外部性は上流の投入水準と下流の投入水準の双方に比例的とした．また，どちらかの生産が行われない場合，外部性は発生しない．いま上流における労働力の投入水準を一定（図では $\underline{x}$）にとどめ，下流の資本

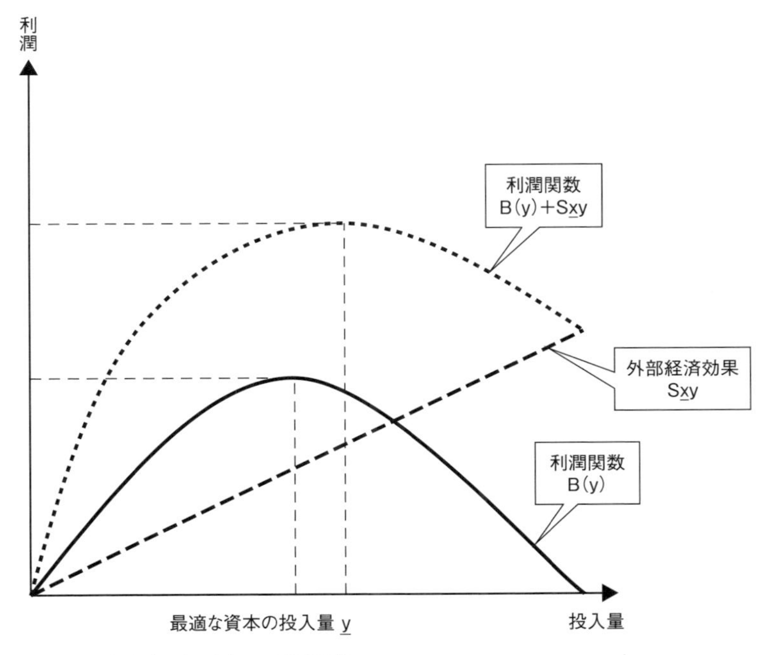

図 6.2　水産業（下流）の利潤関数

の投入水準と利潤の関係を図示したものが図 6.2 である．なお，外部性がない場合の水産業の利潤関数には，林業同様に，単峰性を仮定している．

次に，上流と下流の間でまったく連絡がないものとし，この経済における配分とその最適状態を示す．この際，上流と下流は独立に意思決定を行うはずである．まず，利潤が最大化される点で林業における労働力の投入量 $\underline{x}$ が決まる．下流は上流の影響を受けるが，林業の労働投入量を水産業は制御できないので，上流が決めた労働力の投入量のもとで，利潤を最大化するように行動する．その結果，図 6.1 と図 6.2 で示された生産水準（$\underline{x}$, $\underline{y}$）が実現することになる．

さてこのような状態は最適であろうか．少し思考実験をしてみよう．上流で労働力が増え，丁寧な森林管理が行われれば，それは下流にさらなる外部経済をもたらす．ここで，森林管理の変化にあわせて水産業が利潤を最大化するように資本の投入量を変更すると，利潤は増加する．もしこの利潤の増加が森林管理の変更よりもたらされる林業の利潤の減少を償うことができれ

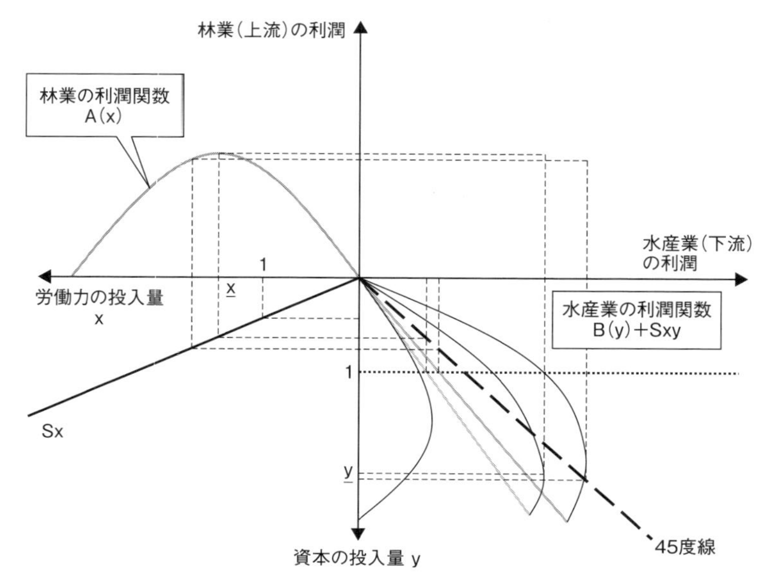

図 6.3　上下流の利潤の同時決定

ば，一種の補償がなされたのちには，両者とも前の状態より利潤は同じか多くなっている．すなわち，パレートの意味で改善されていることになる．ということはもとの状態は最適ではなかったということになる．

そのような状態が実際に存在することを確認するためには，林業における労働力の投入量を変化させて，上流と下流で達成可能な利潤の組合せを見ればよい．そのためには図 6.1 と図 6.2 を連動させる必要がある．それを試みたのが，図 6.3 である．図 6.1 を第 2 象限，図 6.2 を第 4 象限に，第 3 象限に傾き S の原点を通る直線を描いてある．これを活用することで，第 1 象限に上流と下流で得られる利潤の組合せを図示できる．上流の投入量をまず決め，点線に沿って下方に進むことで，第 3 象限において外部経済効果を表す直線の傾きが得られ，第 4 象限においてこの傾きは労働の投入水準が 1 のときの外部経済効果の水準に移され，ここを通過する直線のもと，下流の生産水準に応じた外部経済効果の大きさが決まり，それと外部性のないときの利潤関数を水平（横軸方向）に加えることで，下流の利潤関数が導出される．この利潤関数のもとで，水産業の最適な資本の投入量と利潤が決まる．これ

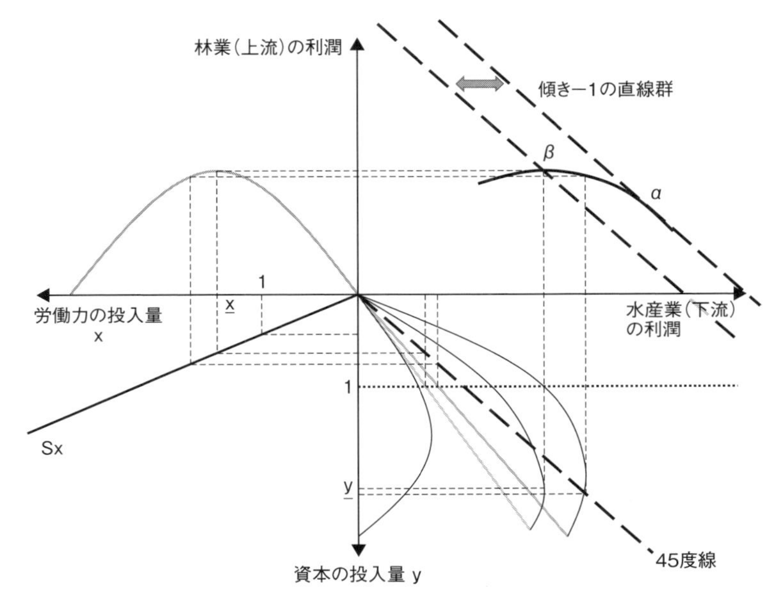

図 6.4　市場の失敗

と林業の利潤を対応させることで，上流と下流で得られる利潤の組合せが得られる．ここでは2つの労働力の投入量をもとに作図した．

さらに，林業における様々な投入量を起点に上流と下流の利潤の組合せをすべて描いたものが，図6.4の第1象限の曲線である．この曲線は上下流で到達可能な利潤のフロンティアを示すものとなっているので，利潤フロンティアと呼ぶ．この利潤フロンティアの形状より，林業における労働の投入量を個別の最適水準以上に増やすことで，水産業の利潤を増やす余地があることがわかる．これは上流における労働力の投入に外部性があることの帰結である．この時，流域での総利潤がもっと大きくなっているのは，この曲線と傾き −1の直線の接点αである．この時，βと比べて，上流の利潤は減少し，下流の利潤は増加しているが，矢印の分だけ総利潤は増加している．すなわち，利潤が減少する上流を償ってもその分だけまだ残余が生じる状態である．この状態が実は流域にとっては最適の状態である．しかし，上流と下流が全く連携をしない場合，実現するのはもともとのβである．この結果は，それぞれの主体が局所最適化を行ったとしても，必ずしも全体最適化が実現するとは限らないという，分権的な意思決定の限界を示している．これは外部性による市場の失敗の一例でもある．

(3) 漁業者の植林活動はなぜ必要か

市場は常に万能ではなく，様々な理由で機能不全を起こす．外部性はその理由のひとつとして知られている．ここでは上流が下流に環境の質を通じて影響を与えるという外部性が存在する場合の市場の失敗が示された．

この問題は何もしなければ解決しない．いま下流の漁業者は自らの信念に基づき植林活動を日本各地で始めている．モデルに即していえば，これは漁業者という新たな担い手を加えて，労働力の投入を増やした状態といえなくもない．これは上下流連携のひとつの形態と位置付けることができる．漁業者の植林活動を通じて，水量と水質といった環境の質が目に見えて改善され，下流の水産業の利潤が増大すれば，あらためてその活動の価値を評価などしなくとも実践はさらに進むであろうし，市場の失敗は改善されていくであろう．しかし，物事はそこまで単純ではない．水産業の利潤は，それ以外の様々な要因に攪乱されるので，植林の効果が直ちに顕示するとは限らない．このような環境の質の影響は注意深く吟味する必要がある．そのあたりに評価の必要性がある．

6.2 魚を育てる森の働きを評価する

(1) 評価の基本フレーム

環境の質の影響が下流の水産物の生産性に影響を与えるとすれば，フリーマンら（Freeman et al., 2014）に倣って水産物の市場均衡モデルの枠組みを活用し，その影響を評価することが可能となる．図6.5には水産物の需要曲線と供給曲線が描かれている．異なる環境の質に対応して供給曲線が２つ描かれている．右側の供給曲線は，同じ価格で，より多くの水産物が供給されていることを示しているので，より好ましい環境の質に対応したものといえる．

いまもともとの供給曲線を左側のものとし，漁業者による植林によって改

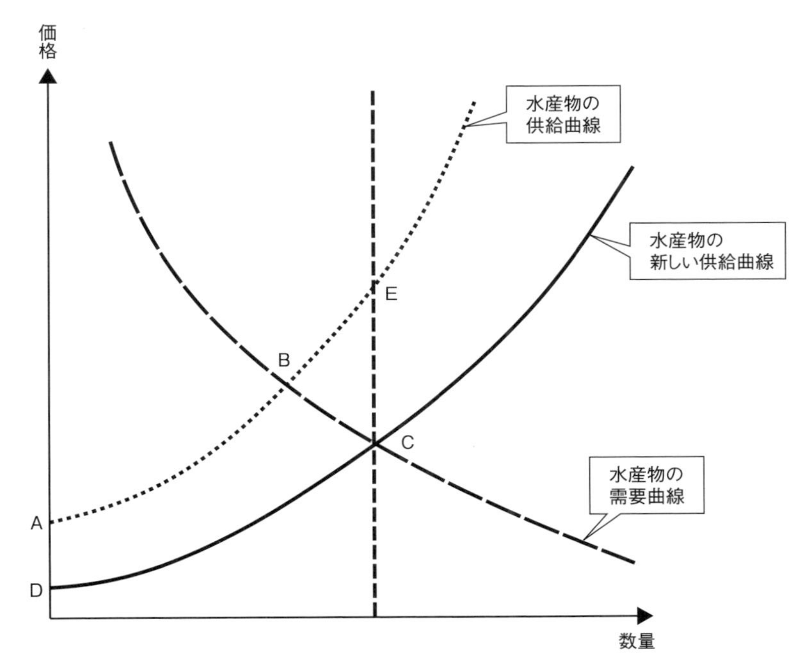

図 6. 5 評価の基本フレーム

善された水質での供給曲線を右側とすると，漁業者による植林の影響の貨幣評価額は ABCD となる．これは水質の改善によってもたらされた経済余剰であり，国民経済的な利得である．

具体的にこの額を計算するためには，需要曲線に関する情報，供給曲線に関する情報，併せて，環境の質の改善がどのように供給曲線をシフトさせるのかという情報が必要となる．あるいはやや過大評価になるが，最大数量を決めさえすれば供給曲線に関する情報だけで AECD は求められるので，それで近似するという手もある．

(2) これまでの研究成果

水産経済学の分野で，生産関数あるいはそれと双対関係にあり，同じ情報をもつ費用関数の定式化に初めて環境の質を導入したのはベルであり，ロブスター漁の収穫量を規定する要因として，海水温を用いた（Bell, 1972）．バティーとウィルソン（Batie and Wilson, 1978）は沿岸域の湿地を生産要素としたカキの生産関数を考え，湿地のカキ生産に対する限界生産物価値（marginal value product）を求めている．続いて，リンらはフロリダのブルークラブの年間漁獲量に沿岸湿地の面積の変化が与える影響を検討した（Lynne et al., 1981）．また，バービーらはメキシコとタイを事例に，水産経済学で有名なシェーファー＝ゴードン・モデルを環境の質を表現するものとしてマングローブ林の面積を入れることによって拡張している（Barbier and Strand, 1998; Barbier et al., 2002）．マングローブ林の漁業生産への貢献を検討した研究はさらにいくつか存在する（Aburto-Oropeza et al., 2008; Anneboina and Kumar, 2017）．ただし，いずれの事例においても，考察の対象は周辺の環境の質に局限されており，流域全体を俯瞰的に見てその影響を環境の質の変化を通じて分析しているわけでなく，また最終的な影響の貨幣的な評価は行われていないのが現状である．

(3) 森とカキ養殖の関係を探る

ここでは魚を育てる森の機能の最新の評価事例，宮川（2018）を紹介する．本来は魚を直接俎上に載せられるといいのであるが，魚の場合，養殖を除けば，通常は漁獲という人為行動が重要になり，漁獲量は漁獲という経済活動の規定要因の変動にも大きく攪乱され，森の機能の識別がきわめて難しくなる．そこで研究の第一歩として，養殖，そのなかでも環境の質の直接の影響が見やすいであろうと予想できる無給餌のカキ養殖を対象とした研究を紹介する．

広島湾におけるカキ養殖の概況

広島県はカキ養殖の発祥地であるとともに，現在も全国一の生産量を誇っている．その多くは古くから広島湾で行われている．広島湾がカキ養殖に優位性をもつのは，湾に流れ込む一級河川太田川が豊富な栄養塩をもたらし，カキの餌となる植物プランクトンが多く存在するためであるといわれている．

カキ養殖は幼生を採苗器に付着させるところから始まる．これは収獲年前年の7-9月頃から行われる．収獲年の7-9月の産卵期直後には産卵で栄養分を使い果たすが，秋にかけて水温が低下するとグリコーゲン蓄積が始まる．しかし，出荷が始まる10-11月頃にはまだ身入り不良の個体も多く，このような場合には収獲期が延期されることもある（平田ほか，2011）．

データと分析手順

独立行政法人水産総合研究センター瀬戸内海区水産研究所の「瀬戸内海ブロック浅海定線調査結果　観測40年成果（海況の長期変動）」（以下，「浅海定線調査」）にまとめられている水質項目のなかからカキ養殖に影響を与えると考えられる水質項目が得られる．

まず，水温は生物活動全般にかかわる重要な変数であると考えられるが，夏に上昇した水温が秋以降低下することが環境刺激となってグリコーゲン蓄積が始まり身入りに影響を与えることから，収獲年の夏と秋の水温の影響を見ることとした．また溶存無機態窒素（以下，DIN）やリン酸態リン（以下，PO_4-P）はカキの餌である植物プランクトンに利用され，溶存酸素（以下，DO）はカキの呼吸に利用される．これらの項目について，収獲前年の7-9

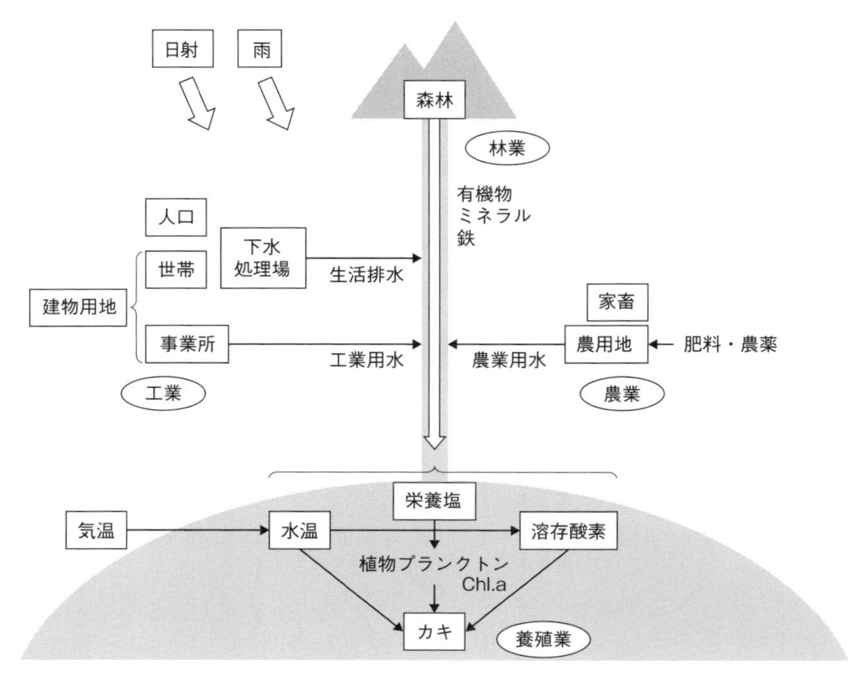

図6.6　森林とカキ養殖（宮川，2018）

表 6.1　利用したデータ（宮川，2018）

変数名	対象年	出典
水温，DIN，PO_4-P，DO	1973-2013	独立行政法人水産総合研究センター瀬戸内海区水産研究所（平成 27 年 3 月）『瀬戸内海ブロック浅海定線調査結果　観測 40 年成果（海況の長期変動）』
森林面積	1991, 1997, 2006, 2009	国土交通省国土数値情報「土地利用細分メッシュデータ」（100 m メッシュ）「森林」
農用地面積	1991, 1997, 2006, 2009	国土交通省国土数値情報「土地利用細分メッシュデータ」（100 m メッシュ）「田」と「その他の農用地」の合計
建物用地面積	1991, 1997, 2006, 2009	国土交通省国土数値情報「土地利用細分メッシュデータ」（100 m メッシュ）「建物用地」
降水量	1993-2013	気象庁 HP 過去の気象データ，広島市，降水量月合計
日照時間	1993-2013	気象庁 HP 過去の気象データ，広島市，日照時間の月合計
気温	1993-2013	気象庁 HP 過去の気象データ，広島市，月平均気温
人口総数	1990-2010（5 年ごと）	地域別統計データベース（e_Stat），市区町村データ，「人口・世帯」
世帯数	1990-2010（5 年ごと）	地域別統計データベース（e_Stat），市区町村データ，「人口・世帯」
製造業従業者数	1990-2013	地域別統計データベース（e_Stat），市区町村データ，「経済基盤」
総農家数	1990-1995（5 年ごと）	広島県 HP 統計情報（農林業センサス），「市区町村，経営耕地面積規模別農家数」
	2000	農林業センサス，都道府県別統計書—農業編「経営耕地面積規模別農家数—総農家」
	2005-2010（5 年ごと）	農林業センサス，都道府県別統計書「総農家数及び土地持ち非農家数」
総林家数	1990-1995（5 年ごと）	広島県 HP 統計情報（農林業センサス），「市区町村，保有山林面積規模別林家数」
	2000	農林業センサス，都道府県別統計書—林業編「総林家数」
	2005, 2010	農林業センサス，都道府県別統計書「保有山林面積規模別林家数」
家畜飼養戸数	1993-2006, 2010	農林水産省畜産統計，市区町村別データ 乳用牛飼養戸数（経営体数），肉用牛飼養戸数（経営体数），豚飼養戸数（経営体数），採卵鶏飼養戸数（経営体数）の合計

月頃に採苗したものを翌年の10月以降収獲するという養殖のサイクルを踏まえて，前年の秋から収獲年の秋までの影響を考えることとした．それ以外の森と海並びにそれをつなぐ河川の関係は図6.6と想定した．また分析に用いたデータは表6.1に示した．

分析は二段階で行う．まず，水質項目に対して森林面積が与える影響を線形重回帰モデルの最小二乗推定によって求める．次に，水質項目を独立変数とし，カキ生産量に与える影響を同様の標準的な回帰分析によって求める．最後に，回帰分析の結果を統合し，森林がカキ生産量に与える影響を流域全体で試算する．

森林が水質に与える影響

結果をまとめたのが表6.2である．8月の水温については，気温が大きく影響しており，森林面積の影響は示されなかった．一方，11月の水温については，森林面積が1 ha増えると，11月の水温が0.0006954℃ 低くなるという結果が得られた．大規模な森林伐採によって水温調節機能が失われたことでカキの大量斃死が発生したと推察される事例も存在する（向井，2011）ことから，水温はカキ養殖への森林の影響の分析に非常に重要な変数であると考えられたが，8月の水温に対する推定結果からは，森林の夏の水温への影響は捉えられなかった．冬季以外には上流から下流へと流れていく過程で水温が上昇していくため，夏季には森林の水温調節機能が中流域での影響にかき消されて不明瞭になっているのではないかと思われる．一方，11月では，森林面積の増加によって水温が低下するという結果が得られたが，これは冬季には森林の存在によって水温の低下した渓流水がその後も大きな影響を受けることなく湾に流れ込むことによるものであると考えられる．

DINの結果も季節によって異なり，2月については森林面積の影響は示されず，そのほかの月については，森林面積が1 ha増えると，5月，8月のDINがそれぞれ0.0018226 μM，0.0015082 μM低くなり，11月のDINが0.016376 μM高くなるという結果が得られた．森林のDINへの影響は，森林生態系において窒素の吸収と分解の収支のバランスが崩れることで変化するが，推定結果から，このバランスがどちらに傾くかは季節ごとに異なることが示唆される．まず，森林面積が増えると5月，8月のDINが減少する

表 6.2 森林面積の変化が水質に与える影響（宮川，2018）

水質項目	増加量
水温（8 月）	
水温（11 月）	−0.0006954℃
DIN（2 月）	
DIN（5 月）	−0.0018226 μM
DIN（8 月）	−0.0015082 μM
DIN（11 月）	+0.016376 μM
PO_4-P（2 月）	
PO_4-P（5 月）	−0.0001306 μM
PO_4-P（8 月）	
PO_4-P（11 月）	+0.0001171 μM
DO（2 月）	+0.0013899 mg/l
DO（5 月）	+0.0004775 mg/l
DO（8 月）	
DO（11 月）	+0.0007968 mg/l

という結果は植物によって吸収される量が多くなるためであると考えられる．逆に 11 月の落葉の季節は，分解される量が多いため，森林面積の増加が DIN を増加させると解釈できる．8 月では森林面積が DIN に負の影響を与えている一方で，総林家数の係数の推定値は正値となっており，これは森林面積が所与の場合，間伐等の森林施業によって渓流水中への窒素流出が増加することを意味する．また，降水量が増えると 5 月，8 月の DIN が減少するという関係も示されたが，これは降水および渓流水の窒素濃度が相対的に低く，希釈効果の方が大きいためであると推察される．さらに，8 月では世帯数の増加が DIN を増加させるという結果が得られたが．これは住宅地からの生活排水を起源とする窒素やリンの負荷が大きいことを示しており，太田川河口部において広島市という都市を通過することからも納得のいく結果である．

PO_4-P については，森林面積が 1 ha 増えると，5 月の PO_4-P が 0.0001306 μM 低くなり，11 月の PO_4-P が 0.0001171 μM 高くなるという結

果が得られた．2月と8月では森林面積の影響は示されなかった．これらの結果もDINと同様に解釈することができる．また，降水量が5月のPO_4-Pに負の影響を与えているが，これについてもDINと同じことが起きていると考えられる．一方で，PO_4-Pでは11月の降水量がPO_4-Pに正の影響を与えていることが示されたが，これは11月の落葉の季節にPO_4-Pの河川流出量が大きくなることによって，河川水中のPO_4-P濃度が海水中のPO_4-P濃度を上回るためであると考えられる．世帯数，総林家数についても10%水準で有意と認められた係数の推定値の符号はDINと同じであり，DINと同様の解釈ができる．加えてPO_4-Pでは，2月に製造業従業者数の正の影響も示されており，住宅地と同様に事業所からの排水もPO_4-Pを増加させることを示唆している．一方，農用地面積や農家数の係数が負になっていることから，農用地に投入された化学肥料の投入量が農作物による吸収などによって出ていく量より少ないか，多かったとしても，その影響は農用地が減少して建物用地となった場合の生活排水による影響よりは小さいということが考えられる．

DOについては，森林面積が1 ha増えると，2月，5月，11月のDOがそれぞれ0.0013899 mg/l，0.0004775 mg/l，0.0007968 mg/l増加するという結果が得られた．8月については森林面積の有意な影響が見られなかった．逆に農用地や建物用地はその増加が2月，8月のDOを減少させていることが示された．これは，森林が有機物供給や栄養塩供給によって水中の植物を増加させているという可能性が考えられる．5月では降水量の係数が正となっているが，これも有機物供給・栄養塩供給を担っているためであると捉えられる．また，日照時間の係数の推定値も5月，8月で正であり，水中の植物の光合成によって溶存酸素の増加が起こっている影響であると捉えられる．

水質とカキ生産

本研究で対象とする広島湾・太田川流域において，水質とカキ生産との関係を分析した先行研究が存在する．たとえば，屋良・柳（2004）は太田川からの全リン負荷量が広島湾北部海域上層のChl.a濃度に比例して増大することを示し，TANH関数で近似したChl.a濃度とカキの死亡率との関係から，全リンの負荷量によってカキ養殖の環境収容力を定義している．本章では水質の変化がカキ生産量にどのような影響を与えるか回帰分析の枠組みで分析した．同じ水質項目でもカキの成長段階によって異なる影響を受けると考えられるため，季節サイクルを考慮してモデルを設定し，OLSによるパラメータの推定を行った．

まず水温については，8月の水温が高いほど生産量が増加するという結果になった．本分析で用いたデータでは8月の水温が最高でも30℃に達していないため，より高水温の場合は生産性が低下することも十分考えられるが，水温が高くなりすぎるとカキ筏の避難が行われるため，斃死を起こすほどの高水温は実質的には予防されていると考えられる．一方，11月の水温については，20.4℃以下では水温が低いほど生産量が増加するが，20.4℃を超えると水温が高いほど生産量が増えるという結果になった．

また，8月の水温に対する気温の係数の推定結果から，気温の上昇が水温の上昇を通してカキ生産を上昇させることがわかった．しかしながら，カキの耐性上限を超えるほど気温が上がった場合にはカキの斃死が起こり，生産量が減少すると考えられる．11月の水温とカキ生産量との関係は下に凸の非線形の関係が見出されたが，これは以下のように解釈できる．11月時点で水温が約20.4℃を下回る年は早い段階で収獲が行われるため，水温が十分下がっているほど，身入りが良好になるのも早く，重量も増加する．一方，水温が下がりきらず11月の水温がおよそ20.4℃を上回る年は，11月時点では身入り不良の個体が多数存在するため収獲期が延期され，水温が下がりきって身入りが良くなってから収獲される．11月時点での水温が高いほど，収獲期は12月，1月，2月…と延期されるのでその分重量が増える．結果的には，水温が約20.4℃よりも低い場合は森林の増加がカキ生産量を増加させるが，20.4℃よりも高い場合は森林の増加がカキ生産量を減少させるという結果になる．

DINは，ある濃度に至るまではその増加が生産量を増加させ，それ以上多くなると富栄養を引き起こす可能性があると考え，分析を行ったが，結果は季節によって大きく異なった．まず，収獲年の2月，8月，11月ではDINがそれぞれおよそ5.1 μM，3.6 μM，10.0 μMに達するまではDINの増加が生産量を増加させ，その値を超えると生産量を減少させるという結果が得られた．これに対し，前年11月ではDINが多いほど生産量が多くなるという結果が得られ，収獲年5月では約4.0 μMまではDINの上昇が生産量を減少させ，4.0 μM以上ではDINの上昇が生産量を増加させるという結果が得られた．

リンは植物プランクトンの光合成の制限栄養塩であるといわれているため，PO_4-Pが多ければ多いほど生産量が増加することと考えていたが，5月を除くすべての季節について負の推定値が得られた．5月についても，係数の推定値は正であったものの，その値は0.1827354と非常に小さく，使用した5月のPO_4-Pのデータも約0-0.55 μMの範囲でしか変動していなかったことから，生産に正の影響を与えているというよりはほぼ影響がないと見るほうがよいかもしれない．

DINおよびPO_4-Pの結果は，一見するとその多くがこれまでの知見と矛盾するようにも見えるかもしれないが，以下のように解釈することができる．まず，DINおよびPO_4-Pの計測においてはデータの出典である「浅海定線調査」の岡山県海域や山口県海域の章で説明されているように，前処理として採取した海水を濾過している．この場合，これらを吸収する植物プランクトンが多いほど試料水中のDINおよびPO_4-Pが少なくなる．したがって，DIN，PO_4-Pが少ないほど植物プランクトンが多いと見ることができる．そうすると，植物プランクトンの多い5月や8月にDINやPO_4-Pの最大値が小さくなっていることも納得できる．すると，まず収獲年の2月，8月，11月のDINは，試料水中のDINがある一定の値まで減少する，すなわち植物プランクトンが一定量に達するまでは，カキの生産量が増加し，それを超えるとカキの生産量が減少するという関係が見える．前年11月のDINについても同様に考えると，前年11月の植物プランクトンが多いほどカキ生産量が少なくなるという解釈になるが，これは前年に植物プランクトンが多いと，植物プランクトンの捕食者が増加し競合するためであると考えられる．最後に5月のDINとカキ生産量との関係からは，植物プランクトンがある一定量に達するまではカキ生産量が減少し，それ以上に増えるとカキ生産量が増加すると見ることができる．これは，2月，5月，11月の結果とまったく逆の結果であるように見えるが，注目すべきは4月から5月は貝毒による被害発生が起こりやすい時期であるということである．被害発生年においては，有毒なプランクトンをカキが摂取したために廃棄されるということが実際に起こっているわけであるから，有毒なプランクトンの量はカキの生産量に負の影響を与えていることになる．一方で生育に役立っている無毒のプランクトンも一定量存在するから，こうしたプランクトンは生産に正の影響を与えている．

このように，カキの生産量を減少させる要因には，生育の不良による部分と斃死や自主廃棄による部分があるが，重量ではこれらを区別することができないためこうした結果が得られたと考えられる．結果的に森林の増加は5月のDIN濃度が約4.0μMよりも低いとき，また8月のDIN濃度が約3.6μMよりも高いときはDINの減少を通じてカキの生産量を増加させ，逆に5月のDIN濃度が約4.0μMよりも高いとき，また8月のDIN濃度が約3.6μMよりも低いときにはカキの生産量を減少させるということになる．一方，森林面積の増加は11月のDINを増加させるので，11月のDIN濃度が約10.0μMよりも低い場合は森林の増加がカキ生産量を増加させ，逆に上回る場合は減少させることになる．

PO_4-PについてもDINと同様に考えると，5月を除いては植物プランクトンの増加がカキ生産量を増大させるという関係を見ることができる．5月のPO_4-Pはもともとデータのばらつきも小さくカキ生産量にさほど影響を与えていないようにも見えるが，PO_4-Pについても他の月と5月で関係性が異なるのは，この時期に貝毒による被害が発生していることが影響をおよぼしていると考えられる．森林面積の影響が有意に示された5月，11月とも，森林面積の増加がカキ生産量を減少させるという結果になったが，5月のPO_4-Pのカキ生産量への影響はあるとしてもさほど大きなものではなかったことから，5月のPO_4-Pの減少を通じたカキ生産への影響は限定的であろう．

DOについては，前年11月と収獲年の5月，8月では正の係数が得られたものの，収獲年の2月と11月では負の係数が得られ，季節によって異なる結果が得られた．収獲年の2月と11月のDOの増加がカキ生産量を減少させるという結果に解釈し難いものである．その原因としては，まず表層DOの代用として底層のDOのデータを用いたことが考えられる．底層の貧酸素水塊は水質環境としては問題視されているものの，筏が吊るされる水深でのDOは，高い貧酸素耐性をもつカキの生育を阻むほどには減少することはないということが考えられる．とくに2月と11月は比較的高い値の範囲でデータが分布しているため，酸素は十分量存在しており，データが右下がりの直線で近似されるような散らばりをしていたにすぎないとも予想できる．係数の推定値のみから考えると，森林面積の増加は前年の11月と収穫年の5月のDOの増加を通じてカキ生産を増加させ，2月のDOの増加を通じてカキ生産を減少させるということになるが，上記のような問題から，結果の解釈は慎重に行う必要がある．

森林とカキ

ここまで森林面積の各水質項目に与える影響および水質項目がカキ生産量に与える影響を見てきた．その影響は水質項目において季節ごとに様々であり，森林面積の増加は水質に必ずしも生産性を上げる方向に影響を与えているとは限らないことがわかった．最後に，これまでの結果を統合し，流域全体で各々の水質項目の変化を通した生産への影響を集計する．

いま，収獲前年に森林面積が1 ha増加した場合を想定して，カキ生産量の増加率を推計してみた．表6.3に示すように森林面積の増加はプラスマイナスの影響をもたらすが，全体を統合すると，約0.19%カキ生産量を減少させるという結果になった．すなわち，統合すると，流域全体では森林がカキ生産に貢献しているという結果は示せない．ただ，一部の季節のDINとDOの変化を通して森林がカキ生産を増加させているという結果も見られた．まず，DINでは，森林がDINを増加させる11月だけカキ生産への貢献が見られるが，これは瀬戸内海で窒素負荷が不足している現状（反田，2011）をよく表している．DOの増加がカキ生産量を増加させるという結果が得られた月について，カキ生産への貢献も示された．しかし，先述のように，一部の月でDOの増加がカキ生産量を減少させるという結果が得られたことはあまり現実的ではなく，さらに詳細なデータを得ることができれば，異なった姿が見えてくるかもしれない．本研究ではデータの入手可能性による制約からカキの餌料の指標であるクロロフィル量については，クロロフィル量と強い相関があると考えられるDINやPO_4-Pのデータで代用したが，クロロフィル量そのものを見ることができれば，2段階目の分析についてもさらに妥当な結果が得られたはずである．

表 6.3 森林面積の変化がカキ生産に与える影響（宮川，2018）

水質項目	水質項目の増加量	カキ生産増加率（%）
水温（8月）		
水温（11月）	−0.0006954℃	−0.01
DIN（前年11月）	+0.016376 μM	+0.02
DIN（2月）		
DIN（5月）	−0.0018226 μM	−0.01
DIN（8月）	−0.0015082 μM	−0.05
DIN（11月）	+0.016376 μM	+0.03
PO_4-P（前年11月）	+0.0001171 μM	−0.05
PO_4-P（2月）		
PO_4-P（5月）	−0.0001306 μM	−0.02
PO_4-P（8月）		
PO_4-P（11月）	+0.0001171 μM	−0.05
DO（前年11月）	+0.0007968 mg/l	+0.09
DO（2月）	+0.0013899 mg/l	−0.10
DO（5月）	+0.0004775 mg/l	+0.02
DO（8月）		
DO（11月）	+0.0007968 mg/l	−0.06
計		−0.19

今回は森林面積が増えれば，カキ生産量が増えることになるという単純な結果は得られなかったが，新たな分析枠組みを得て，森と海とそれらをつなぐ河川の働きの一端が明らかになったことは間違いない．

6.3　森と里と海を元気にする一次産業の姿とは

市場に関する名著と呼び声の高い『市場を創る』の筆者であるマクミラン（2007）によると，市場をうまく機能させるには，「情報が円滑に流れること．財産権が保護されていること．人々が約束を守ると信頼して差し支えないこと．第三者に対する副次的影響が抑えられていること．そして，競争が促進されていること」の5つの要素が重要とされている．ここでは，そもそも副次的な影響が問題のもとである．上流と下流がそれぞれの境界を決め，連絡や連携をとらず，ばらばらに活動を行ってきたことがそもそもの原因である．副次的な影響をなくすために一番簡単な方法は，上下流，すなわち流域の農林漁業，すなわち一次産業がひとつになって俯瞰的に最善の選択を模索することである．流域全体を俯瞰し，統合的な意思決定ができれば，置き去りにされてきた外部性の問題は内部の問題となり，雲散霧消する．これが，経済学でよく唱えられる，外部性の内部化という解決策である．そのためには，現在ばらばらになっている上下流の情報が共有されねばならないし，さらにそのつながりに関する情報も共有されなければならない．この分野では行政にできることは大きく，その縦割りの弊害が最大の障壁となることを肝に銘じるべきである．

日本列島は脊梁山脈が背骨となって，そこから日本海側と太平洋側に水が流れる．大きな河川で区分すると，日本は流域ごとにきれいに分けられる．流域で分けていくと，上流の人口は少ないが，下流は人口が過密になっている．一方，下流にはマーケティングに長けた人，商品開発に長けた人がいる．流域の人々が水を通じて「上流と下流は一体である」という意識をもつことができれば，地域の魅力はもっと掘り起こせるはずである．そのためには一次産業のみならずすべての産業における縦割りを打破し，国や地方自治体も流域一環で考えた方がいい．また，広告にも外部性があるので，流域がひとつになってブランディングすると，いろいろな可能性が出てくる．いまは各地でブランドが乱立し過ぎている．全体を貫く水で結ばれたブランドをつくり，地域起こしを行えば，それは新次元の競争にもなる．また，ブランディングというのは愛着を生みだすということであって，これは互いの信頼にもつながり，約束実現の基礎になる．ブランド化は，地域が自信を取り戻す重要な旗印になる．上流と下流が連携し，インバウンドの外国人を含め，外から人を受け入れられる受け皿をつくり，流域で一体となって進めることによって，真の意味での日本らしい地方創生が実現するのではないだろうか．

引用・参考文献

浅野耕太（2007）流域連携とコースの自発的交渉．松下和夫編著『環境ガバナンス論』京都大学学術出版会，153-165.

反田實（2011）瀬戸内海の栄養塩不足とその対策——多様な窒素源を求めて．日本水産学会誌，77(1): 115.

平田靖・村上倫哉・赤繁悟（2011）養殖水深の変更による養殖マガキの身入り促進効果．広島県立総合技術研究所水産海洋技術センター研究報告，4: 5-11.

マクミラン，ジョン（2007）『市場を創る——バザールからネット取引まで』NTT出版，p. ii.

宮川蘭奈（2018）カキ養殖に森林が与える影響の計量経済分析．京都大学大学院人間・環境学研究科修士論文.

向井宏（2011）海を守る森．京都大学フィールド科学教育研究センター編・山下洋監修『森里海連環学 改訂増補』京都大学学術出版会，43-79.

屋良由美子・柳哲雄（2004）広島湾北部海域におけるカキ養殖の環境容量．九州大学大学院総合理工学府編九州大学大学院総合理工学報告，26(1): 15-22.

Aburto-Oropeza, O., E. Ezcurra, G. Danemann, V. Valdez, J. Murray and E. Sala (2008) Mangroves in the Gulf of California increase fishery yields, Proceedings of the National Academy of Sciences of the United States of America, 105 (30): 10456-10459.

Anneboina, R. L. and K. S. K. Kumar (2017) Economic analysis of mangrove and marine fishery linkages in India, Ecosystem Services, 24: 114-123.

Barbier, E. B. and I. Strand (1998) Valuing mangrove-fishery linkages: A case study of Campeche, Mexico, Environmental and Resource Economics, 12(2): 1151-1166.

Barbier, E. B., I. Strand and S. Sathirathai (2002) Do open access conditions affect the valuation of an externality? Estimating the welfare effects of mangrove-fishery linkages in Thailand, Environmental and Resource Economics, 21(1): 343-367.

Batie, S. S. and J. R. Wilson (1978) Economic values attributable to Virginia's coastal wetlands as inputs in oyster production, Southern Journal of Agricultural Economics, 10(1): 111-118.

Bell, F. W. (1972) Technological externalities and common property resources: An empirical study of the U. S. northern lobster fishery, Journal of Political Economy, 80(1): 148-158.

Freeman, A. M. III, Herriges, J. A. and C. L. Kling (2014) The Measurement of Environmental and Resource Values, 3rd ed., RFF Press, 82-84, 237-268.

Lynne, G. D., P. Conroy and F. J. Prochaska (1981) Economic valuation of marsh areas for marine production processes, Journal of Environmental Economics and Management, 8(2): 175-186.

7
大都市の水環境
——健全な利用を進める

益田晴恵

水は，私たちの生活とは切り離せない資源である．日本では，表層を流れる水は公水であるという認識が形成されてきた．このため，表層水の私的利用は制限され，流量や水質なども管理されている．一方で，地下水は，土地所有者の私有財産であると認識され，乱用されてきた歴史がある．地下水の過剰揚水による地盤沈下は第二次世界大戦以前から知られていたが，終戦後から高度成長期にかけて加速した．それに伴って，沿岸部での塩水化や，派生する高潮や洪水等の自然災害が頻発した．そのような歴史的背景から，地下水管理に関する法整備は主に地下水障害防止の観点から行われてきた．

しかし，近年では，水源確保や環境保全の観点から，地下水や水循環に関係する条例を制定する自治体が増加している．水資源・水環境に関する社会的課題と認識の変化を受けて，国においては，2014年に日本の水資源を一元管理する考え方に基づいて，水循環基本法が制定・施行された．水循環基本法では，地表水・地下水にかかわらず，流域全体の循環に基づいて水資源を管理することとされている．これらの法律・条例では，地下水を公水とまではいえなくても，「公共的水」として，住民の共有財産であるとの考え方に基づいて水源管理や環境整備を行っている，あるいは行う必要性を述べている．

人工構築物に覆われ，人口が集中する大都市にあっては，地表と地下とで水循環の障害となる様々な問題が生じる．本章は，2009-2010年度の学際的総合研究助成「環境保全と地盤防災のための大阪平野の地下水資源の健全な活用法の構築」の結果（益田編，2011）を土台として，その後に発展させた研究成果をもとにまとめたものである．大阪平野を例として，大都市の水環境を整理し，水盆全体での水循環を理解することの意義を考察したい．

7.1 大都市圏における水資源利用のあり方

流域は，降水を起源とする水の集水域としての水盆であり，源流域から河口に至るまでの水系を含んでいる（図 7.1）．土地利用の観点からは，上流から下流に向かって，森林・農地・都市に大別することができる．地形の観点からは，森林の大部分が山地にあり，都市は低地に広がっている．また，沿岸部は内陸の水域と海域との接続部分である．農地の多くは丘陵地から低地にかけて森林と都市をつなぐ地点に位置している．河川水の流下経路において，森林は涵養源であり，農地と都市域は水の消費地域とみなすことができる．しかし，地下水を考慮して水循環系を見直すと，丘陵地や都市郊外に広がる農地，特に水田は，地下水の重要な涵養源である．都市域にあっては，緑地や公園などの裸地等もまた涵養源として重要である．

地域によって水循環が抱える問題は異なるため，それぞれの地域の実情に合う対策が求められる．人工構築物に覆われ，人口が密集する都市部での地下水環境に関して考えられる課題には，①過剰揚水による地盤沈下や塩水化など，②汚染，③都市化に伴う涵養面積の減少と地下水流量の減少，④地下水の放置による過剰水圧の発生，⑤地下構築物による地下水流の分断，など

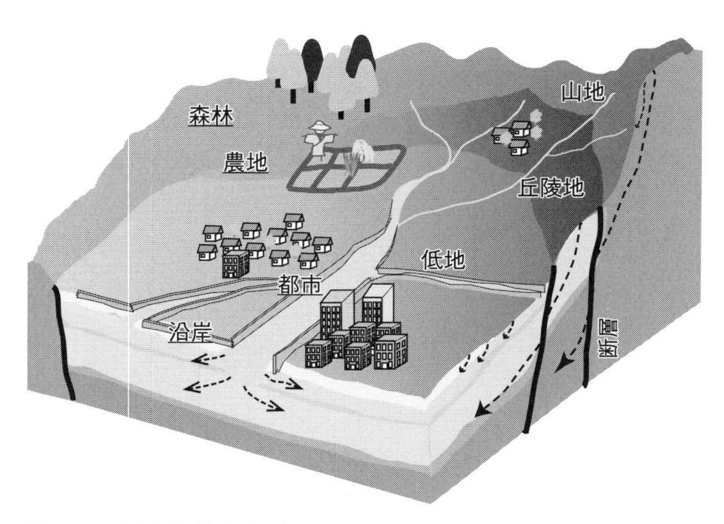

図 7.1 流域と水循環の概念図
矢印のついた点線は地下水の移動経路を示す．

がある．

2011年の国土交通省の報告によると，全国で517件の地下水採取規制・保全などに関する条例などの制定目的のうち，220件が地盤沈下防止，318件が地下水保全，69件が水道水源保全であった（国土交通省土地・水資源局水資源部，2011）．いまなお，災害防止が地下水管理の主目的である実情が現れている．汚染に関しては，土壌地下水汚染防止法により規制されている．汚染物質の自然環境への放出が厳しく規制されている現状では大規模な汚染が発生することは頻繁にはないであろう．しかし，過去に放棄された汚染物質がいまも残存している地域がある．取水により誘発涵養を促し，停滞的地下水域での流動を促進できれば，汚染物質を移流によって除去することが可能である．

都市周辺での地下水の涵養源となる緑地や裸地が開発により少なくなることで地下水量が減少する．地下水を水源としていたり，湧水を含む自然環境の保護に熱心に取り組む自治体では，雨水の地下への浸透を促進するための雨水浸透枡やトレンチの設置などを奨励する条例を定めている．このような施策は東京都の特別区周辺の丘陵地に位置する自治体では盛んに行われている（環境省湧水保全ポータルサイト，2017）．同様の取り組みは都市中心部でも有効であろう．一方，一定の涵養はあるにもかかわらず地下水が流動しない場所では，過剰水圧のための事故が発生することがある．駅舎やビルなどの浮き上がりはその代表的な例であるが，地震時の液状化の原因ともなる．堤防などの矢板・地下鉄・地下道・大規模なビルの基礎部分などは地下水の流動を分断することがある（大島，2011）．このような地下水流路の分断とそれによる過剰水圧の発生は30 m程度までの深度で起こることが多い．問題解決のためには，比較的浅い深度の地下水の流動を促す対策が有効である．そのためには，地下水を適切に利用して地下水位を下げると同時に，地下水の流動経路を分断させないような地下環境の整備が求められる．

地下水循環を積極的に利用した環境対策は大阪府域ではあまり多くはないが，大阪府守口市では浸透性舗道が採用されている．これにより，都市型水害の防止，都市温暖化現象の抑制，水循環の保全などが期待されている（大阪府枚方土木事務所，2015）．合流式の下水道設備が多い大阪市内では豪雨の際に，下水道があふれて汚水が河川水に直接流出することがしばしば問題となっている．地下構築物の多い大阪市内では地下水涵養を積極的に進めると，分断された地下水系の中で過剰水圧が生じる可能性がある．したがって，涵養と流動促進は同時的に行う必要がある．このとき，沿岸域では堤防にある程度の透水能力を持たせることができれば，西大阪平野の地下水塩水化を緩和できる可能性がある．

7.2　大阪府の河川水水質と流域環境

流域環境を考察するうえで，流域の生い立ちを知ることは重要である．ここでは大阪平野の成り立ちの説明から始めよう．

大阪湾と大阪平野を含む低地は周囲を低山地に囲まれた楕円形の盆地である（図 7.2a）．この盆地は 330-300 万年前に始まった沈降に伴って形成された（加藤ほか，2008）．大阪平野はこの盆地の東に位置しており，平野の大部分は大阪府域にあるが，兵庫県最大の人口密集地である阪神間を含んでいる．基盤岩の上に堆積した地層の厚さは，平野では最大 1500 m に達する．図 7.2b に平野部の表層地質図を示す．周囲の低山地山麓には更新世の地層からなる丘陵地が広がっている．丘陵地は主に海成粘土層と淡水成層の互層である田中累層と，最下位の海成粘土層である Ma-1 より下位の淡水成層のみからなる都島累層からなる（後出の図 7.4 参照）．田中累層は Ma9 より下位の地層と上位の段丘堆積物に二分することができる．山地と丘陵地の境界は活断層である．また，大阪平野中央部の丘陵地は上町台地と呼ばれている．上町台地は沖積層が広く薄く覆う低地を東西 2 つに分離している．ここでは，仮に東側を河内平野，西側を西大阪平野と呼ぶ．丘陵地は，低地の地下にある田中累層と都島累層に帯水する地下水の涵養源である．

府域を流れる最大の河川である淀川は，大阪府との境界に近い京都府に位置する，桂川・宇治川・木津川の 3 川合流点より下流を示す名である．淀川水系は幹線流路延長は日本第 44 位の 75.4 km であるが，近畿地方の 2 府 4 県（滋賀県・三重県・奈良県・京都府・大阪府・兵庫県）を含む 8240 km^2 の日本で 8 位の流域面積をもっている．また，大阪府南部には，奈良盆地と周囲の低山地を源流域とする大和川が流れている．大阪府域の大和川はその大部分が江戸時代（1704 年に付け替え）に開削された運河である．もとも

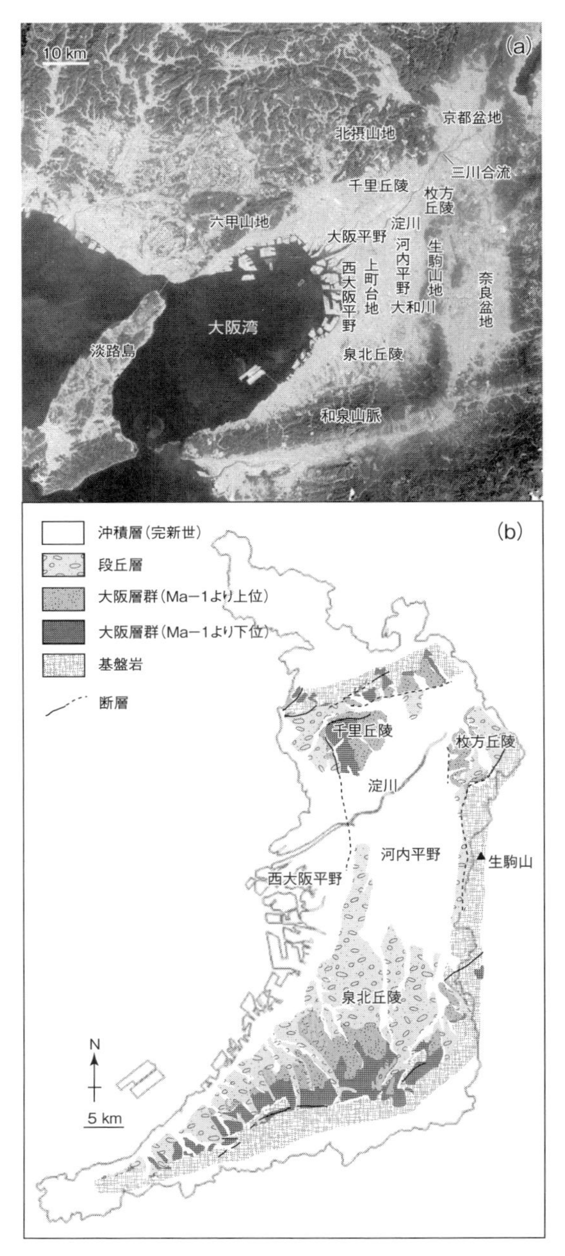

図 7. 2　大阪平野の地形（a）と地質（b）（地形図は国土地理院の電子国土 Web：https://maps.gsi.go.jp/ から引用，地質図は市原（1993）をもとに作成）

との河道は，大阪平野に流入後，複数の河川に分岐して，河内平野を北に向かって流れており，淀川に合流していた．したがって，かつての大和川は淀川水系であった．大和川の流入する河内平野は毎年洪水の被害を受けていたが，大和川の付け替え以降，広大な水田が開発された．

有機質汚濁の指標として用いられる化学的酸素要求量（COD）を例として，大阪府域の河川水の汚染状況の変遷を見よう．図 7.3 に府域の河川（図 7.3a）における COD 値の経年変化を地理分布図（図 7.3b–e）と 4 観測点における定点観測値の変遷（図 7.3f）で示した．地理分布図に見られるように，高度成長期であった 1975 年には，府内河川の多くが日常生活において不快に感じないとされる 8 mg/L を超えており，なかには 20 mg/L を超える観測点も少なくなかったことがわかる．しかし，年を経るごとに水質が改善している．4 観測点のうち，水量の多い淀川本流の河口に近い伝法大橋では 1990 年頃から平均値は 5–6 mg/L 程度となった．また，大阪市中心部を流れる淀川下流（道頓堀川）の大黒橋でも，2000 年以降には，本流とほぼ同程度の観測値に落ち着いている．大和川は，降水量が少ない奈良盆地や大阪平野の南部を源流としており，流路が短いこと，また流域に開発された都市域が広がっていることから，水質が悪化しやすい環境にあった．下水道整備も都市開発に追いつかず，水質改善も進まなかった．しかし，1998 年からは平均値が 10 mg/L を下回り，近年では 6–7 mg/L の間で推移している．河川の水質基準である生物学的酸素要求量（BOD）値の 75% 値は，下流の浅香（遠里小野橋の上流）で 2.0 mg/L となり，サケやアユが生息できる程度の水質である（大阪府，2017）．

大阪府南部の泉南地区には大阪府が管理する二級河川が多くある．1990 年と 2005 年の分布図からは，府の北半部では COD 値が減少している傾向が顕著であるのに対して，南半部ではなかなか改善されなかった経緯が見て取れる．近木川はそのような河川のひとつであるが，1980–90 年代にかけて，とくに水質が悪化している．水質が悪化しやすいのは，流路が短く，人口密集地を通過する都市河川のもつ宿命である．しかし，1998 年以降は水質も少しずつ改善されてきている．

2016 年には，大阪府で初めてとなる AA 類型が 3 河川に適用された（大阪府，2017）．この類型は，COD が 1 mg/L 以下で，水質がきわめて良好な

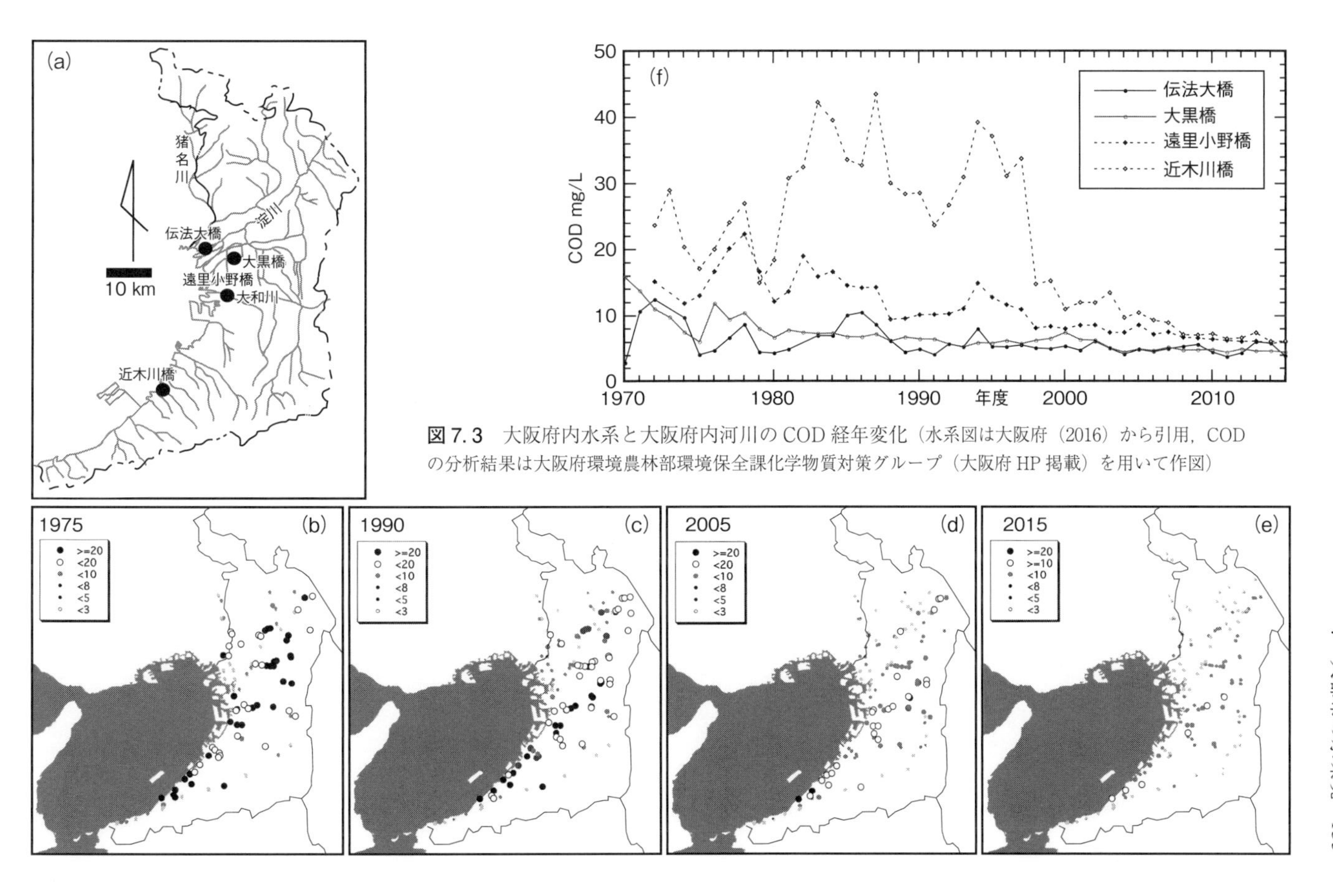

図 7.3　大阪府内水系と大阪府内河川の COD 経年変化（水系図は大阪府（2016）から引用，COD の分析結果は大阪府環境農林部環境保全課化学物質対策グループ（大阪府 HP 掲載）を用いて作図）

河川に適用される．これらの3河川は山間を流れる川ではあるが，ハイキング等のレクリエーションの場となっている地域である．この類型見直しは，身近に良好な自然環境を取り戻しつつある象徴的なできごとであった．

7.3 大阪平野の地下水

河川の流域は，大阪府域にとどまらず，淀川と大和川水系を含む近畿地方の広い範囲を流域と考える必要があった．しかし，地下水環境に関しては，もう少し狭い範囲で流域を捉えることが可能である．上述したように，大阪湾岸の平野の大部分が大阪府域にあることと大阪府境の大部分が分水界となる稜線と一致することから，府域をひとつの地下水系の流域とみなすことはおおむね妥当である．ここでは，府域を中心として，大阪平野の地下構造と地下水帯水層について説明したい．

前述のように，大阪平野の地下水盆は上町台地を挟む西大阪平野と河内平野の2つに分けることができる．これらの低地の地下層序は図7.4に示す．低地を覆う完新世の地層のうち，Ma13（最上位の海成粘土層）は不圧地下水の下位の難透水層として機能している．下位の田中累層には海成粘土層を難透水層としてそれらに挟まれる砂礫層が地下水帯水層である．田中累層は，西大阪平野では600 m以深まで分布していることもある．地下水として利用されるのは100–300 m程度が多い．しかし，田中累層からの過剰取水は，海成粘土層からの地下水絞り出しとそれに伴う地盤沈下の原因であった．そのため，大阪市内と周辺の低地部に位置する自治体では，田中累層に相当する深度からの地下水の取水を規制している．

本章では，新谷ほか（2017）に基づいて，帯水層はおおまかには3つに分類した（図7.4）．①不圧地下水とMa9よりも上位の被圧地下水（AI），②Ma9より下位の田中累層中の被圧地下水（AII），③都島累層と基盤岩中の地下水（AIII）である．なお，低地地下のAIを帯水する層準の田中累層はおおむね段丘堆積物と同じ時代の堆積物からなる．AIに分類される不圧地下水や丘陵地に存在する家庭用の掘り抜き井戸は，多くのものは深度が10 m程度までであるが，大阪市内では20 m程度までの管井戸もある．これらは，寺社の手水や家庭の雑用水として使われていることが多い．Ma13直

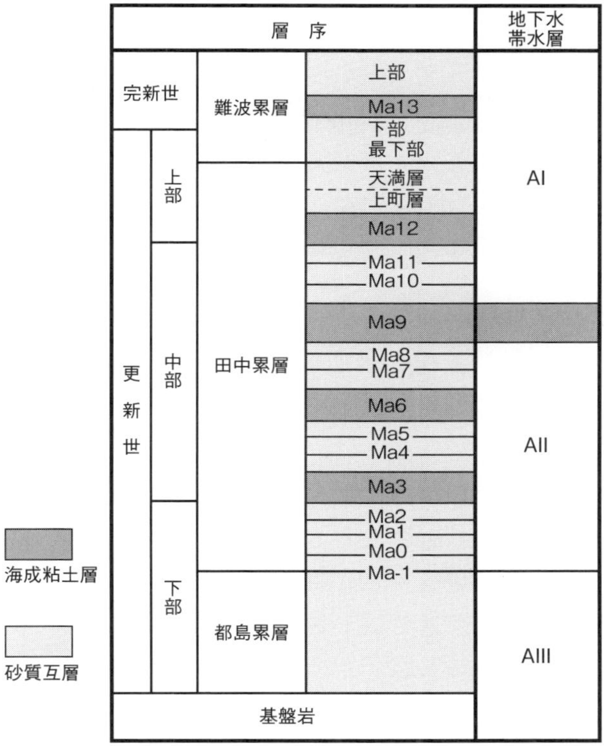

層序				地下水帯水層
完新世		難波累層	上部	AI
			Ma13	
			下部 最下部	
更新世	上部	田中累層	天満層 上町層	
			Ma12	
	中部		Ma11 Ma10	
			Ma9	
			Ma8 Ma7	AII
			Ma6	
			Ma5 Ma4	
			Ma3	
	下部		Ma2 Ma1 Ma0	
			Ma-1	
		都島累層		AIII
基盤岩				

海成粘土層

砂質互層

図 7.4　大阪平野中央部の地下の層序と帯水層区分（層序は吉川・三田村，1999；帯水層区分は新谷ほか，2017による）
Ma は海成粘土層である．

下の第一被圧地下水は天満礫層を含む優良な帯水層である．また，Ma9 は大阪湾岸では 100 m より少し深い深度にある．AII は，自治体の自己水源や事業所の専用水道として用いられている．AIII の多くは温泉水として利用されている．温泉水は滞留時間が長い地下水が多く，なかには化石水も含まれる．ここでは，流動する地下水であり，表層環境との関連性が大きい AI と AII の地下水の起源と水質を概説する．

図 7.5 に河川水と AI・AII の地下水の酸素と水素の同位体比の関係を示した．水の酸素（$^{18}O/^{16}O$）と水素（$^{2}H/^{1}H$）の安定同位体比は，降水に起源をもつ場合は GMWL（Global Meteoric Water Line，世界の天水線）近傍の値をもち，海岸線からの距離，標高，緯度などに伴って変動する．このよ

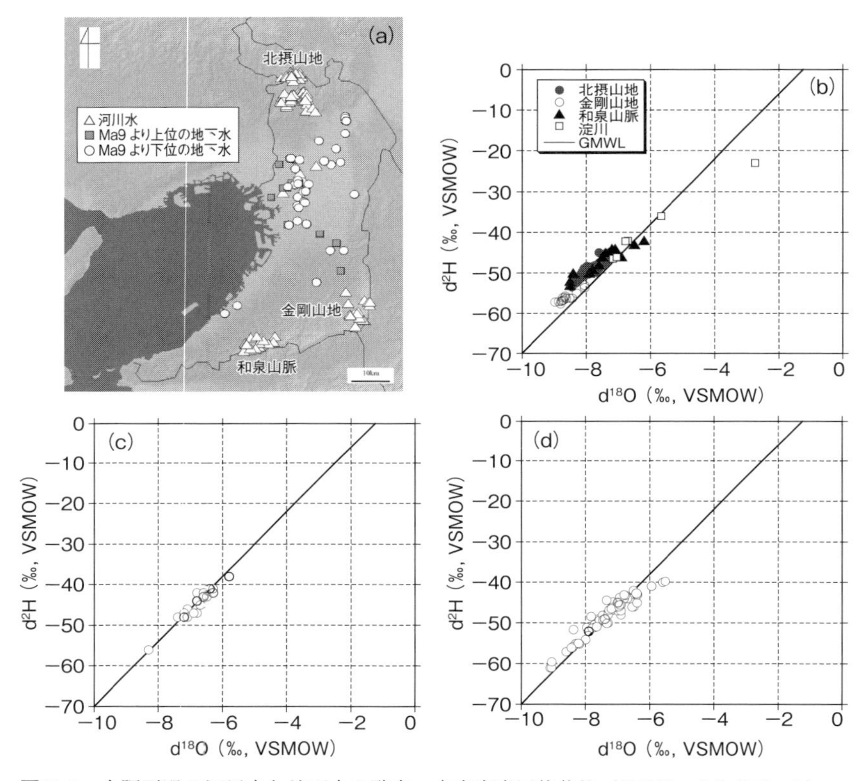

図 7.5 大阪平野の河川水と地下水の酸素・水素安定同位体比（新谷毅，未公表データ）
直線 GMWL（Global Meteoric Water Line）は，降水を起源とする水の同位体組成の汎世界的平均値を示す.

うな性質から，水の起源や涵養源などの特定に用いられる．すべての地下水の同位体比は GMWL の直近にプロットされる．すなわち，後述する海水を含む地下水を除くと，大局的にはほぼすべての地下水が降水を起源としている．AI の地下水の値は比較的狭い範囲に分布し，河川水や AII の地下水と比べて高い同位体比をもつ傾向があることから，AI の地下水が比較的標高の低い場所で涵養されたことを示している．一方で，AII の地下水は標高の高い山地斜面から丘陵地まで広範囲で涵養されたことが示唆される．ただし，この帯水層中では，同位体比が小さくなる反応が進行していると推定される．かつて地盤沈下が盛んであった頃に粘土層からの間隙水の絞り出しによる影

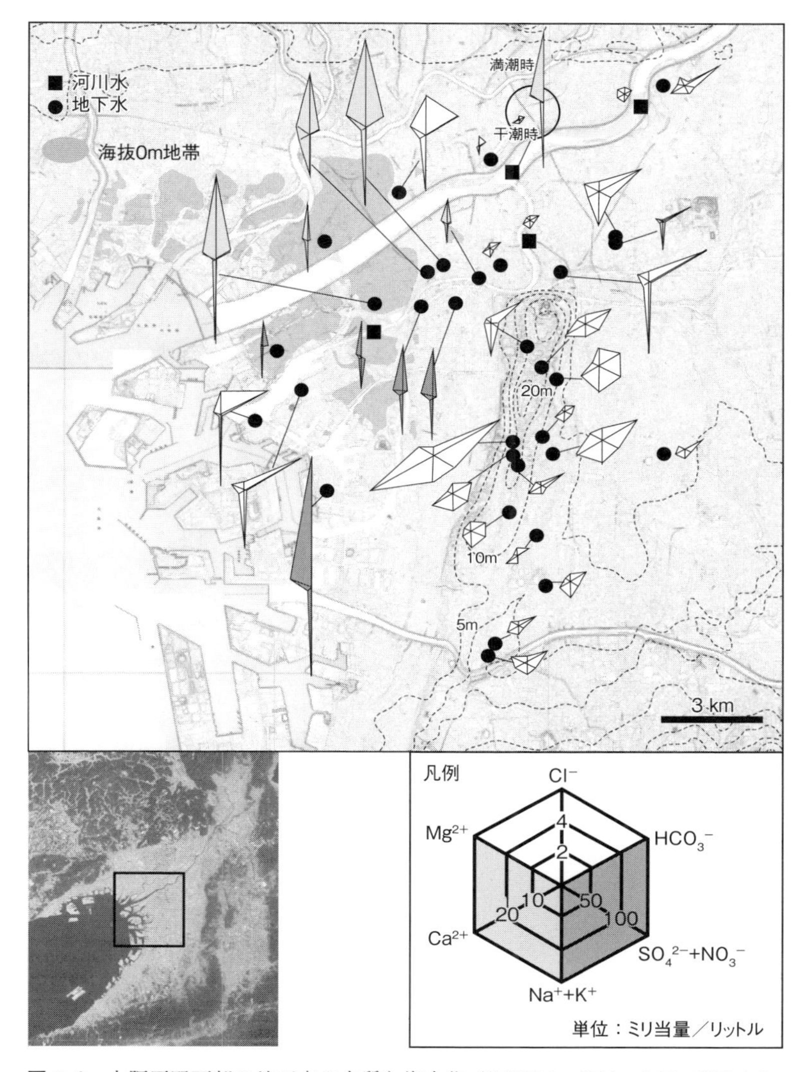

図 7.6　大阪平野西部の地下水の水質と塩水化（牧野ほか，2010；吉岡，2010 をもとに作成）

響が残っている可能性があり，詳細な検討が必要である．

図 7.6 に大阪市内の地下水水質を示した．降水に起源をもつ地下水は，流動性の高い帯水層中では一般的に炭酸水素カルシウム型の水質に変化する．また，停滞的環境ではナトリウムが卓越する水質へと変化する．大阪湾岸の

300 m 程度の 2 井戸を除いて，取水した井戸の深度は 5–100 m であった．同一井戸から異なる時期に複数採取した場合には，塩濃度の高い時の水質を示した．調査地域内の地下水水質は以下のようにまとめられる．①炭酸水素カルシウム型の水質をもつ希薄な地下水が上町台地に多い．この水質は上町台地の地下水の流動性が高いことを示しており，上町台地の緑地帯が涵養源として機能していることを示している．②炭酸水素ナトリウム型の水質をもつ希薄な地下水が内陸の低地に多い．沿岸の 300 m 程度の井戸からの地下水も同様な水質であった．この水質は停滞的な地下水の特徴である．③塩化ナトリウムを主成分とする地下水が海抜 0 m 地帯を中心に西大阪平野に分布する．水質の変動が大きいことから潮の満ち引きの影響を受けており，河床底からの海水の侵入があると推定される（牧野ほか，2010）．

人為汚染の代表例である VOC（揮発性有機炭素化合物）汚染は多くが 30 m までの深度の不圧地下水や第一被圧地下水に見られるが，最深では 100 m 程度の深度の井戸で見つかっている（益田，2011）．上述の海水とは進入経路は異なるが，100 m 程度までの帯水層は地表からの影響を受けやすいということは言えよう．図 7.7 に VOC のうち，テトラクロロエチレン・トリクロロエチレン・ジクロロエチレン・塩化ビニルモノマーのいずれかが環境基準値を超えて検出された井戸の地点を示す．汚染井戸は人口密集地である低地と丘陵地で検出されるが，塩化ビニルモノマーが基準値を超える井戸は低地や丘陵地の谷部にのみ観察される．塩化ビニルモノマーは生物化学作用によりテトラクロロエチレン・トリクロロエチレンなどがジクロロエチレンを経て形成される分解生成物である．したがって，生分解はより停滞的地下水域である低地の地下水中で先行しているといえる．塩化ビニルモノマーは分解速度が遅いことが知られている．北部の高槻市では，かつて高濃度の VOC 汚染が見られた．高槻市では地下水を水道水源として，VOC を浄化した後に配水している．井戸から水を汲み上げることで，VOC 汚染水域は縮小し，地下水環境は改善している（益田編，2011）．このことは，揚水し，地下水流動を促すことが，停滞する汚染物質を除去し，地下の環境回復に直結することを示している．

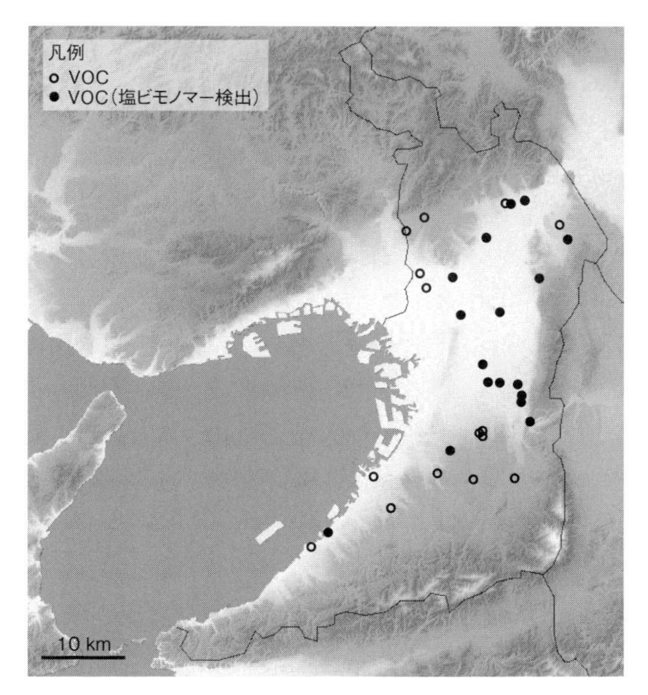

図 7.7 地下水の VOC 汚染検出井戸の分布
大阪府健康医療部環境衛生課 水道・生活排水グループ (2017) に基づいて作成した 2017 年 3 月の状況を示す．ここで示す VOC はテトラクロロエチレン，トリクロロエチレン，ジクロロエチレン，塩化ビニルモノマーである．また，塩化ビニルモノマーが環境基準値を超えて検出した井戸は塗りつぶした丸で示す．

7.4 府域の地下水有効利用に関する動向

1965 年には 85 万 1000 m^3/日あった府下の地下水取水量は，2014 年には 26 万 8000 m^3/日となっている．全国に先駆けて地盤沈下対策が行われた大阪市内では 1970 年頃から地下水利用量が激減した．府内の周辺地域では 1980 年代以降地下水取水量は減っており，いまも少しずつ減り続けている．しかし，大阪市内だけは，最近少しずつ取水量が増加しつつある（大阪府環境農林部環境管理室環境保全課科学物質対策グループ，2017）．

図 7.8 に大阪府に届け出のあった井戸の利用状況を示した．また，表 7.1

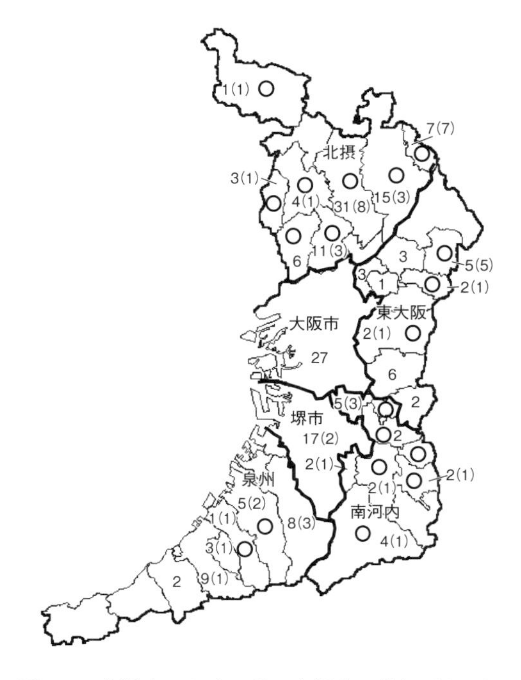

図 7.8 大阪府における地下水揚水の状況（大阪府健康医療部環境衛生課，2017；大阪府，2018 をもとに作成）

2017 年 3 月末までの状況．○印は水道水源として地下水（伏流水を含む）を利用する自治体．数字は自治体の井戸を除く届け出井戸数で，カッコ内は専用水道として用いられている井戸数で内数．

表 7.1 2014 年地下水採取量総括表 （単位：千 m^3/日）

	工業用	上水用	公共用	農業用	一般用	合計
大阪市	1	0	0	2	6	9
北摂	16	81	6	7	10	120
東大阪	11	30	3	8	4	56
南河内	1	26	0	1	3	31
堺市	4	0	1	0	3	8
泉州	19	18	4	1	2	44
総計	52	155	14	19	28	268

注：元データは大阪府（2018），地域区分は図 7.8 に示す．

には府内での地下水の用途別利用量をまとめた．地下水の取水用途は上水が最も多く，とくに豊能町を除く北摂地域のすべての自治体は，自家水源として地下水（伏流水を含む）を確保している．また，府の東部から南部にかけての山地と山麓を市町村域に含む自治体でも上水道水源として地下水を利用しているところが多い．しかし，大阪市・堺市と東大阪地域・泉州地域では，専用水道も含めて上水としての地下水利用は盛んではない．これらの地域の届け出井戸の多くは温泉利用のための高深度（AIII）の井戸である．このことは，地盤沈下対策として低地の広い範囲でAIIとその上位の帯水層からの取水制限が設けられていることが理由であろう．次に多い工業用水としての利用も，北摂地域で盛んで，工業用水法に基づく許可井戸76本（2017年3月31日現在）のうち，59本が北摂地区にある．北摂山地を後背地として断層を通じて大量の地下水供給があると推定される．

届け出の義務のない浅い地下水の利用状況は明確ではない．しかし，大阪府に登録されている災害時協力井戸は1471件ある（2017年3月現在，大阪市と堺市を除く）（大阪府健康医療部環境衛生課 水道・生活排水グループ，2017）．協力井戸の大部分は家庭用の浅井戸である．このうち，626件が泉州地域にあり，この地域の深井戸の利用が少ないことと対照的である．1995年の阪神淡路大震災，2011年の東日本大震災では，水道施設がダメージを受け，雑用水の供給源として地下水が脚光を浴びた．水道の普及がきっかけで家庭用井戸は使われなくなってきていたが，災害時の備えとして新たな役割を与えられたと見ることができる．

地中熱エネルギーは都市温暖化や化石燃料消費量の抑制などの対策として注目されている．大阪府は盆地上の地形と都市域の集中からとくに温暖化が著しい．熱エネルギー消費のみならず，アスファルトやコンクリートなどからの輻射も都市温暖化の原因である．グリーンカーテンや屋上緑化などは建物から，保水性舗装は道路からの輻射を軽減する対策として普及してきた．また，近年盛んになりつつある地中熱利用システムは深度200 m程度までの地下の安定した温度を利用している．地中熱を取り出す方法はひとつではないが，水循環システムを用いた方法が，地下水対策との関係からは重要である．地中熱利用システムは全国では6877件が設置されており，そのうち水循環システムを用いているのは1781件（25.9%）である（2016年3月現在）（環境省，2016）．この時点での大阪府の地中熱利用システムの設置数は100件に満たず，大部分は空気循環を用いたものである．地下水を用いたヒートポンプや水循環システムはほとんど設置されておらず，試験段階である．地下水循環システムを使う場合，排水処理の負担や地下水帯水層への影響などを考慮して，地下水を取水した帯水層へ戻す閉鎖システムをつくることが一般的である．しかし，浅部の地下水を利用する場合であれば，親水空間を設置するなどして地表に流出させることで，地下水圧を調整し，液状化対策などと併用して開発することが好ましい．親水空間の創設は，都市温暖化対策にも効果が期待できる．

地下水を公水とするためには，賦存状況と流動状況を正確に把握する必要があるとされる（宮崎，2015）．流れが目に見える河川水と異なり，地下水は小さな流域単位であっても，完全に可視化することは困難なことが多い．また，大規模な平野に立地し，人口や産業が密集する大都市圏においては利害関係の調整も困難な課題である．里山の自然は人の手が入ることで健全に保たれてきた．都市域の地下水も適切に手を加えることで健全に保つという発想で利用・管理することが望ましい．水盆全体での表層水と地下水の流動系を統合的に理解することは，これらの問題解決への糸口となるであろう．大阪府域のみならず，大都市における地下水資源は豊かな自然環境の創生と災害抑制を念頭において開発することがのぞましい．

1997–98年度に「大阪府北摂地域におけるヒ素汚染地下水の形成と拡大機構」の課題で日本生命財団から奨励金を受けたことが，筆者が環境研究を始めるきっかけであった．基礎理学が専門である筆者が，社会的課題に取り組むことができたのは日本生命財団の支援のおかげである．日本生命財団に感謝の意を表する．

引用・参考文献

市原実（1993）大阪層群，創元社，340 pp.
大阪府（2016）平成27年度公共用水域および地下水の水質測定計画.
大阪府（2017）環境白書2016年版. http://www.pref.osaka.lg.jp/kannosuisoken/hakusyo/hakusyo_2016.html

大阪府（2018）大阪府域における地下水利用及び地盤沈下等の状況について．
http://www.pref.osaka.lg.jp/attach/4908/00017697/shiryou.pdf
大阪府健康医療部環境衛生課（2017）平成27年度大阪府の水道の現況．http://www.pref.osaka.lg.jp/attach/4823/00242775/H27oosakafunouidounogennkyou.pdf
大阪府健康医療部環境衛生課 水道・生活排水グループ（2017）災害時協力井戸について．http://www.pref.osaka.lg.jp/kankyoeisei/saigaijikyoryokuido/
大阪府枚方土木事務所（2015）透水性舗装工事．http://www.pref.osaka.lg.jp/hirado/shisakujigyo/jigyo_07.html
大島昭彦（2011）資源としての地下水——地下水位変動に関わる障害（3）地盤沈下・（4）地下水位上昇．益田晴恵編『都市の水資源と地下水の未来』第1章4節，京都大学学術出版会，50-56.
加藤茂弘・岡田篤正・寒川旭（2008）大阪湾と六甲山，淡路島周辺の活断層と第四紀における大阪・播磨灘堆積盆地の形成過程．第四紀研究，47: 233-246.
環境省（2016）平成28年度地中熱利用状況調査の結果について．http://www.env.go.jp/press/103827.html（別紙）http://www.env.go.jp/press/files/jp/103827/besshi_h28result.pdf
環境省湧水保全ポータルサイト（2017）東京都の湧水保全に関する条例．https://www.env.go.jp/water/yusui/result/sub2/PRE13-2.html
国土交通省土地・水資源局水資源部（2011）地下水採取規制・保全に関する条例などの制定状況（速報）．http://www.mlit.go.jp/mizukokudo/000149412.pdf
新谷毅・益田晴恵・根本達也・三田村宗樹・丸井敦尚（2017）GISを用いた大阪平野の地下水水質の3次元可視化．日本地下水学会2017年秋期講演会，P03，弘前大学.
牧野和哉・益田晴恵・三田村宗樹・貫上佳則・陀安一郎・中屋眞司（2010）水質から見た大阪市内とその周辺の地下水の涵養源．日本地下水学会誌，52: 153-167.
益田晴恵編（2011）大阪平野の地下水——大阪平野の地下水の水質（3）VOCから見た地下水の流れ．益田晴恵編『都市の水資源と地下水の未来』第2章3節，京都大学学術出版会，116-120.
宮崎淳（2015）水循環基本法における地下水管理の法理論——地下水の法的性質をめぐって．地下水学会誌，57(1): 63-72.
吉岡秀憲（2010）大阪府域におけるVOCの地下水汚染の流動経路と経年変化に関する3次元解析．大阪市立大学理学部2009年度卒業論文.
吉川周作・三田村宗樹（1999）大阪平野第四系と深海底の酸素同位体比層序との対比．地質学雑誌，105(5): 332, 340.

8

ヒトと生態系の化学汚染
——地球的視点でPOPs汚染を知る

田辺信介

ペニスが短小化したワニ，メス同士で巣作りをするカモメ，オス化するメスの貝，ウイルス感染によるアザラシやイルカの大量死など野生生物の異常を示す事件が1980年代から90年代にかけて世界各地で頻発し，内分泌系や免疫系を攪乱する有害物質，いわゆる環境ホルモン（内分泌攪乱物質）の影響が強く疑われた．筆者の研究室が残留性有機汚染物質と呼ばれる環境ホルモンの汚染研究を本格的に開始したのは，生態系の異常事件が多発した渦中の時代で，その契機は日本生命財団の研究助成であった．1990年度に採択された研究課題名は「五大湖における鳥類の形態異常と環境汚染物質の蓄積に関する生態毒性学的研究」で，2年間の研究助成としてこの日米共同研究に取り組んだ．また，1996年度には「有機スズ化合物による鯨類汚染のグローバルモニタリング」の研究課題で，再度助成の支援をいただいた．

得られた成果は，国内外の学会等で注目を集めたばかりでなく，米国EPA（環境保護庁）や日本の環境省などの行政施策にも反映され，大きな社会的・学術的波及効果をもたらした．加えて，これらの研究助成には多数の学部学生，大学院生，外国人留学生が参加し，その成果は学会発表や学術論文としてまとめられるなど，若手の人材育成にも貢献した．

これまで，環境ホルモンによる生物の汚染と影響について多数の大型研究が実施されてきたが，この問題が大きな学術的・社会的関心事となる以前から関連研究を助成した日本生命財団の先見性に敬意を表したい．日本における環境ホルモン研究の礎の一端は，日本生命財団によって培われたといっても過言ではない．本章では，日本生命財団の助成を含め，半世紀にわたり展開した当研究室の研究成果について，その概要を紹介する．

8.1 厄介な化学物質——残留性有機汚染物質（POPs）

アメリカ化学会のケミカル・アブストラクト・サービスによると，産業革命以来人類が合成・発見した化学物質の数は近年急速に増大し，2015年6月末についに1億種類を突破した．現在，約1万5000の物質が日々追加登録されている．こうした無数ともいえる化学物質のなかでヒトや生態系にとって厄介なものは，毒性が強く，生体内に容易に侵入し，そこに長期間とどまる物質であろう．

事実，人類が合成した化学物質のなかには，環境中での寿命が長く，大気輸送により長距離移動して極域などの遠隔地に到達し，生物体内に侵入・蓄積してヒトや野生生物に有害な影響をおよぼすものがある．このような性質をもつ化学物質をPOPs（Persistent Organic Pollutants，残留性有機汚染物質）と呼び，20世紀後半以降大きな学術的・社会的関心を集めてきた．POPsによる環境汚染はすでに地球全体に拡大し，これらの物質をこれまで製造・使用したことがない地域でも汚染が顕在化している．たとえば，極域に居住するイヌイットの血液中PCBs（ポリ塩化ビフェニル）濃度は，著しく高いことが報告されている（Ayotte et al., 1997）．POPsは代表的な地球汚染物質であり，その防止対策の強化が国際レベルで求められている最も厄介な化学物質といってよい．

国連環境計画（UNEP）は2001年5月にスウェーデンのストックホルムで国際会議を開催し，環境残留性の高いPCBsなど12物質の削減や廃絶に向けた「残留性有機汚染物質に関するストックホルム条約（POPs条約）」を採択した．日本は2002年8月にこの条約を締結し，2004年2月17日に50ヵ国が批准したため同年5月17日に条約が発効した．この時点でPOPs条約に登録されたのは，アルドリン，エンドリン，ヘプタクロル，ヘキサクロロベンゼン，ディルドリン，DDT，クロルデン，PCBs，トキサフェン，マイレックス，PCDDs，PCDFs（国内ではPCDDsとPCDFsをダイオキシン類と称し1物質群としている）の12物質（群）であり，これらの製造・使用・輸出入の制限，非意図的生成の削減，廃棄物の適正管理等が定められた．POPsはその化学構造に炭素-塩素の結合を有するため，有機塩素化合物とも呼ばれている（図8.1）．

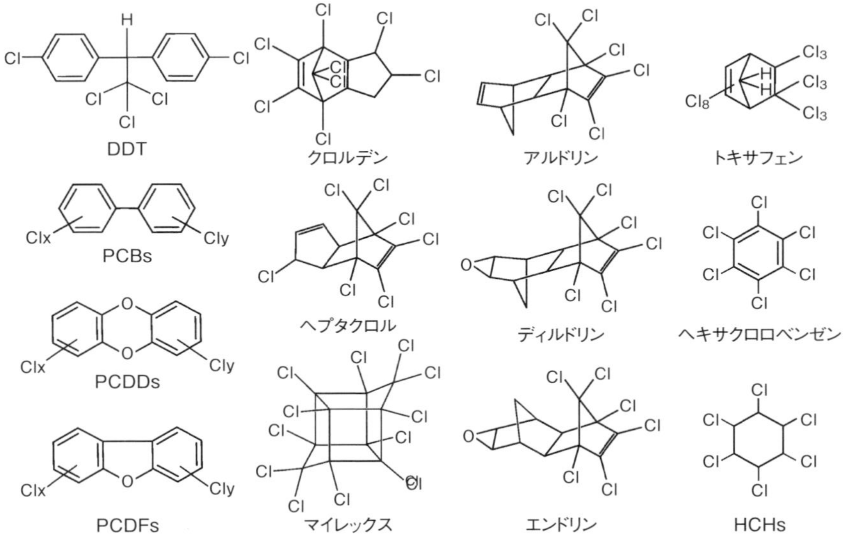

図 8.1　ストックホルム条約に登録された残留性有機汚染物質（POPs）の化学構造
HCHs（ヘキサクロロシクロヘキサン）は，2009 年に新規 POPs として条約に追加登録された．

POPs のなかで PCDDs，PCDFs，PCBs および HCB を除く物質は，いずれも殺虫剤として利用された．PCBs は主に熱媒体やトランス・コンデンサーの絶縁油として多用され，1960 年代の後半に米糠油の中毒事件「カネミ油症事件」を引き起こした悪名高い物質である．PCDDs や PCDFs などのダイオキシン類も強毒性物質で，廃棄物等の燃焼過程で非意図的に生成する物質として広く知られている．生態系への蓄積や影響を懸念し，先進諸国を中心に多くの国々では POPs の生産・使用を禁止したが，その環境汚染は今なお継続しており，解決すべき課題は依然として多い．

以下，本章では POPs による環境と生態系の汚染をアジア・太平洋地域を中心に紹介し，地球的視座でその実態と課題を解説する．

8.2　地球規模の汚染

(1) 瀬戸内海から世界へ展開したPOPs汚染研究

DDTなどの有機塩素系農薬による環境や生態系の汚染が社会問題となったのは，レイチェル・カーソンの『沈黙の春』が出版された1962年以降のことであり，日本国内でこの種の物質の生産・使用が規制されたのは1970年代初期であった．当時愛媛大学では，瀬戸内海のPOPs汚染に関する研究（田辺・立川，1981）に精力的に取り組み，その成果は以降アジア地域へ研究フィールドが拡大する契機になり，また地球汚染解明研究の進展につながった．1970年代当時の汚染実態はきわめて深刻で，大気，水，土壌，堆積物，生物など瀬戸内地域で採取したすべての環境試料から高濃度のPOPsが検出された．

しかし不思議なことに，瀬戸内海に残存しているPOPs量は，その地域の使用量に比べ予想外に少ない事実が判明した．この結果は，「大気経由でPOPsが拡散・消失したことを意味するのではないか，ひいてはPOPsによる地球汚染を示唆しているのではないか」という仮説を生み，地球規模の環境汚染を検証する研究へと進展した．

その後1980年代にかけて化学物質が直接あるいは間接的な原因と思われる野生生物の異常（奇形，免疫系・内分泌系の疾患，個体数の減少，大量斃死など）が世界各地で報告され，地球汚染の影響を暗示する事件として注目された．なかでも，海洋生態系の頂点に位置する海生哺乳動物の大量斃死は大きな社会問題としてとりあげられ，環境化学物質の生態毒性学，すなわちエコトキシコロジーの研究分野開拓につながった．

(2) 海生哺乳動物が語るPOPs汚染の拡大

このような経緯のなかで，愛媛大学は米国地質調査所のオッシー博士と共同研究を展開し，海の哺乳類の化学物質汚染に関する研究論文を収集・整理して検出された化学物質および動物種と個体数についてまとめた（O'Shea and Tanabe, 1999）．初めて海生哺乳動物から有機塩素化合物を検出した論文は1966年に発表され，南極のアザラシに殺虫剤のDDTとその代謝物が残留していることを報告した（Sladen et al., 1966）．1960年代に海生哺乳動物から検出された化学物質は有機塩素化合物5種類，元素1種類（Hg）のみで，8種類89検体の鯨類・鰭脚類にすぎなかった．

ところが，1990年代には，265種類の有機汚染物質と50種類の元素が海生哺乳類から検出されている．有機汚染物質の大半はPOPsで，17種類の鰭脚類と40種類の鯨類を含む総計5529検体でその汚染が確認されている．検出されたPOPsのなかには，強毒性の内分泌撹乱物質として関心を集めているダイオキシン（PCDDs）やジベンゾフラン（PCDFs），コプラナPCBs（ダイオキシン様の毒性を示す平面構造のPCBs）なども含まれている．また，ベンゾ［a］ピレンを含む多環芳香族炭化水素，^{137}Csをはじめとする放射性核種，トリブチルスズに代表される有機スズ化合物など塩素を含まない人為起源汚染物質の報告が急増したのもこの時期である．その結果，海生哺乳動物の化学汚染に関する発表研究論文数は飛躍的に増加し，その総数は20世紀末で18000編を超えた．

(3) POPsの発生源

このように多様な化学物質が多くの種類と検体数の海生哺乳動物から検出された事実は，化学分析の技術が進歩したことに加え，20世紀後半に化学物質の生産や利用が著しく増大し，またその環境汚染も世界の隅々まで拡大したことが背景にある．さらに20世紀末頃から，地球規模の海洋汚染を引き起こしやすい場でPOPsの利用が始まったことも要因としてあげられる．工業用材料や農薬として多用されたPOPsの汚染源は陸上にあり，大気や水を媒体として広域輸送される．かつてこの種の物質の生産と利用は先進工業国に集中したため，北半球中緯度域で最高の汚染が認められた．

ところが，先進諸国における規制の強化と新興国や途上国における産業活動の拡大に伴い，汚染の南北分布は大きく変化した．新興国や途上国がPOPsの汚染源になっていることを示す具体的なデータは以降で述べるとして，地図を開いてみればわかるように，新興国・途上国の多くは熱帯・亜熱帯地域にある．南インドの水田地帯で有機塩素系殺虫剤HCHs（ヘキサクロロシクロヘキサン）の散布試験を実施したところ，その90%以上はすみやかに大気に揮散し，低緯度地域における化学物質の残留期間は短いことが判明した（Tanabe et al., 1991）.

こうした大気への活発な揮散は，熱帯・亜熱帯環境の化学物質汚染を軽減する効果はあるが，そこでの無秩序な利用は地球規模の汚染に大きな負荷をもたらすことになる．海洋は地球の表面積の約7割を占めており，熱帯・亜熱帯から放出された化学物質の大半は世界の海に広がることになる．つまり，汚染源の南下は，世界の海洋に分布している海生哺乳動物にとって最も高い曝露リスクをもたらす場で化学物質の利用が始まったことを意味する．POPsによるこの種の動物の汚染が顕在化した遠因として，地球の蒸発皿すなわち熱帯・亜熱帯地域における化学物質利用の増大があげられる．

（4）POPsの分布とゆくえ

ところで，中低緯度地域で利用されたPOPsはどのように広がり，最終的にどこに到達するのであろうか？　残念ながらこうした疑問に応えられる研究は少ないが，その分布やゆくえを示唆した例はある．

POPsによる外洋大気および表層海水の汚染を地球規模で調査した例は，殺虫剤HCHsの残留濃度が最も高く，とくに北半球の汚染が顕在化していることを明らかにしている（Iwata et al., 1993）．興味深いことにHCHsの高濃度分布は，この殺虫剤が使用されている熱帯・亜熱帯周辺海域で認められるばかりでなく，北極周辺海域でも観察され，この傾向は大気よりも表層海水で顕著であった．対照的にDDTsの残留濃度は全体的に低く，熱帯海域周辺のみで高濃度分布がみられ，HCHsに比べれば大気により輸送されにくく汚染源周辺にとどまりやすいことが示唆されている．ところが，PCBsやシロアリ駆除剤のクロルデン（CHLs）は均質な濃度分布を示し，南北差も小さいことが明らかにされている．

PCBsやCHLsの汚染が全世界に広がり一様な分布を示すことは，依然として中緯度先進諸国からの放出が続いていることに加え，第三世界を中心にPOPsの汚染源が拡大したことを暗示している．西部北太平洋に生息するイルカや鯨についてPOPs濃度を測定した研究は，物質によってその分布に違いがあり，外洋表層海水の汚染パターンが反映されていることを明らかにしている（Prudente et al., 1997）．

外洋環境では，POPsの汚染分布と併せて大気・海水間での物質交換の研

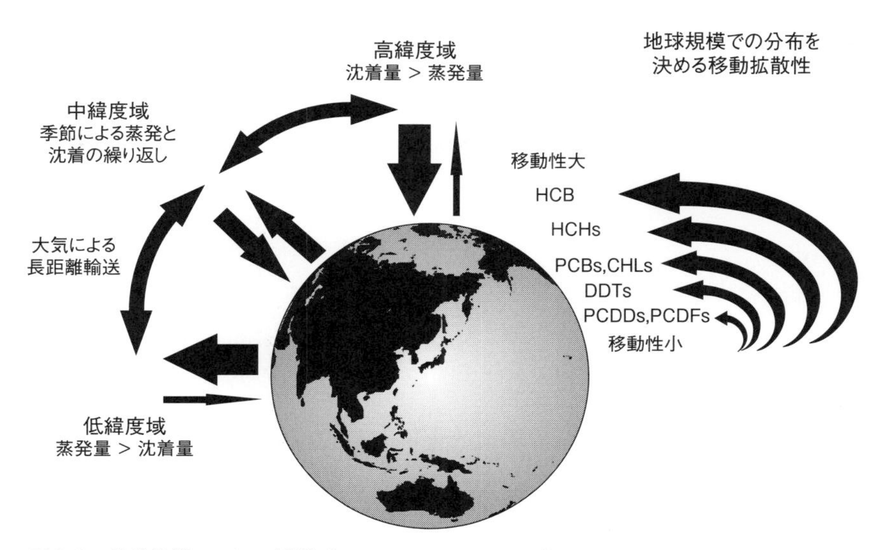

図 8. 2　地球規模の POPs 循環（Wania and Mackay, 1993）

究も行われ，その地球規模での動態が解析されている（Iwata et al., 1993）．大気・海水間における POPs のフラックス（移動量）を求めた研究ではほとんどの海域で負の値が得られており，大気から海水へ活発に移行していることが明らかにされている．すなわち，大気中に放出された POPs は，大気の循環により長距離輸送されるとともに，海水中に溶け込んで海洋生態系に蓄積されることを示している．

HCHs のような移動拡散性の高い物質の場合，汚染源に近い熱帯海域では正のフラックス（揮発）が認められるが，北極のような汚染源から離れた海域では大気から海水への活発な流入，すなわち負のフラックス（沈着）が見られる．高緯度地域の海水が大きな負のフラックスを示す傾向は PCBs でも認められ，この事実は外洋の海水がこの種の物質の最終的な到達点として機能していることを示している．とくに北極周辺の海水は水温が低いため揮発量に比べ沈着量が圧倒的に多く，POPs のたまり場（シンク）として重要な役割を果たしている（図 8.2）．

大気経由で熱帯域から高緯度地域に化学物質が移動する様子をグラスホッパー効果（バッタ効果）と呼び，POPs の環境動態の特徴のひとつとされている（Wania and Mackay, 1993）．このような海洋の特性は海生哺乳動物が有害物質沈着の場に生息していることを意味し，この種の動物で多様なPOPsの蓄積が見られる一要因でもある．

8.3　海生哺乳動物の異常な汚染

(1) 脂皮はPOPsの貯蔵庫

海生哺乳動物の化学物質汚染が顕在化している要因は，汚染源の南下や海洋が有害物質沈着の場となることばかりでなく，この種の動物の特異な生体機能も関与している．その第1点は，海生哺乳動物の皮下に厚い脂肪組織があり，ここが有害物質の貯蔵庫として働いていることである．この脂肪組織は脂皮（blubber）と呼ばれ，海生哺乳動物の種類によって変動するが，アザラシの乳仔では体重の50%を超え，体内に蓄積するPCBs等POPsのほとんどがここに残留している．イルカの成獣の場合，体重のおよそ20–30%が脂皮で，POPsの体内負荷量の約95%がここに蓄積している（Tanabe et al., 1981）．

POPsは脂溶性が高いため，いったん脂肪組織に蓄積すると簡単に排泄されない．したがって長期間そこに残留することになる．寿命の長い海生哺乳動物では，餌などから取り込んだ有害物質が徐々に脂皮に蓄積し，ここが大きな貯蔵場所として働くため高濃度汚染の一因となっている．

(2) 大量のPOPsが母親から乳仔へ移行

第2点は，海生哺乳動物の場合，世代を超えた有害物質の移行量，つまり母子間移行が顕著なことである．有害物質が親から子に移行するルートとしては，胎盤および授乳経由がある．哺乳動物の場合，一般に胎盤経由でのPOPsの移行量は少なく，せいぜい母親体内の5%程度である．一方，鯨類や鰭脚類の母乳は脂肪含量が高いため，授乳によって多くのPOPsが母親から乳仔に移行する．スジイルカでは，体内に残留するPCBs総量のおよそ60%が授乳により乳仔に移行している（Tanabe et al., 1994a）．バイカルアザラシの成熟雌の場合，授乳によってPCBsおよびDDTs負荷量の約20%が排泄されている．したがって鯨類や鰭脚類の成熟個体では，POPsの蓄積濃度に顕著な雌雄差がみられる．つまり，雄は餌から取り込んだPOPsを一方的に蓄積するため高い濃度を示すのに対し，雌は授乳により体内負荷量が減少するため，成熟雌の体内濃度は成熟雄のそれよりも明らかに低い．

このような大量のPOPsの母子間移行は，たとえ環境中の汚染レベルが低下しても，海生哺乳動物体内のPOPsはそのまま世代を越えて引き継がれるため簡単に低減しないことを意味しており，高濃度蓄積や長期汚染の要因となっている．また，乳仔の体重は母親の10分の1程度であるため，POPsの体内濃度は授乳期間中に一気に上昇する．このことは体内蓄積量の問題だけでなく，毒性リスクが増大することも暗示している．

(3) 弱いPOPs分解能力

第3点は，海生哺乳動物とくにイルカや鯨の仲間は肝ミクロソームに局在するチトクローム P-450 依存性の薬物代謝酵素の活性が弱いため，POPsをほとんど分解できないことである．一般にPOPsを分解する薬物代謝酵素系は，フェノバルビタール（PB）型とメチルコラントレン（MC）型に大別されるが，鯨類はPB型酵素系の活性が低いため，陸上の哺乳動物や鳥類に比べると格段に有害物質の分解能力が劣る（図8.3）（Tanabe et al., 1986）．

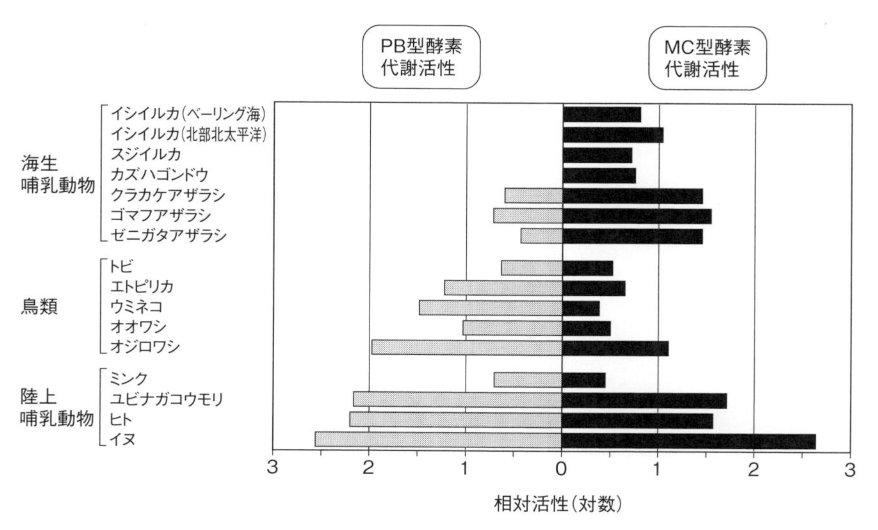

図8.3　ヒトおよび野生高等動物の薬物代謝酵素活性（Tanabe et al., 1986）

一方，アザラシなど沿岸性の鰭脚類ではPB型およびMC型両方の酵素系が機能しているが，陸上の高等動物に比べるとその分解能力は弱い．陸上，沿岸，外洋の方向で高等動物の有害物質分解能力が低下しているのは，進化の過程で陸上に比べ海洋の動物ほど，また沿岸に比べ外洋の動物ほど，陸起源の天然の毒物に曝される機会が少なかったためと予測される．したがって，海生哺乳動物のイルカや鯨は薬物代謝酵素の機能を発達させる必要がなかったとも考えられ，このことが多様な有害物質の蓄積をもたらしたと推察される．

(4) 特異な生体機能が異常なPOPs汚染に関与

POPsの貯蔵庫としての皮下脂肪，授乳による世代を超えた移行，弱い分解能力など，前述したこれらの要因はいずれも海生哺乳類の高濃度汚染に関与するが，とくに注目すべき点は，薬物代謝酵素系の特異性であろう．高等動物の場合，酵素系による分解は有害物質の主要な排泄ルートであり，この機能が未発達ということは餌から取り込んだ多様な有害物質が生涯にわたり体内に残存することを意味する．そのことを示唆する代表的な事例として，有機スズ化合物の蓄積があげられる．有機スズ化合物の1種であるブチルスズ化合物は，POPsに比べ安定性が乏しいため，高等動物の体内では容易に分解されると考えられていたが，海生哺乳動物の肝臓に予想外の高濃度で蓄積していることが明らかにされた（Tanabe, 1999）．

また，海生哺乳動物のなかでもとくに薬物代謝酵素系が発達していないイルカや鯨は，POPsを驚くほどの高濃度で蓄積している．たとえば西部北太平洋のスジイルカは，海水中の一千万倍もの高濃度でPCBsを蓄積している（Tanabe et al., 1984）．異常な蓄積はこれだけではない．一般に化学物質の濃度は，陸上の汚染源から遠ざかるにつれて低減するのが普通であるが，本来清浄なはずの外洋に生息しているイルカや鯨は，陸上や沿岸の高等動物よりはるかに高い濃度でPCBsを蓄積している（図8.4）（Tanabe et al., 1994a）．

外洋性の動物が高濃度のPOPsを蓄積しているほかの事例として，アホウドリがある．興味深いことに，北太平洋のクロアシアホウドリでは，一部の検体から約100 ppmのPCBsが検出されており（図8.4），DDTsの残留濃度もきわめて高い．イルカや鯨と同じように，外洋を主な生息域としている

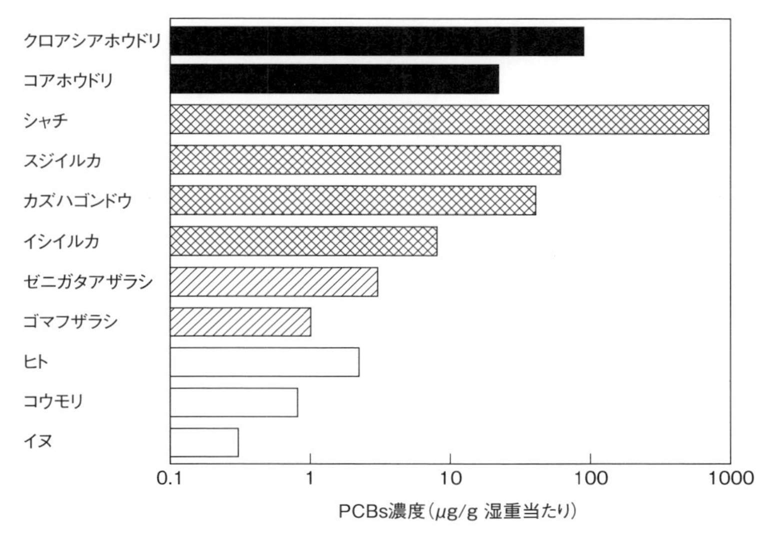

図 8.4　日本国内および周辺海域に生息する高等動物の PCBs 濃度（磯部ほか，2009）

アホウドリ類も，チトクローム P-450 系の薬物代射酵素が一部欠落しているものと予想される．

イルカや鯨，アザラシなどの海生哺乳動物は，ダイオキシン類の蓄積濃度も高い．とくに，コプラナ PCBs の汚染が顕在化しており，このことは環境省の調査でも明らかにされている．海生哺乳類や魚食性の鳥類は，数千 pg TEQ/g（脂肪重当たり）の濃度を示すものがあり，この値はヒトから検出されたダイオキシン類の蓄積濃度をはるかに上回る．弱い薬物代謝能などある種の野生生物にはヒトとは違う生理機能があり，そのことが POPs 関連物質の多様な蓄積濃度や毒性影響に関与しているものと考えられる．

8.4　汚染と影響の長期化

(1)　物質文明の進展がもたらした POPs の生態影響

POPs による海洋汚染が社会的インパクトを与えた主な要因は，その潜在的リスクが海生の高等動物で指摘されたことであろう．イギリスの生態学者シモンズは，記録として残されている海生哺乳動物の大量死事件が20世紀になって11件あり，このうちの9件は1970年以降に発生していることを報告している（Simmonds, 1991）．これらの多くは80年代後半から90年代初期に集中しているが，2000年以降もカスピ海や北海でアザラシの大量死が，また日本や南半球のニュージーランド，オーストラリアでも類似の斃死が報告されている．しかも大量死事件のほとんどは先進工業国の沿岸域で発生しており，このことは，こうした大量死事件が物質文明の進展と無縁ではないことを強く示唆している．

また，“Our Stolen Future（邦訳『奪われし未来』，翔泳社）”の著者コルボーンは，海生哺乳動物で発生している異常（個体数の減少，内分泌系の疾病，免疫機能の失調や腫瘍など）を総説としてまとめ，1968年以降65例にのぼる報告があり，その原因として生物蓄積性の内分泌攪乱物質（環境ホルモン），すなわちPOPsが関与していることを示唆している（Colborn and Smolen, 1996）．環境ホルモンは体内で核内レセプターと結合し，ホルモンの作用を促進あるいは抑制して内分泌系を攪乱するというのが一般的な作用機序である．これに加え，環境汚染物質によって誘導される薬物代謝酵素も内分泌系を攪乱する．有害物質が体内に高蓄積すると，肝臓のチトクロームP-450依存性酸化酵素系（CYP）が誘導され，この酵素が化学物質を代謝活性化することで，発ガンや催奇形，生殖機能障害や免疫機能失調等が発症すると考えられている．したがって野生の高等動物に対する環境化学物質の影響を評価するには化学物質の毒性のみならず，その蓄積量，薬物代謝酵素の誘導やホルモンの濃度，関連する疾病等について理解する必要がある．

この種の研究の進展は遅く，情報は大幅に欠落しているが，POPsの影響を示唆する結果がないわけではない．たとえば，北部北太平洋の冷水域に生息するイシイルカでは，DDE（DDTの安定代謝物）の残留濃度と雄の性ホルモン・テストステロン濃度との間に負の相関関係が認められ，この種の物質の濃度が高いとテストステロンの濃度は低いという傾向がみられている（Subramanian et al., 1987）．また，三陸沖のキタオットセイ調査では，PCBsの残留濃度と薬物代謝酵素活性の間に正の相関がみられている（Tanabe et al., 1994a）．さらに米国フロリダ沿岸の野生バンドウイルカや日本沿岸のイシイルカ（Nakata et al., 2002）では，低濃度のPOPsでリンパ球の増殖活性が阻害されることが報告されている．

因果関係を裏付ける知見の集積は今後の課題であるが，こうした結果は，現実のPOPs蓄積濃度で薬物代謝酵素が誘導されたり，ホルモンレセプターとの結合や免疫機能の抑制が起こっていることを窺わせ，内分泌系や免疫系の撹乱など化学物質の長期的・慢性的な毒性影響が野生の海生哺乳動物で進行していることを暗示している．

(2) POPsによる外洋汚染の長期化

POPsの長期的な影響を予測するには，汚染の消長を理解することが必要となる．この場合，保存試料を用いて過去の汚染を復元し，将来を予測する方法がある．環境試料や野生生物試料は過去に遡って採集することができないため，化学汚染の経時変化を調査するには長期間の継続したモニタリングと採取した試料の保存・管理が重要となる．

愛媛大学には過去の試料を冷凍保存する施設，すなわち生物環境試料バン

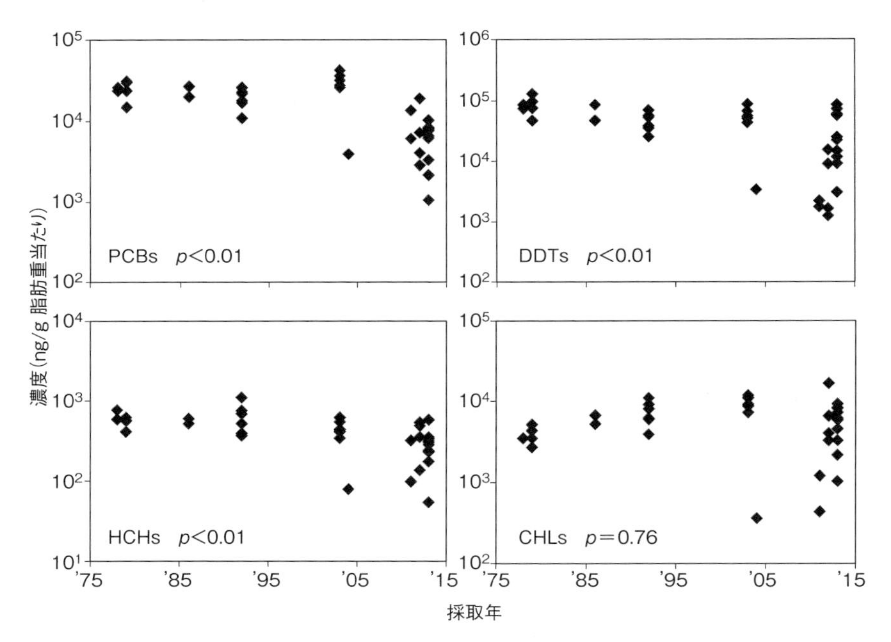

図8.5　外洋性鯨類スジイルカから検出されたPOPs濃度の経年変化（田辺，2016）

ク（*es*-BANK）が整備されており，地球汚染の監視や過去復元の研究に活用されている（Tanabe and Ramu, 2012）．三陸沖で捕獲したキタオットセイの *es*-BANK 保存試料を用いて POPs 汚染の歴史トレンドを調べたところ，1970 年代の半ばに PCBs や DDTs 汚染の極大が見られ，その後濃度は低減したが，1980 年代以降の PCBs 汚染は定常状態を示し，殺虫剤 HCHs の汚染には明瞭な低減傾向が認められていない（Tanabe et al., 1994b）．スジイルカなど外洋性のイルカでは，いずれの POPs も残留濃度の低減が遅く，たまり場としての外洋の機能が体内残留濃度の推移に反映されているものと考えられる（図 8.5）（田辺，2016）．こうした過去の汚染の復元は，海生哺乳動物における POPs の曝露と影響が今後しばらく続くことを示唆している．

8.5　アジア新興国・途上国の汚染

(1) 遍在する POPs 汚染問題

ほとんどの先進諸国はすでに POPs 条約を批准し，その生産・使用・廃棄を禁止しているが，新興国や途上国では一部の使用が継続されていたり，発生源・汚染源対策が遅れているため，地球汚染の負荷源としていまなお高い学術的・社会的関心を集めている．とくに，新興国や途上国では，PCBs 含有廃棄物の適正管理，ダイオキシン類等非意図的生成物質の発生源対策，病害虫駆除のための DDT の使用などについて，経済的事情，法律の不備，公衆衛生上の問題など種々の理由から適切な対策が講じられていないことが多い．したがって，POPs の環境汚染問題は，先進国よりもむしろ新興国や途上国に遍在している．前節でも述べたように，新興国や途上国の多くは熱帯・亜熱帯地域に集中しており，これらの地域が地球の蒸発皿として機能することで，POPs をはじめとする有害化学物質の循環を拡大している．

発生源から大気中に放出された化学物質は，いったんは拡散・希釈されて汚染レベルは低減するが，海水と大気の間の分配や食物連鎖など種々のプロセスを経て，最終的には高緯度地域の海水に凝縮され，また高次捕食生物に高濃縮される．つまり，途上国での無秩序な化学物質の使用・放出は，中長期的に見れば，地球規模の汚染を通して野生生物やヒトに対する曝露リスクを高めることになる．なかでも，アジア地域には急速な工業化を遂げつつある新興国や途上国が集中しているため，ダイオキシン類など一部のPOPsによる環境汚染は深刻化する可能性がある．本節では，アジア地域のPOPs汚染モニタリング調査の事例を紹介する．

(2) マッセルウォッチによるPOPs汚染モニタリング

二枚貝のイガイ（英名：Mussel）は，世界のいたるところに分布しており，固着性であるため地域の汚染を反映しやすい，簡単に採取できる，広塩分域で生息できる，環境ストレスに対する耐性が強い，様々な化学物質を高濃度で蓄積するなど，沿岸環境汚染モニタリングの指標生物として多くの利点を有することから，世界中で活用されている（Tanabe and Subramanian, 2006）．

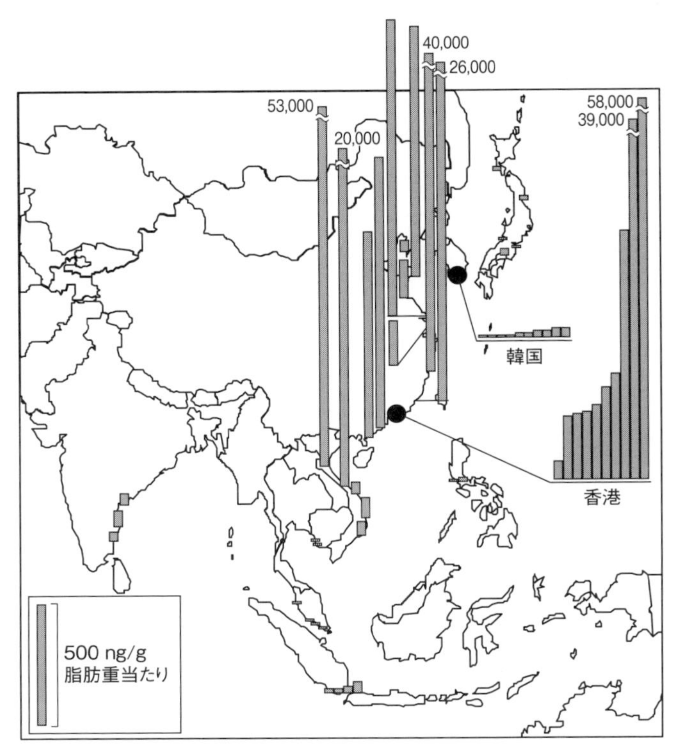

図 8.6　アジア沿岸域のイガイから検出されたDDTs濃度の分布
（Tanabe and Subramanian, 2006）

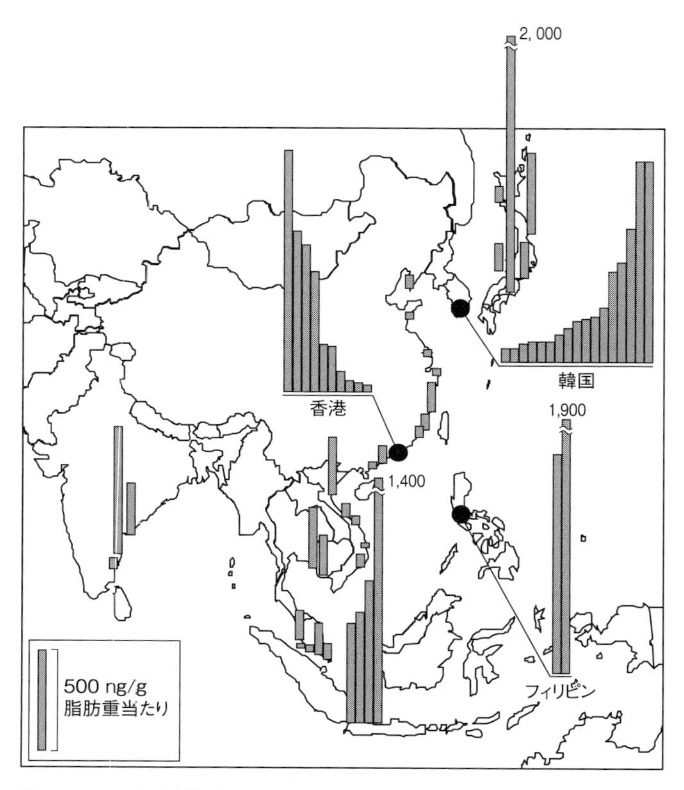

図 8.7 アジア沿岸域のイガイから検出されたPCBs濃度の分布（Tanabe and Subramanian, 2006）

愛媛大学が中心となって，1990年代中盤よりアジア–太平洋地域マッセルウォッチ（イガイを用いた環境監視）プロジェクトを実施し，ムラサキイガイ（*Mytilus edulis*）およびミドリイガイ（*Perna viridis*）を採取してこの地域のPOPs汚染の実態解明を試みた．

図8.6に示すように，有機塩素系農薬DDTsによる沿岸汚染は，ベトナム，中国南部沿岸や香港など熱帯・亜熱帯海域で顕在化していることが判明した．中国におけるDDTの使用は1983年に禁止されているが，製剤の主成分*p, p'*–DDTの組成割合が高いことから，最近まで国内にDDTs汚染源が存在したことを示唆している．HCHsの濃度はインドで最も高く，公衆衛生目的や一部の農作物栽培にこの物質が使用されていたことを暗示している．これ

らの分布は，水質汚染の調査結果と類似しており，アジアの新興国や途上国はこれら有機塩素系農薬の汚染源となっていることが推察される．

一方，イガイから検出されたPCBs濃度は，日本で高い傾向が認められている（図8.7）．この物質は工業目的で生産・利用されたため，その汚染源は日本などの先進工業国に存在するものと考えられた．CHLs（クロルデン）の最高濃度も日本のイガイから検出された．この原因は，日本では1980年代半ばまでCHLsを家屋のシロアリ駆除剤として利用したためと思われる．PCBsやCHLsなどは，1960年代から70年代までに工業化を遂げた国が汚染源となっている，つまり先進工業国型の汚染物質と捉えることができる．しかし，熱帯地域で採取したイガイ試料の一部から高濃度のPCBsやCHLsが検出されたことは，かつては中緯度地域の先進工業国が主な汚染源であったものの，近年になってその分布が低緯度域に拡大したことを示唆している．

(3) 母乳によるヒトのPOPs汚染モニタリング

アジアの途上国では，POPsによるヒトの母乳汚染も深刻化している（Tanabe and Kunisue, 2007）．図8.8に示すように，インドの住民から採取した母乳はHCHsの汚染が顕著で，ほかの途上国住民より1–2桁高い値を示した．インドでは，野生生物の調査でも高濃度のHCHsが検出されており，最近までこの殺虫剤を使用していたことが推察される．カンボジア住民の母乳はDDTs濃度が最も高く，ほかのPOPsより1桁高い値で検出された．そのDDTs濃度は，ベトナム住民の平均値より低値であったが，ほかのアジア途上国および先進国の日本より高い値を示した．カンボジアでは魚類の寄生虫駆除にDDTが使用されており，魚介類の汚染実態調査でも有意なDDTs濃度が検出されている．カンボジア住民のDDTs母乳レベルは，公衆衛生目的で使用されたDDTの曝露に加え，魚介類からの取り込みも考えられる．

ベトナム住民の母乳はDDTs汚染が進行しており，日本やほかのアジア途上国と比較すると明らかに高いレベルが見られ，マラリア対策など公衆衛生を目的とした使用がその主な原因と考えられる．またベトナムでは，日本人より低値ではあるが，PCBs濃度もほかのアジア途上国に比べると高い値で検出された．汚染源は不明であるが，ベトナム戦争当時旧ソ連や欧米から

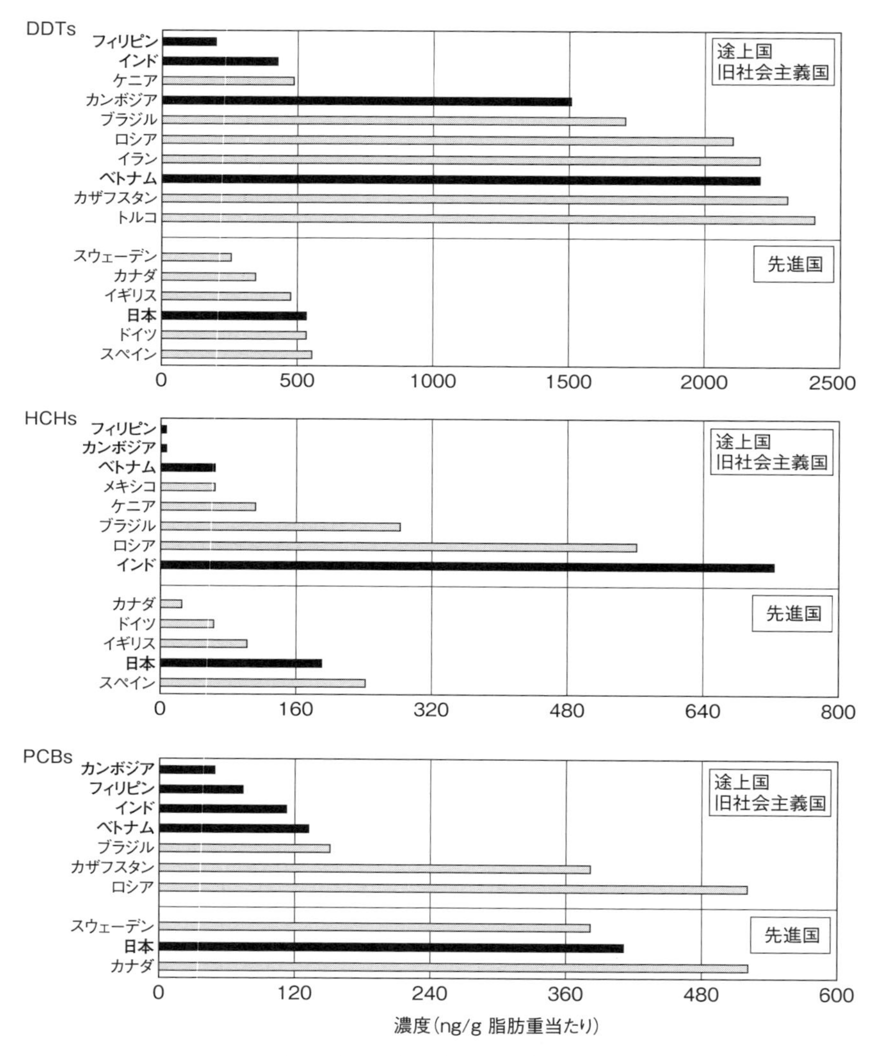

図 8.8 アジアの途上国住民とほかの途上国および先進国住民の母乳中 POPs 濃度の比較（黒棒は筆者らの分析結果，白棒は Tanabe and Kunisue, 2007 より）

持ち込まれた兵器，軍用機，戦闘車両，電気機器などに使用された PCBs の漏出が疑われる．フィリピン住民の母乳の POPs 残留レベルは全体的に低値であったが，DDTs 濃度は相対的に高く，ついで PCBs，CHLs，HCHs，

HCBの順で検出された．1970年代以降フィリピン政府は，DDTやHCH等有機塩素系農薬の生産，使用，輸入，販売を厳しく規制したため，母乳の濃度は低値を示したと考えられる．

先進国と第三世界の母乳汚染を比較すると，殺虫剤のDDTsやHCHsによる汚染は明らかに途上国や旧社会主義国住民の濃度が高く，PCBsは先進国住民の汚染が顕在化しているが，旧社会主義国の一部で先進国に匹敵するPCBs汚染が認められることは興味深い（図8.8）．

アジア地域の母乳汚染パターンは，先に示した二枚貝イガイの汚染分布（図8.6，図8.7）と類似しており，生産・利用・流通・廃棄等をふまえた包括的なPOPs汚染防止対策が望まれる．とりわけDDT等の農薬は，魚介類の摂食や衛生害虫駆除目的の散布がヒト曝露の主体と考えられ，これらを踏まえた行政指導が必要であろう．

母乳のPOPs濃度は，母親の年齢，出産回数，授乳期間，栄養状態など，様々な要因によって変動する．アジア途上国の住民について，母乳のPOPs濃度と母親の出産経験の関係を調べたところ，出産回数が多い母親の母乳ほど汚染レベルは低い傾向が見られた．脂溶性が高いPOPsは，脂肪組織から母乳の脂肪へ移行して体外へ排泄され体内濃度が低下するため，出産を重ねる度に母乳の汚染レベルは減少していくものと考えられる．

このことは，母乳を介した第1子への汚染物質の移行量は，第2子以降より相対的に多いことを意味している．先進国では女性の出産率が低下し，日本の場合2015年現在平均1.45人でしかも高齢出産の傾向にある．したがって先進国では第1子の相対割合が増加することになり，POPsによる乳児の汚染は相対的に高くなると予想される．このことは乳幼児の健康や知能の発達にかかわる可能性があり，こうした観点での汚染対策も今後検討する必要がある．

8.6　今後の課題

POPs廃絶に向けた国際社会の取り組みが開始されて10年以上が経過したが，本章で紹介した地球規模でのPOPs汚染の動向を鑑みれば，問題の終息にはほど遠く，様々な課題が残されていることがわかる．とくに極域や外洋などPOPsのたまり場となるような遠隔地では，今後も汚染が進行し長期化する可能性もあることから，継続的なモニタリングによりその動向を監視する必要がある．近年の数理モデルの発達により，PCBsの地球規模でのゆくえについて，定量的で精緻な予測も得られつつあるが，それらを検証するための実測データは（とくに深海を含む外洋環境においては）依然として断片的であることから，今後の観測網の拡充，とくに国際的な監視ネットワークの構築が課題と思われる．

また，野生の高等動物には，ヒトでは見られない特異な汚染や生理機能があり，このことはヒト中心の環境観では生態系は守れないことを教えている．「野生生物で見られる汚染と影響はヒトへの警鐘である」，すなわち化学物質のリスクから生態系を守ることはヒトに対する安全性の確保にもつながるという基本理念を育て，生態系本位の環境観を社会に定着させることも今後の大きな課題であろう．将来ヒトの健康に影響をおよぼす可能性がある問題として，海洋生物の汚染や異常を考える必要がある．

加えて，有機臭素系難燃剤など新たなPOPsや候補物質が登場し，生態系汚染の進行も指摘されている（田辺・磯部，2014）．よって，POPs全体の問題として，今後さらに事態は複雑化，深刻化することも考えられる．問題の解決に向けて，POPs条約を適正に履行するとともに，POPsやその候補物質の生産・利用・流通・廃棄について，より総合的かつ予防的な観点から，化学物質管理のあり方を見直すとともに，新たな汚染監視・防御システムの開発・構築にも取り組む必要がある．

また，今後とくに配慮・監視が必要な対象として，新興国・途上国等におけるPOPs汚染の進行がある．熱帯・亜熱帯におけるPOPsの利用・廃棄に伴う環境負荷の増大は，地球規模での汚染拡大を招くことから，地球環境問題の重要課題と位置付けて取り組む必要がある．途上国等のPOPs問題を解決するには，先進国の国際協力や支援が不可欠であり，アジア地域において日本の国際貢献が問われることはいうまでもない．国際的な資源・物質循環や化学物質管理の適正化に向け，産官学民の連携と協力体制の構築が必要である．

引用・参考文献

磯部友彦・国末達也・田辺信介（2009）アジア太平洋地域の化学汚染．鈴木聡編著『分子でよむ化学汚染』東海大学出版会，2-37.

田辺信介（2016）生態系高次生物の POPs 汚染と曝露リスクを地球的視座からみる．日本生態学会誌，66: 37-49.

田辺信介・磯部友彦（2014）有基臭素系難燃剤によるアジア-太平洋地域の汚染．地球環境，19: 125-134.

田辺信介・立川 涼（1981）沿岸域および河口域における人工有機化合物の動態．沿岸海洋研究ノート，19: 9-19.

Ayotte, P. D., E. Dewailly J. J. Ryan, S. Bruneau and G. Lebel（1997）PCBs and dioxin-like compounds in plasma of adult inuit living in Nunavik（Arctic Quebec）, Chemosphere, 34: 1459-1468.

Colborn, T. and M. J. Smolen（1996）Epidemiological analysis of persistent organochlorine contaminants in cetaceans, Rev. Environ. Contam. Toxicol., 146: 91-172.

Iwata, H., S. Tanabe, N. Sakai and R. Tatsukawa（1993）Distribution of persistent organochlorines in the oceanic air and surface seawater and role of the ocean on their global transport and fate, Environ. Sci. and Technol., 27: 1080-1098.

Nakata, H., A. Sakakibara, M. Kanoh, S. Kudo, H. Watanabe, N. Nagai, N. Miyazaki, Y. Asano, and S. Tanabe（2002）Evaluation of mitogen-induced responses in marine mammal and human lymphocytes by *in-vitro* exposure of butyltins and non-ortho coplanar PCBs, Environ. Pollut., 120: 245-253.

O'Shea, T. J. and S. Tanabe（1999）Persistent ocean contaminants and marine mammals: a retrospecitive overview, In T. J. O'Shea, R. R. Reeves and A. K. Long eds., "Proceedings of the Marine Mammal Commission Workshop: Marine Mammals and Persistent Ocean Contaminants", 87-92.

Prudente, M., S. Tanabe, M. Watanabe, A. Subramanian, N. Miyazaki, P. Suarez and R. Tatsukawa（1997）Organochlorine contamination in some odontoceti species from the North Pacific and Indian Ocean, Mar. Environ. Res., 44: 415-427.

Simmonds, M.（1991）Marine mammal epizootics worldwide, In P. X. Simmonds ed., "Greenpeace International Mediterranean Sea Project", Madrid, Spain, 9-19.

Sladen, W. J., C. M. Menzie and W. L. Reichel（1966）DDT residues in Adelie penguins and a crabeater seal from Antarctica, Nature, 210: 670-673.

Subramanian, A., S. Tanabe, R. Tatsukawa, S. Saito and N. Miyazaki（1987）Reduction in the testosterone levels by PCBs and DDE in Dall's Porpoise of northwestern North Pacific. Mar. Pollut. Bull., 18: 643-649.

Tanabe, S. (1999) Butyltin contamination in marine mammals—a review. Mar. Pollut. Bull., 39: 62-72.

Tanabe, S., R. Tatsukawa, H. Tanaka, K. Maruyama, N. Miyazalki and T. Fujiyama (1981) Distribution and total burdens of chlorinated hydrocarbons in bodies of striped dolphins (*Stenella coeruleoalba*), Agricul. and Biol. Chem., 45: 2569-2578.

Tanabe, S., H. Tanaka and R. Tatsukawa (1984) Polychlorinated biphenyls, DDT, and hexachlorocyclohexane isomers in the western North Pacific ecosystem. Arch. of Environ. Contam. and Toxicol., 13: 731-738.

Tanabe, S., S. Watanabe, H. Kan and R. Tatsukawa (1986) Capacity and mode of PCB metabolism in small cetaceans. Mar. Mammal Sci, 4: 103-124.

Tanabe, S., S. Sung, D. Sakashita, H. Iwata and R. Tatsukawa (1991) Fate of HCH (BHC) in tropical paddy field: application test in South India, Int. J. of Environ. Anal. Chem., 45: 45-53.

Tanabe, S., H. Iwata and R. Tatsukawa (1994a) Global contamination by persistent organochlorines and their ecotoxicological impact on marine mammals. Sci. Total Environ., 154: 163-177.

Tanabe, S., J. K. Sung, D. Y. Choi, N. Baba, M. Kiyota, K. Yoshida and R. Tatsukawa (1994b) Persistent organochlorine residues in northern fur seal from the Pacific coast of Japan since 1971, Environ. Pollut., 85: 305-314.

Tanabe, S. and A. Subramanian (2006) Bioindicators of POPs-Monitoring in Developing Countries, Kyoto University Press and Trans Pacific Press, Kyoto, Japan, 190 pp.

Tanabe, S. and T. Kunisue (2007) Persistent organic pollutants in human breast milk from Asian countries. Environ. Pollut., 146: 400-413.

Tanabe, S. and K. Ramu (2012) Monitoring temporal and spatial trends of legacy and emerging contaminants in marine environment: results from the environmental specimen bank (*es*-BANK) of Ehime University, Japan. Mar. Pollut. Bull., 64: 1459-1474.

Wania, F. and D. Mackay (1993) Global fractionation and cold condensation of low volatility organochlorine compounds in polar regions, Ambio, 22: 10-18.

第 III 部

かかわりをデザインする

9

田園回帰と農山村再生
——都市と農村の関係を変える

小田切徳美

2014年5月に，民間シンクタンクの日本創成会議はその人口減少問題検討会分科会によるレポート「成長を続ける21世紀のために『ストップ少子化・地方元気戦略』」を公表した（いわゆる「増田レポート」．その代表者を元岩手県知事・元総務相の増田寛也氏が務めていた）．そこでは，進みつつある東京一極集中がさらなる少子化を導き，それが国全体の人口減少と関連していることが論じられた．そして，そこから脱するための多面的な戦略が提起された．

しかし，世間で注目されたのは，その戦略ではなく，むしろ衝撃的な人口推計であった．市町村別の若年女性（20-39歳）の2040年人口を独自の方法で推計し，2010年と比較して半減以上する市町村が過半の896団体あるとした．そして，このような「若年女性が高い割合で流出し急激に減少するような地域では，いくら出生率が上がっても将来的には消滅するおそれが高い」と論じたのである．そのため，このレポートは後に「地方消滅論」と呼ばれることとなる．

それから約1年後の2015年6月に公表された食料・農業・農村白書（2014年度版）は，日本創成会議のレポートに呼応するように，「人口減少社会における農村の活性化」という特集を設定した．しかし，「地方消滅論」とは異なり，いち早く「田園回帰」という言葉を使って，都市部から農村への移住傾向を次のように指摘している．

> このような中，都市に住む若者を中心に，農村への関心を高め新たな生活スタイルを求めて都市と農村を人々が行き交う『田園回帰』の動きや，定年退職を契機とした農村への定住志向がみられるようになってきています．

表 9.1 農山漁村に対する定住の願望をもつ人の割合（内閣府世論調査，2005–2014 年）

（単位：%）

	男性			女性		
	2005 年	2014 年	差	2005 年	2014 年	差
20 歳代	34.6	47.4	12.8	25.5	29.7	4.2
30 歳代	17.1	34.8	17.7	16.9	31.0	14.1
40 歳代	18.3	39.0	20.7	14.1	31.2	17.1
50 歳代	38.2	40.7	2.5	20.7	27.0	6.3
60 歳代	25.0	37.8	12.8	14.6	28.8	14.2
70 歳以上	18.8	28.3	9.5	9.5	17.3	7.8
合計	25.7	36.8	11.1	16.3	26.7	10.4

注：1）内閣府「都市と農山漁村の共生・対流に関する世論調査」（2005 年実施）および同「農山漁村に関する世論調査」（2014 年実施）より作成.
2）いずれも，「あなたは，農山漁村地域に定住してみたいという願望がありますか」という問に対して，「ある」，「どちらかというとある」という回答の合計の構成比.
3）調査対象者数は，2005 年調査では男性 452 名，女性 523 名．2014 年調査では男性 555 名，女性 592 名.

食料・農業・農村白書は，閣議決定される政策文書であり，その位置づけは重たい．それは，政府として，「田園回帰」という動向を正式に認めたことを意味しており，この年（2015 年）が後世に「田園回帰元年」と呼ばれたとしてもおかしくはないであろう．また，「地方消滅論」に対して，農政サイドからの批判という意味合いも注目される.

そして，その白書の根拠とされたのが，2014 年 6 月に実施された内閣府世論調査（「農山漁村に関する世論調査」）であった．それを改めて詳しく見てみよう.

この世論調査の質問文は，「あなたは，農山漁村地域に定住してみたいという願望がありますか」というもので（対象は都市住民に限定），同じ調査が 2005 年にも行われており，その比較が可能である．その両年について，「願望がある」（「どちかというと」を含む）という数値を性別年齢別に見ると（表 9.1），なによりも，2014 年の男子 20 歳代の 47.4% という大きな数値が注目される．この世代の男性は半分近くのものが移住願望をもっているのである．しかし，それ以上に注目されるのは，男女を問わず，壮年層（30 歳代，40 歳代）で高い伸びを示している点である．この世代は多くがファミリー層であり，なかには子世代がいる世帯も少なくないであろう．こうした世代での変化がとくに大きいのである．

この結果，2005 年の調査と比較して世代差が縮まり，70 歳以上を除き，20 歳代から 60 歳代までの世代の移住願望割合がフラット化（各世代で一定の割合の移住願望がある）している傾向が見られる（とくに女性で明瞭）．つまり，移住願望は，若者や団塊の世代の「専売特許」ではなくなっている点が特徴といえそうである．

都市住民のほとんどの年齢階層において約 3 割またはそれ以上が将来の移住を願望する状況は，「国民的田園回帰の時代」といえはしないだろうか．このことが，移住先の農山村（ここでは漁村を含む）や都市を含む日本社会全体にいかなる意味をもつのか，さらに国民はそれをどのように受け止めるべきか，本章で考察してみたい．

9.1　地方移住者の実態——その量と質の変化

(1) 量的動向

田園回帰の傾向をデータに基づき先駆的に明らかにしたのが，地域経済学研究者の藤山浩氏である（藤山，2014；後に藤山，2015）．氏は独自の計数整理を行い，島根県内中山間地域の基礎的な 218 の生活圏単位（公民館や小学校区等）の人口動向（住民基本台帳ベース）を解析した．その結果，2008-2013 年の 5 年間に，全生活圏単位の 3 分の 1 を超える 73 のエリアで，4 歳以下の子どもの数が増えていることを明らかにしている．幼少人口の増加は，当然のことながら，その親世代の増加に伴うものであり，そこに若い世代を中心とした農山村移住の増大を確認することができる．

ところが，島根県で析出されたこの動きが全国的にも見られるものなのか，そしてそこにはどのような傾向があるのかなどを明らかにする公刊資料はない．いわゆる「地方創生」（2014 年 11 月に地方創生法（まち・ひと・しごと創生法）制定）以降，都市住民も移住・定住の促進が政府の重要施策となっているなかでも，こうした全国調査はいまだに行われていない．

そこで，筆者の研究室（明治大学農学部地域ガバナンス研究室）では，NHK，毎日新聞と共同で全国の移住者調査を行った（小田切ほか，2016）．

表 9.2 移住者数の推移（全国）

年度		2009	2010	2011	2012	2013	2014
移住者総数（人）		2864	3877	5176	6077	8181	11735
増減	増加数	—	1013	1299	901	2104	3554
	増加率	—	35.4%	33.5%	17.4%	34.6%	43.4%

注：1）NHK・毎日新聞・明治大学合同調査（2015年12月実施）による．
2）調査方法等の詳細は小田切ら（2016）を参照のこと．

いまから見るとやや古い数字となるが，代替するものがないためこれを利用してみたい．

しかし，実は「移住者」の定義は意外と難しい．なにも制限を付けないと，自治体の「移住者」認識の違いから，地域差を含む正確な全体像を把握できない可能性がある．そこで，各地で使われている基準の共通項を得るため，最も厳しい定義を採用した．具体的には，①他県から転入した人，②移住相談の窓口や支援策を利用した人という2つの条件を付して調査している．これらを満たさない「移住者」も多数存在することは容易に予想され（たとえば県庁所在地から県境の町村への移住等），ここでの数値は，狭義のそれであるといえよう．人口が集中する東京都と大阪府を除き，市町村の情報を把握している鳥取や島根，高知などの17県については，調査の重複を避けるためその数値を利用し，残りの28道府県（調査対象から東京都と大阪府は除いた）の市町村には直接聞き取りをした．

その結果を見ると（表9.2），移住者数は2014年度には全国で1万1735人を数え，前年比，43%増，また2009年からの5年間では約4.1倍である．移住者実数もさることながら，この増大のスピードが注目される．

同時に確認できるのは，移住者の増加が2011年の東日本大震災以前から見られることである．田園回帰傾向は，しばしば東日本大震災時の福島第1原発事故による放射線汚染からの避難によるものであるとされるが，そうではなく，比較的長期にわたる傾向として捉えてよいことが確認される．

なお，この調査から，移住者は量的に全国に満遍なく分布しているのではなく，大きな偏りがあることもわかった．それを見たのが表9.3である．2014年度では，上位5県（岡山，鳥取，長野，島根，岐阜）で48%の移住者を集めており，それは，2009年度以降，大きな変化はない．つまり，田

表 9.3　移住者数が多い都道府県

合計人数（人）		2009 年度	2010 年度	2011 年度	2012 年度	2013 年度	2014 年度
		2864	3877	5176	6077	8181	11735
順位	①	島根	鳥取	島根	鳥取	鳥取	岡山
	②	鳥取	島根	鳥取	島根	岡山	鳥取
	③	長野	長野	長野	鹿児島	岐阜	長野
	④	北海道	富山	北海道	岐阜	島根	島根
	⑤	福井	北海道	岐阜	長野	長野	岐阜
上位 5 県のシェア		49.4	51.5	43.8	41.9	41.0	47.6

注：NHK・毎日新聞・明治大学共同調査（2015 年 12 月実施）による.

園回帰傾向には，地域的に大きな偏在がある点が特徴といえる．これが，どのような意味をもっているのかについては後述したい.

(2) 質的特徴

地方移住には，こうした量的変化と同時に質的な変化も見られる．移住者の多さが注目される中国地方の実態からそれをまとめてみよう.

第 1 に，世代別に見れば 20–30 歳代の移住者が目立っている．たとえば，鳥取県のデータ（鳥取県地域振興部とっとり暮らし支援課資料．県外から県内市町村へ移住を対象）によれば，2016 年度に移住した 1404 世帯のうち，世帯主年齢が 39 歳以下の世帯が全体の 70% を占めている．他方で，「団塊の世代」を含む 60 歳代以上は 10% に過ぎない．したがって，この間の動きは，期待されていた「団塊の世代」の退職に伴う地方移住が主導した傾向とはいえず，若い世代の移住が特徴となっている.

第 2 に，性別では，女性比率が確実に増えている．この点のデータはないが，実態調査によれば，単身の女性の移住が増えていることに加え，夫婦や家族での移住も増大していることから，そのことが予想される．このことは，従来の若者移住者は圧倒的に単身の男性であったことを考えると，大きな変化であろう．移住の候補者となっている地域おこし協力隊の性別構成を見ると，女性比率は 38%（2016 年 12 月末，総務省調査）となっており，移住者全体でも概ねこのような割合になっていることが推測される.

以上の 2 点から，田園回帰の現実的なメインプレイヤーとして，青壮年女

表 9.4　形態別の移住動向（鳥取県）　（単位：世帯）

年度	2012	2013	2014	2015	2016	2016／2012
Iターン	233	266	325	563	694	3.0 倍
Uターン	201	354	478	675	640	3.2 倍
移住世帯数計	434	620	803	1238	1334	3.1 倍

注：1）鳥取県「鳥取県への移住状況について」（各年版）より作成.
2）世帯計からは「区分不明」は除いている.

性が浮かび上がる．実際，先に名をあげた藤山浩氏を中心とする持続可能な地域社会総合研究所は，その後の研究で，2015 年の国勢調査では，全国の過疎市町村（797 市町村）の 41.0%（327 市町村）で，30 歳代女性のコーホート別増減率（2010 年の 25-34 歳人口に対する 2015 年 30-34 歳人口の増減率）がプラスとなっていることを明らかにした（持続可能な地域社会総合研究所，2017）．この世代の女性を中心とした田園回帰の続伸と広がりが確認できるのである．

これは次の点で重要である．本章の冒頭で触れた「増田レポート」は，20-39 歳女性の大幅な減少という推計結果から，個別の市町村単位の「地方消滅」を論じた．ところが，実はこの階層にこそ変化が見られる．「増田レポート」における推計は 2010 年の統計数値をベースとするものであるが，それ以降，とくに活発化した動きを見逃していたのである．

そして，第 3 に，移住者というと，いわゆる「Iターン」を思い浮かべがちであるが，Uターンの増加も目立っていることも指摘しておこう．先の鳥取県のデータからその内訳を見れば（表 9.4），最新の 2016 年度では，やはりIターンがUターンを上回っている．しかし，2012 年度からの変化を見れば，両者の伸び率の大きな差はなく，両者とも約 3 倍になっている．現地でのヒヤリングによれば，この両者には関係があり，Iターンが増加する地域ではUターンも増えるという傾向が見られる．これは，Iターン者（家族）からの SNS 等を通じた情報発信が地元出身者を刺激する関係にあるからであるという．この点も各地の移住対策に重要な示唆を与えている．それは，Iターン者をメインとする移住促進の取り組みには，地域内から「よそ者偏重」という批判がしばしば見られるからである．しかし，現実には，Iターン者だけにとどまらない効果が生み出されつつある．

そして，第4に，気になる移住者の職業であるが，そこにも新しい傾向が見られる．従来から続く，専業的農業を目指す動き（新規就農）や近隣の都市部に通勤して，IT 産業やサービス業などにフルタイムで就業するパターンも確かにある．そして，それに加えて，小規模な起業にパート就業や農業など，複数の稼得機会を組み合わせるような暮らし方も生まれている．具体的には，夫婦のケースでは，300 万円の年収を目標として，年間60 万円の仕事を5つ集めて暮らすという姿である．最近では，このような稼得のパターンは「ナリワイ」と呼ばれ，それは，「大掛かりな仕掛けを使わずに，生活の中から仕事を生み出し，仕事の中から生活を充実させる．そんな仕事をいくつも創って組み合わせていく」（伊藤，2012，p. 27）と表現される都市と農村に共通する若者のライフスタイルである．もちろん，すべての移住者がそれを求めているものではないだろうが，多様化のなかでこのような動きも生まれているのである．

以上のように，地方移住は量的に増えただけではなく，質的にいくつかの変化を随伴している．それは，一言でいえば，移住者の多様化のなかで生まれてきた特徴であろう．女性が増えてきたことはその表れであるが，多様な移住動機があり，多彩な職業選択もなされている．つまり，ライフスタイルの多様化がこのような動きの背景ないしは動因として位置づいているのである．そして，先に見た，移住願望をめぐる世代の「フラット化」は，こうした多様化が壮年層や中年層にまで広がった結果と解釈することができるのではないか．

9.2　田園回帰の見方――その重層構造

(1) 地域づくり論的田園回帰

本章で強調したいことは，「田園回帰」は前節で見たような人の動きにとどまらないということでもある．「移住」ではなく，あえて「田園回帰」としているのもそのことを意識している．この点について，以前，筆者は「この田園回帰とは，必ずしも，農山村移住という行動だけを指す狭い概念ではない．むしろ，農山村（漁村を含む）に対して，国民が多様な関心を深めて

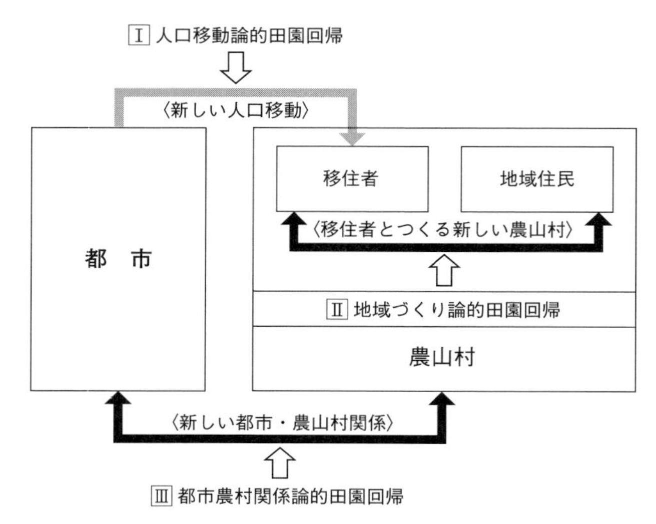

図 9.1　3つの「田園回帰」（概念図）

いくプロセスを指している」（小田切，2014，p. 176）と指摘した．この広い概念を具体化することが必要であろう．

そこで，筆者を含めた共同研究（小田切・筒井編，2016）により作成したのが図 9.1 である．これは，「田園回帰」を重層的な概念として，具体化し，さらに図式化したものであり，以下の 3 つの「田園回帰」が表現されている．

①人口移動論的田園回帰

②地域づくり論的田園回帰

③都市農村関係論的田園回帰

このうち，①がいままでに見た「移住」であり，それは狭義の田園回帰といえよう．そして，②と③はより広義の概念である．それぞれを説明しよう．

②の地域づくり論的田園回帰は，移住者が地域の人々とともに新しい農山村をつくりあげるという意味での「田園回帰」である．

ひとつの事例をあげよう．愛知県東栄町は，いわゆる「奥三河」といわれる県境の過疎山村である．過疎地域では珍しくはないが 1965 年から 2015 年までの 50 年間で人口は 63% もの減少が見られる（9519 人→ 3446 人）．しかし，2015 年の国勢調査結果を年齢別に見れば，30 歳代女性のコーホート別増減率（2010 年との比較）が 23.2% 増となり，全国の過疎地域のなかでその値は18位の高さを示している（持続可能な地域社会研究所，2017）．同様の傾向が見られる隣接する豊根村（17.9%，26位）とともに，はっきりとした「田園回帰ホットスポット」を形成している．

そこで，その地域で聞き取りをすれば，この地を移住先として選んだ要因として，複数の移住者が，2つの要素をあげている．ひとつは，地域の伝統行事である「花祭り」（町内11の集落の神社で行われる奇祭．国の伝統文化財に指定）とそれを守ってきた地域の魅力である．もうひとつは，町内に居住する「人」の魅力が指摘されている．その意味は多面的であり，1）祭りを守る集落住民，2）先輩移住者，3）役場で移住者をワンストップ的にお世話する地域支援課の職員，を指している

このように引き寄せられて来た移住者のなかには，体験型ゲストハウス（後述），ダイニング（食堂＋居酒屋），ビューティツーリズム（地域資源を素材とする手作り化粧品（ファンデーション）づくり体験を軸とする交流活動），地域支援NPOなどの設立が相次ぎ，従来からの住民を巻き込んだ賑わいが生まれ始めている．全体としては，人口減少は引き続いているが，そのなかで，様々な「人材」が集まり，それがネットワークを形成している状況は「賑やかな過疎」（この言葉は，テレビ金沢による秀逸なドキュメンタリー（2013年5月放映）のタイトルからの借用）と表現したくなる状況を生み出している．田園回帰は単なる移住ではなく，それが地域社会のありようと相互規定関係にあることを示す地域づくり論的田園回帰の状況がここには発現している．

それは，別の言葉でいえば，「地域づくりなくして移住者なし．移住者なくして地域づくりなし」という関係である．とくに，この前者の関係については，移住先発地域の和歌山県那智勝浦町色川地区（約40年前より移住が始まり，現在では地区内の45%の人々が移住者となっている地域）で明瞭に見ることができる．自らも移住者である同地区の地域リーダーの原和男氏は，同地区の地域と移住者の状況をリアルに紹介した論考で，「人の思い・人のエネルギー・地域の雰囲気とでも言おうか．人が化学反応を起こすわけだ．山里の空間や地元の人が持っている魅力とそれに惹かれてやってきた人たちのさまざまな色のエネルギーがまた新たな魅力となって人を呼ぶ」（原，2016，p.54）と指摘し，さらに「若者が本当にその地域を好きになったら，

仕事は自分でも探したり，つくり出したりする．その地域にとって，まずは，地域を磨き，いかに魅力的にするかが重要だ」（同氏の講演会での発言）という．

これは，「地域づくりなくして移住者なし」の論理を現場視点で端的に表現した言葉ではないだろうか．このことは，表9.3で見た地方移住者数に大きな地域差があることと強く関連している．このような地域差を移住者に対する呼び込み施策の差違，とくに保育料や医療費，あるいは起業資金支援などの金銭的メリット措置の差異として，説明されることもある．ところが，そのような条件に多くが平準化していくものであり，それでは説得的ではない．むしろ，原氏が上記の文章・発言で再三指定している「地域の魅力」の大きさやそれを的確に移住候補者に届けることができたのか否かに起因していると考える方がわかりやすい．つまり，魅力的な地域に移住者が集まり，それが地域差として表れている可能性が強い．

そして，ここから現在の移住政策への重要な示唆を得ることができる．それは，地元自治体が，移住者を呼び込むために，金銭的メリットばかりを重視する発想についても見直しの必要性があるということである．ここで紹介した東栄町や那智勝浦町のように，移住者はむしろ各地の地域づくりの内容やそれを支える地域住民の思いに対して，共感をもち，選択して参入することも少なくない．このように，移住者を引きつける引力が実は地域の魅力そのものであるとすれば，支援施策の厚みを競うのではなく，魅力づくりを着実に進めることが欠かせない．

そうであれば，田園回帰の時代に農山漁村の自治体に求められることは，それぞれの地域の資源を活かし，地域を一層魅力化し，そこに住む人々が輝くことであろう．それは，地方創生による地方版総合戦略の斬新さが競われているなかで，むしろ地道な「地域づくり」，別の言葉でいえば「地域みがき」への原点回帰といえる．そうして移住した人々には，「ヨソモノ」として，地域やその地域資源にいままでとは異なる視覚から光をあて，その地域に一層のみがきをかけることが期待される．

つまり，地域みがき（地域づくり）が農山村移住を促進し，農山村移住が地域みがきを支えるという「地域づくりと田園回帰の好循環構造」の構築が求められており，それこそが地域づくり論的田園回帰が意味することである．

(2) 都市農村関係論的田園回帰

次に，③の「都市農村関係論的田園回帰」について見てみよう．

②の移住者と地域づくりの相互規定関係により，みがかれた農山村は，さらに都市との共生に向けて動きだしている．これは「都市なくして農山村なし．農山村なくして都市なし」という関係の自覚であり，相互の共生関係への接近である．

このような共生関係の構築は，古くから識者によりその必要性が唱えられ，国レベルの政策のスローガンにもなっていた．しかし，最近では，むしろ地域自身がその実現のために動き出している．とくに注目すべきは，都市と農村のつなぎ役として，移住者がその役割を果たすことが少なくない点である．都市生活と農村生活の両者を経験した彼らは，都市と農村のボーダーを意識することなく動き，両者をつなぐ人材として活躍し始めている．

たとえば，先にも紹介した愛知県東栄町では，金城愛氏が，地域おこし協力隊を経て体験型ゲストハウスを立ち上げた．そこでは，「奥三河で暮らすように遊ぶ」をテーマにして，都市から来るゲストと一緒に調理や寝泊まりするシステムで，古民家を借り上げ，宿泊施設を運営している．地域に関心がある都市の人々を集めると同時に，町内の様々な人々を，ゲストハウスでその宿泊客に会わせるような役割も果たしている．そこは，あたかも地域の「玄関」であり「縁側」である．移住者ならではの発想と行動力であろう．

また，同町で 2017 年 4 月に新たに設立された東栄町観光まちづくり協会では，やはり地域おこし協力隊経由で定住した大岡千紘氏がその中心的役割を果たしている．先にも触れたビューティツーリズムを中心に運営し，名古屋等の都市部から多くの女性を集めている．

ここでは，女性ばかりを紹介したが，それは偶然ではない可能性がある．たとえば，「移住女子」のシンポジウム（全国町村会等主催「移住女子が拓く都市・農村共生社会」，2017 年 2 月 25 日，東京で開催）に登壇した女性たちは，「外の人と内の人の心をつなげる」（福島県天栄村・義元みか氏），「地方と都市をつなぐ人になる」（長野県飯島町・木村彩香氏），「都会と田舎を上手につなぐキューピッドになる」（島根県奥出雲町・三成由美氏）と，異口同音に自らの役割を「つなぐ」ことにあるとしていた．

それは，彼女らがそこに住むことだけを目的としているのではなく，また

表 9.5　3つの「田園回帰」をめぐる諸要素

3つの田園回帰	視点	移住者の主な役割	「田園回帰」の定義	
①人口移動論的田園回帰	人	移住者（そのもの）	狭義	広義
②地域づくり論的田園回帰	地域	地域サポート人（協働者）		
③都市農村関係論的田園回帰	国土	ソーシャル・イノベーター		

その地域の地域づくりにかかわることだけを目標とせず，さらに一段と高い，地方部と都市部の連携の実現を自らのミッションとすることを意味している．こうした活動に取り組んでいるのは，必ずしも女性ばかりではないが，しかし，女性が目立っていることも確かである．性別の特性の認識は慎重であるべきだが，地域をつなぐという役割はとくに女性が活躍できる分野なのかもしれない．

いずれにしても，彼らは国土形成や国民経済における都市と農村の関係自体を変革（イノベーション）しようという高い志をもっており，しかも地域で地道な活動を続けている．そうした人々を「ソーシャル・イノベーター」と呼んでみたい．

以上の考察から明らかであるように，田園回帰とは奥行きがある概念として理解すべきものであろう．それを表9.5にまとめたが，「人」（①人口移動論的田園回帰），「地域」（②地域づくり論的田園回帰），「国土」（③都市農村関係論的田園回帰）を対象とする重層的な概念として理解できる．

そして，それぞれの担い手は，「移住者」（①），地域の再生にかかわる「地域サポート人」（②），都市と農村の関係を変える「ソーシャル・イノベーター」（③）であった．それは，移住者が人材として成長するプロセスでもある．つまり，「自身」→「地域」→「国土」という，彼らの関心の広がりと深まりを反映しているのであろう．

9.3　関係人口と田園回帰

このように田園回帰の議論と実践の射程は都市と農村の関係を変えるというレベルまで広がっている．しかし，それをリアルに捉えるためには，いままで見てきたような移住者という限定された視野ではなく，より幅広い動き

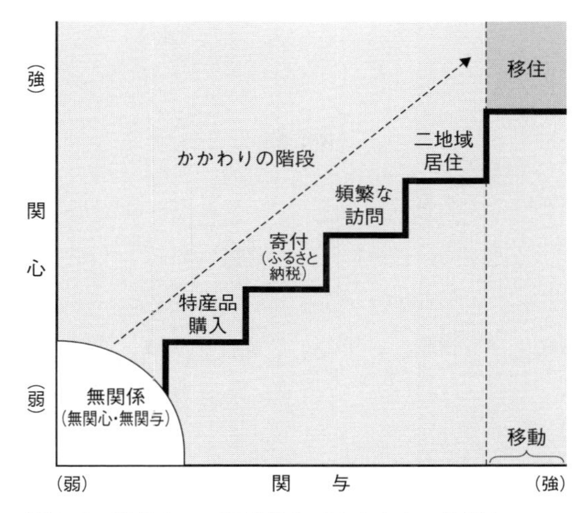

図 9.2　関係人口の図式化と「かかわりの階段」

を捉える必要に迫られる．その際に有効性をもつのが，近年しばしば話題になる「関係人口」という概念である．本章の最後に，その議論の意味と意義を田園回帰との関連を含めて論じておきたい．

この関係人口とは，最近はマスコミでも紹介される言葉である．この提唱者のひとりである指出一正氏（雑誌『ソトコト』編集長）は，「関係人口とは，言葉のとおり『地域に関わってくれる人口』のこと．自分のお気に入りの地域に週末ごとに通ってくれたり，頻繁に通わなくても何らかの形でその地域を応援してくれるような人たちである」（指出，2017，p. 219）とし，農山村などに関心を持ち，何らかのかかわりをもつ人々すべてを関係人口と呼んでいる．そして，若者を中心に，こうした人々が増えていることを指摘しながら，そこに地方部，とくに農村部の展望があるとしている．

人々の地域に対する行動のこのような幅広い捉え方は，いままで見えなかったことを可視化する．第1に，頻繁に地域に通う人もいれば，地域にはアクセスしないものの，思いを深める者もいるというように，人々の地域へのかかわり方には大きな多様性があることが明らかになる．ともすれば移住者の動きやその数ばかりが話題となる中で，人の地域へのかかわり方は多彩であることが現代的特徴であろう．

このことを，図 9.2 により表現した．これは，関係人口の「関係」を，

「関心」と「関与」に分け，人々の行動の図式化を試みたものである．関係人口とは，この図では「移住」と「無関係」を除く，すべての領域（グレーで表現）を指している．先の多様性とは，この領域の広さを指している．

第2には，多様性な存在のなかには，あたかも階段のように（これを「かかわりの階段」と呼ぶ），農村へのかかわりを深めるプロセスが見られる．たとえば，ちょっとしたきっかけで訪れた農山村に対して，①地域の特産品購入，②地域への寄付（ふるさと納税等），③頻繁な訪問（リピーター），④地域でのボランティア活動，⑤準定住（年間のうち一定期間住む，二地域居住）という流れができ，最終的にはそれにより移住に至る人がいる．このプロセスは一事例を大雑把に表現したものであり，現実にはもっと複雑なもの（紆余曲折を含む）であろう．先の図9.2には，この段階的なプロセス（かかわりの階段）も示している．原点周辺の「無関心・無関与」（無関係人口）と移住までには距離がある．また，このように図示することによりいままでの移住議論や政策には，必ずしもこうしたプロセスを意識していない場合が多いことがわかる．そして，あるべき移住促進政策とは，それぞれの段階からステップアップすることを丁寧にサポートすることと認識できよう．

そのように理解すると，第3に，本章で見た田園回帰はこの関係人口の厚みと広がりのうえに生まれた現象であると理解することができる．つまり，若者をはじめとする多彩な農村へのかかわりが存在し，そのひとつの形として移住者が生まれている．逆にいえば，この裾野の広がりがなければ，地方移住はいまほど活発化していないであろう．今後，移住者を増やすためにも，人々が多様な形の関係人口となる機会を増やす必要がある．この点については，次のことも指摘しておこう．地方移住をめぐっては，潜在的な移住希望者は限られており，そのため，地域間で実は争奪戦が行われているという批判もある．先に触れた，移住者に対する金銭的メリットの措置が拡大していることもこのことから説明される．しかし，関係人口という裾野があり，それが不断に広がっていれば，移住者についても今後も広がる可能性があろう．

ただし，関係人口と田園回帰の関係性はそれだけではない．地域づくり論的田園回帰の局面では地域住民，移住者に次ぐ第3のプレイヤーであろう．農山村の地元に住まずに，地域づくりのために様々なかかわりを行い，それが最後まで移住に結びつかないことも当然あり得る（図9.2の「かかわりの階段」の途中にいるが階段は登らない）．この3者の連携が現代の地域づくりには欠かせない．

また，都市農村関係論的田園回帰の局面では，実は関係人口は「移住候補者」「第3のプレイヤー」でもなく，目標そのものである．都市農村共生社会とは，大多数の国民が都市と農村の双方のかかわりをもつこと，すなわち関係人口となることが具体的な展望となるからである．関係人口を増やすことは都市と農村の関係を変えるためにも必要なことである．関係人口の増大が各地で確認される現在は，都市農村共生社会形成に向けて，日本社会が動き出した歴史的位置にあることもここから予想される．

このように田園回帰と関係人口は，それぞれの局面で結びついている．それは別の表現をすれば，関係人口という概念があることにより，田園回帰はその全体像が明らかになるともいえる．関係人口は，「国民的田園回帰」の時代，そして都市農村共生社会実現の時代に生まれるべくして生まれたものである．

引用・参考文献

伊藤洋志（2012）『ナリワイをつくる』東京書籍，241 pp.
小田切徳美（2014）『農山村は消滅しない』岩波書店，242 pp.
小田切徳美・筒井一伸編著（2016）『田園回帰の過去・現在・未来』農山漁村文化協会，223 pp.
小田切徳美・中島聡・阿部亮介（2016）移住者総数，5年間で約4倍に――移住者数の全国調査（第2回全国調査結果より）．ガバナンス，179: 103-105.
指出一正（2017）『ぼくらは地方で幸せを見つける』ポプラ社，250 pp.
持続可能な地域社会総合研究所（2017）「全国持続可能性市町村リスト＆マップ」の公表（記者会見資料，2017年8月21日公表）
原和男（2016）移住者は地域の担い手になり得るか――色川への初期移住者の目から．小田切徳美・筒井一伸編著（2016）『田園回帰の過去・現在・未来』農山漁村文化協会，46-59.
藤山浩（2014）田園回帰時代が始まった．季刊地域，19: 92-95.
藤山浩（2015）『田園回帰1%戦略』農山漁村文化協会，227 pp.

10 持続可能な農山村政策
――オーストリアに学ぶ

寺西俊一

筆者は,「持続可能な農業・農村の再構築をめざして――自然資源経済の再生」というテーマで日本生命財団による学際的総合研究助成(2010年度)を受け,その成果として岡本雅美監修/寺西俊一・井上真・山下英俊編『自立と連携の農村再生論』(岡本ほか, 2014)を刊行した.同書では,“自立と連携”にもとづく「内発的発展」による農村再生への着実な取り組みこそが,これからの日本における「持続可能な農業・農村の再構築」につながる本道であると主張した.本章では,同書での主張に沿って,その後,筆者が数度にわたり現地調査を実施してきたオーストリアに見る農山村の姿とそれを支えている制度の紹介を通じて,これからの日本における「持続可能な農山村政策」について若干の問題提起を行っておきたい.

10.1 日本の農山村をめぐる“四重の難局”

(1) 一段と進む過疎化とかつてない急速な高齢化

21世紀前半の今日,日本の農山村は,いわば“四重の難局”に直面している.第1の難局は,1960年代から進行してきた農山村地域の過疎化と衰退化の傾向がさらに一段と強まっていることである.日本では,2010年の総人口1億2806万人をピークに,明らかに「人口減少社会」が始まっている.しかも,かつてない急速な高齢化が進みつつある.また,とりわけ農山村の重要な担い手である基幹的農業従事者・林業従事者の減少と高齢化のテンポが著しい.たとえば2008年には,日本全体での基幹的農業従事者は197万人(6割が65歳以上)となり,200万人を割り込んだ.これは,10年前

(1998年）に比して約2割の激減である．さらに2015年には177万人弱にまで減少している．こうした趨勢がその後も続くなかで，日本の農山村地域では，「人の空洞化」（社会減少から自然減少へ），「土地の空洞化」（農林地の荒廃化），「むらの空洞化」（集落機能の脆弱化），さらには「誇りの空洞化」（地域住民がそこに住み続ける意味や誇りの喪失）が進行している（小田切，2009）．

(2) 市場経済のグローバル化と貿易自由化の荒波

第2の難局は，1980年代後半以降における市場経済のグローバル化を背景とする貿易自由化の波を受けた“生き残り競争”に晒されていることである．日本では，1960年代から安価な外材の輸入が増えて国内林業が衰退し，森林資源の荒廃が進んできた．さらにその後，一部農産物の輸入自由化を受け，関係農家が深刻な打撃を被ってきた．こうしたなかで，日本の食料自給率（カロリーベース）は，1960年に73%であったのが，2016年には38%にまで下がっている．1億人を抱える人口大国のなかでは，日本は最低の自給率であり，非常時の食料安全保障の観点から見ても憂慮すべき事態となっている．

(3) 新自由主義的政策による地方財政の削減と農山村の切り捨て

さらに第3の難局として指摘しておく必要があるのは，日本では，2001年の小泉政権の登場以降，新自由主義的な政策が強行され，これまで農山村地域の維持・保全に寄与してきた各種の施策が次々に切り捨てられる動きが強まっていることである．この点では，2003-2006年にかけて実施された「三位一体の改革」（国庫支出金の廃止・整理合理化，地方交付税の見直し，税源移譲）による影響を看過できない．たとえば2003-2006年の間に国庫支出金と地方交付税を合わせて約9兆8000億円もの大幅な地方財政の削減が行われた．このため，農山村地域を抱える地方の市町村自治体がきわめて厳しい財政危機に陥ることになった．この間，「平成の市町村大合併」も推進され，地方での各種公共サービスの著しい低下が進み，地方自治体における財政危機が一段と深刻化している（川瀬，2011）．

(4) 東日本大震災と福島原発事故による深刻なダメージ

そして第4の難局が，それらのうえに折り重なる形で，2011年3月11日に東日本大震災と東京電力福島第一原子力発電所事故（以下，福島原発事故）による未曽有の自然的・人為的な災害が発生したことである．とくに福島原発事故は，福島県をはじめとした東北地方の農林水産業と地域社会に対して甚大なダメージを与えることになった．なかでも深刻な放射能汚染による「警戒区域」（その後「帰還困難区域」）に指定された福島県の被災市町村では，地域コミュニティそのものが壊滅を余儀なくされる事態に追い込まれている．

以上，概略的に述べたが，目下，日本の農山村地域はいくつもの重層的な難局に直面しており，これらにいかに対処していくか，そして，今後における地域の再生と持続可能な発展に向けた取り組みをどのように推し進めていくか，そのための基本的な政策のあり方が鋭く問われる状況となっている．

10.2　オーストリアに見る「小さくとも輝く農山村自治体」

前述したように，“四重の難局”に直面している日本の農山村地域を，今後，どのように再生し，持続可能な発展に向けた展望を切り拓いていくか，この課題を念頭においたとき，筆者には，欧州のオーストリアに見る農山村の姿がひとつの重要な参考になると思われる．

(1) オーストリアに注目する理由

では，なぜ，オーストリアに注目するのか？　周知のように，今日のオーストリアは，国土面積が8万3871 km^2（北海道とほぼ同じ面積），人口が882万人（2017年現在）という小国であり，ドイツやスイスと同じく，9つの州からなる連邦共和国である．かつては，イギリス，フランス，ドイツ，ロシアと並んで欧州の覇権を争った5列強のひとつで，ハプスブルク帝国の中核地域であった．しかし，第一次世界大戦での敗北によって小国の地位に転落し，ドイツとの合邦後，第二次世界大戦でも多大の犠牲を払い，4連合国に分割占領されるという国家分断の危機にも直面した．幸いにも，一時的な分割占領を経て，1955年には「永世中立主義」を掲げた連邦共和国として再スタートし，その後における東西冷戦時代の最前線に位置しながら，今日の繁栄を築いてきた．

自然資源経済論プロジェクトによる現地調査

筆者がオーストリアの農山村に注目し始めたのは，2013年9月に最初の現地視察の機会を得たことによる．筆者は，2009年4月から農林中央金庫による寄附を受けた「一橋大学・自然資源経済論プロジェクト」の代表を務めてきたが，そこでのキーワードとなっているのが「自然資源経済」（Natural Resource-based Economies）（寺西による造語）という独自の概念である．これは，「各種の自然資源を基礎とし，そのうえに成り立つ経済」という意味だが，いわゆる一次産業と呼ばれる農林水産業の産業的営みと，それらと一体不可分な形で成り立っている農山漁村の地域社会における生活的営み，これらを合わせて「自然資源経済」と呼んでいる．ここでの「各種の自然資源」には，各種の鉱物資源や生物資源など，狭い意味での自然資源のみでなく，太陽光や太陽熱，風力，水力，地熱，バイオマスなどの再生可能エネルギー資源等も含まれる．さらには，自然的な気候条件，大気，水，土壌，そして野生生物などの生物多様性を育んできた自然生態系，また，そこに人間の手が加わった二次的自然としての農業生態系や森林生態系（日本では「里山生態系」とも呼ばれている）なども含まれる（寺西ほか，2010）．

このプロジェクトでは，2011年3月の福島原発事故を受け，同年11月に「チェルノブイリ福島調査団」に参加し，翌2012年11月には「脱原発」と「エネルギー転換」に関するドイツ調査を実施した．この成果をもとに公刊したのが，寺西俊一・石田信隆・山下英俊編著『ドイツに学ぶ 地域からのエネルギー転換』（寺西ほか編著，2013）である．そして，2013年9月，ドイツへのさらなる追加調査と併せて，オーストリアの調査も行うことにした．その際，筆者がドイツと並んでオーストリアにも注目しなければならないと考えた主な理由は，以下に述べる3点にあった．

「原発フリー」へのいち早い国民的選択

第1は，いち早く「原発フリー」の国民的選択を行ってきた国だということである．オーストリアでも，1960年代末から原発建設への機運が高まり，

1972年，ニーダーエスターライヒ（Niederösterreich）州のツヴェンテンドルフ（Zwentendorf）で初の原発建設が始まり，1976年にはさらに3ヵ所での原発建設が計画され，原発を軸としたエネルギー政策が進められようとしていた．しかし1977年6月，約6000人の原発反対デモが展開されるなど，その是非をめぐる国内世論は二分した．こうしたなかで，1978年1月18日，当時のクライスキー（Bruno Kreisky）首相（オーストリア社会党）が国民投票にかけることを発表し，同年11月5日に実施．結果は，賛成49.5%，反対50.5%という僅差だったが，ツヴェンテンドルフ原発の稼動は否決されることになった．また，同年12月15日には「原子力禁止法」が国民議会で可決され，それ以降，同国では原発が一度も稼働することなく今日に至っている．深刻な福島原発事故を受け，エネルギー選択のあり方を問い直さねばならなくなっている日本にとって，「原発フリー」を国民的に選択してきたオーストリアの先見性に改めて注目する必要があると考えたのである．

最も先進的な「再エネ国」としての実績

第2は，上記のような「原発フリー」の国民的選択にもとづき，その後，同国が最も先進的な「再生可能エネルギー（以下，再エネ）国」になっていることである．「オーストリア・エネルギー・エージェンシー」の資料によれば，電力生産において再エネが占めるシェアでは，欧州諸国のなかでもオーストリア（1995年にEU加盟）が群を抜いて高く，2010年時点で61.4%にも達している．再エネの導入が急速に進んできたドイツでもまだ20%におよんでいなかったなかで，これは驚異的な数値だといえる．

そして第3には，上述した「再エネ先進国」としてのオーストリアの姿は，豊かな森と水に恵まれた国土条件を活かすことによって可能となっていることである．同国における再エネ利用の内訳（2016年）を見ると，バイオマスが58.3%，水力が34.1%，この2つで9割以上を占め，文字どおり「豊かな森と水の恵み」が活かされていることがわかる．なお，バイオマスのうち約6割は，薪やペレット，木質チップなどの木質系の燃料消費で，熱利用が中心である．とくに森林資源は，各地域での熱供給のために活用され，オーストリア全土にまたがって中小規模の地域熱供給施設が分散的に広がっている．さらに，水資源を活かした水力が積極的に利用されている点も重要な特徴である．同国では，10 MW（メガワット）以下のものが「小水力」と呼ばれているが，数多くの小水力発電施設が全土にまたがって広がっている。こうした点からも，同国以上に豊かな森と水に恵まれている日本が「再エネ先進国」としてのオーストリアから学ぶべき点は少なくないと考えたのである．

(2) ほとんどが条件不利地域の農山村と多数の小規模自治体

その後，数度にわたりオーストリア調査を重ねてきたが，そのなかで日本にとって同国が注目に値する理由は前述した点にはとどまらないことに改めて気がついた．というのは，同国では，ほとんどが急峻な山岳地帯などの条件不利地域に位置していながら，それぞれに個性的で美しく輝く農山村の基礎自治体（Gemeinde）が各地に創出されていることを知ったからである．この点は，これから日本の中山間地域における農業・農山村のあり方を展望するうえで大いに参考となるとの思いが強くなってきた．

厳しい地形条件による国土利用上の制約

今日のオーストリアに見る国土は，南部に東アルプス山脈の高山が聳え立ち，北部にはドナウ川が東流し，全体として山地の多い地形となっている．東アルプス山脈が国土の約3分の2を占め，ドナウ川の北にはボヘミア山地もあり，国土の約4分の3が山地である．こうした地形的条件に制約され，オーストリアの国土面積の内訳は，森林43.2%，農地31.4%，ブドウ園0.6%，高原牧場10.3%，湖水面1.7%となっており，ほぼ自然状態に近い土地利用が国土全体の87.2%におよんでいる．

多数の小規模な基礎自治体の存続

上記のような国土条件に制約されているという事情もあるが，今日のオーストリアの農山村にみるきわめて重要な特徴としてあげられるのが，小さな人口規模での基礎自治体が多数存続していることである．総人口880万人程度である今日のオーストリアには，約2100の基礎自治体（Gemeinde）があり，そのうち人口1000人以下が426（20.3%），1000-2000人が724（34.5%），2000-5000人が696（33.1%），5000-1万人が167（0.8%）である（2017年統計による）．この点は特筆に値する．とくに今日の日本（総人口約1億2000万人余）における基礎自治体（市町村）の数がわずか1718（2018年現在）にすぎないことを念頭におけば，きわめて対照的だといえる．オーストリアの場合，次項でやや詳しく紹介するように，多数の小規模な基礎自治体を存続させることによって，それぞれの地域における“自治と活力”が生み出されている点を高く評価しなくてはならない．

(3) グロースシェーナウにみる「辺境からの農山村地域再生」

ここで，オーストリアの農山村における基礎自治体の具体的な姿に目を向けてみよう．以下では，ニーダーエスターライヒ州の北西端に位置するグロースシェーナウ（Großschönau）に見る取り組みについて簡単に紹介しておきたい．

グロースシェーナウは，ウィーンまで140 km，リンツまで90 kmの距離にあり，チェコとの国境に近い辺境の地に位置している．この基礎自治体の人口は，2016年現在で1240人程度となっているが，1970年に13の旧村が合併して，現在の「グロースシェーナウ市場町」（Marktgemeinde Großschönau）になった．旧グロースシェーナウは人口450人という小さな村で，1991年までは人口減少が激しい地域だったが，1991年から2001年にかけて人口が7.4% 増加し，その後は横ばいが続いている．

ここで，現在の町長を務めているのがブルックナー（Martin Bruckner）氏である．同氏は，筆者らのヒアリングにおいて次のように述べている．「この町の歴史をたどると，1980年頃までは20 km先に東西冷戦時代を象徴する『鉄のカーテン』がある国境沿いの辺境地と見られていた．当時は小学校も存続が危ぶまれる状況で，仕事も農業以外には何もなかったところであった．」

そうしたなかで，1980年代から新たな地域再生への取り組みが始まった．まず1982年に初めて小学校にチップボイラーを導入．町会議員たちの多くは反対したようだが，当時の村長だったブルックナー氏の叔父が，小学校の校長を務めていたブルックナー氏の兄に持ちかけて実現したという．それが契機となって，1986年にオーストリア初の「環境メッセ」を開催している．初回は，チップボイラーやチッパー，太陽熱のメーカーを呼んで展示会を行う程度の企画だったが，翌1987年には「バイオ&バイオエネルギー・メッセ」（BIOEM）に名称変更したことによって人々の関心が高まり，それ以降，毎年4月には周辺地域から2万5000人余が訪れるようになった．

そして，1994年には地域熱供給網の整備に着手している．これは，バイオエネルギーと太陽熱を併用したもので，町役場や小学校などに熱供給を行い，同町での熱エネルギー需要のほぼ半分をまかなうようにしたものである．ちなみに，それまでは同町でのエネルギー消費の3分の1は地域外に依存していた．平均すると，1世帯あたり年間6000ユーロをエネルギー代金に充てていた．このうちの半分でも地域のバイオ資源や太陽熱などの再エネに転換すれば，そのエネルギー代金が地域内で循環する．また，同町内の建物を断熱性の高いものに改修すれば，省エネになると同時に，地域内での仕事も生まれる．実際，同町では，こうした再エネや省エネへの取り組みを通じて，この30年間で30人程度の新たな雇用が生まれた．こうした経済効果は，人口1200人程度の小さな基礎自治体にとってきわめて大きな意味をもつものであった．

さらに，2001年にはブルックナー町長自らが，兄と協力して「ゾンネンプラッツ」（Sonnenplatz Großschönau GmbH）という民間会社を立ち上げている（オーストリアの基礎自治体の首長は名誉職に近い存在で，兼業が認められている）．この立ち上げが，後の「太陽光アカデミー」（Sonnen Schein Akademie）（2009年創設）や「ゾンネンヴェルト」（2013年開設）の展開へとつながった．「太陽光アカデミー」は，環境教育のための資料展示，エネルギーアドバイザー研修，いくつかの工科大学等と連携したエネルギー研究開発のプロジェクトなどに取り組む地域センターとしての役割を果たし，ここでも10人程度の新たな雇用が生まれている．そのほか，2007年には「パッシブハウス」を建設し，欧州では初めての体験型宿泊施設を提供したり，2009年には小学校建物の断熱改修や屋根への太陽光発電の設置といった取り組みなども次々と進められてきた．かくして，こうした取り組みの積み重ねが高く評価され，2000年以降には，オーストリア国内だけではなく国際的にも重要な賞を受けるまでになったのである（表10.1）．

以上で概略的に紹介したグロースシェーナウは，いわば「辺境からの農山村地域再生」に成功してきた例だといってよいが，こうした地域再生への取

表 10.1　グロースシェーナウにみる「辺境からの農山村再生」の歩み（略年表）

1980 年代まで	北に 20 km 先が「鉄のカーテン」のチェコ国境地帯．人口減少と地域衰退化に悩むなかで，まずは「美しい村」づくりへの取り組みを開始．
1986 年	オーストリアで初めての「環境メッセ」を開催．
1987 年	「環境メッセ」を「バイオ＆バイオエネルギー・メッセ」（Bio- und Bioenergie Messe BIOEM）に変更しての開催（約 2 万 5000 人の参加者．以降，毎年 4 月に開催）．
1994 年	地域熱供給網を整備（バイオ＋太陽熱の併用）．地域熱需要の 50% をまかなう．
2001 年	民間会社「ゾンネンプラッツ」（Sonnenplatz Großschönau GmbH）の立ち上げ．
2007 年	「パッシブハウス」の建設と欧州初の体験型宿泊施設の提供．
2009 年	環境教育，エネルギーアドバイザー研修，各工科大学等と連携したエネルギー研究開発などに取り組む「太陽光アカデミー」（Sonnen Schein Akademie）の創設．
2010 年	EU の「気候・エネルギーモデル地域」に指定．
2012 年	オーストリア政府による「Climate Star」賞を受賞．
2013 年	「ゾンネンヴェルト」の開設．

注：2016 年 3 月に実施したグロースシェーナウの現地調査にもとづいて作成．

り組みが実を結ぶことができた要因として，いくつかの点を指摘することができる．

第 1 には，町長であるブルックナー氏や同氏の叔父や兄のように，地域の再生をめざす独自なアイデアと手腕を備えた優れた中核的リーダーが地元に存在していることである．この点は，いずれの地域でも共通していることだが，グロースシェーナウの場合，何といっても，地元の住民たちから厚い信頼を得ている町長を含むブルックナー一家が果たしてきた役割が大きい．ブルックナー一家はもともと地元の農家であるが，町長の娘にあたるマリア・ヒップ（Maria Hipp）さんがその後継者として，ライ麦，大麦，小麦，蕎麦などを栽培する有機農業を行いながら，同時に，グロースシェーナウでは唯一の農家ペンション（ベッド数 70，年間宿泊者数約 5000 人）も経営している．

第 2 に，こうした地域づくりにおいては，一握りの中核的リーダーによるトップダウン型の取り組みだけではうまくいかず，何よりも，それぞれの地域における地元住民たち自身が主体となり担い手にならねばならないということである．グロースシェーナウの場合も，前述した一連の取り組みにおいて住民の参加と協働が重視されてきた．ちなみに，オーストリアの基礎自治体には，いわゆる行政組織ないし行政が責任をもって管理運営する組織として，役場，小学校，幼稚園などがある．それ以外に，様々な種類の地元住民組織が存在している．人口1200人程度のグロースシェーナウにも，20を超える住民活動組織（ブラスバンド，合唱団など）や6つの消防団組織（オーストリアでは自発的参加の組織）が存在し，非常に活発な住民活動が展開されている．そして，とくにオーストリアにおける農山村地域再生への取り組みにおいて重要な役割を演じているのが，TDW（Verein für Tourismus, Dorferneuerung und Wirtschaftsimpulse Großschönau）（「観光と村の再生および経済活性化の会」，通称「ドルフ・エアノイエルングの会」）と呼ばれる独特の組織である．グロースシェーナウにも合併前の13の旧村のうち，9つの「ドルフ・エアノイエルングの会」が旧村単位で存在し，一連の取り組みにおいても，上記の消防団をはじめとする各種の地元住民組織およびTDWが重要な役割を果たしてきた．いい換えれば，上記のような各種の地元住民組織が積極的に参画し協働することによって，地域ぐるみの“自律的・内発的な取り組み”が地道に積み重ねられてきたのである．

そして第3として，とくに重要な点は，オーストリアでは農山村地域の再生に向けた“自律的・内発的な取り組み”を支える制度がしっかりと整備されていることである．この点は，これからの日本における中山間地域の農業・農山村の維持・保全という課題にとって大いに参考となるので，次節でやや詳しく紹介しておくことにしたい．

10.3 「小さくとも輝く農山村自治体」を支えている制度

前述したように，オーストリアでは，農山村地域の再生に向けた“自律的・内発的な取り組み”を支える制度が整備されてきた．具体的には，1971年以降の「山岳農民補助金」の制度，1987年以降の「エコ社会的な農業政策」の理念にもとづく様々な助成措置の制度などをあげることができる．さらに，欧州連合（EU）に加盟した1995年からは，EUの共通農業政策（CAP）による「条件不利地域支払」や「環境支払」の制度的枠組みのもとで，オーストリア独自の「農業環境プログラム」として「環境適合的で粗放的で自然的な生活圏を保護する農業のためのオーストリア・プログラム」（以下，ÖPUL）が実施されてきた．

また，上述のような州政府，連邦政府，そしてEUからの行政的な支援制度と併せて，民間の企業や金融機関（とくにライフファゼン銀行や協同組合金融機関など）を含む種々の組織や団体が独自の基金をつくり，オーストリアの農山村地域を支えているという点もきわめて重要である．

以下，日本でも比較的よく知られ，いくつかの文献（松田，2004; 石井，2011など）も見受けられるEUの共通農業政策（CAP）にもとづく「条件不利地域支払」や「環境支払」に関する詳しい紹介は割愛し，オーストリアに独自な「山岳農民補助金」および「農業環境プログラム」（ÖPUL）に焦点を絞って，概略的な紹介を行っておこう（寺西ほか編著，2018）．

(1)「山岳農民補助金」の制度とその意義

第二次大戦後のオーストリアでは，1960年に公布された「農業法」（Landwirtschaftsgesetz）にもとづく農業政策が進められてきた．この「農業法」は全12条からなり，第2条第1項で，「①経済的に健全な農民の維持，②農業・農民のオーストリア経済発展への寄与，③構造的措置を通じた農業の生産性と競争力の向上，④他の経済部門に対する自然条件不利の調整，農業従事者の経済状況の改善，国民全体への確実な食料供給のために経済全体と消費者の利益を考慮した農業振興」という4つの目的が掲げられている．そして第2条第2項において，「この法律の実施にあたっては，山岳農民経営（Bergbauernbetriebe）に特別な配慮がなされなければならない．ここでいう山岳農民経営とは，気象条件や自然条件，あるいは経営内外の諸条件のために，生産と生活が特別に困難な条件のもとにある農民的経営である．連邦農林省は議会の承認を得て，政令により，村あるいは集落ごとに山岳農民経営を定めることができる」と明記されている点がとくに注目される．

オーストリアでは，1960年代を通じて，農林業従事者の所得は倍以上に伸びてきたものの，一方で非農林業従事者との所得格差は拡大する傾向にあった．また，平地の農民と条件不利な山岳地域の農民との所得格差も広がっていた．こうした格差を是正するために，1971年以降，前出のクライスキー政権のもとで新しく導入されたのが「山岳農民補助金」(Bergbauern-zuschuß; BBZ) である．これは山岳農民への「直接支払」の制度であり，オーストリアにおける「条件不利地域支払」の出発点となったものである．最初の1971年には，当時10万9072戸あった山岳農民経営のすべてに対し1経営当たり300シリング (2002年まで流通していた通貨．ユーロ導入後は1ユーロ＝13.7603シリングに置き換えられた) が支給されたが，これでは「タバコ金」だと揶揄されるなどの批判を浴びた．このため，翌1972年には山岳農民経営当たり2000シリングへと支給額を3倍近くに増加させ，また，年間150万シリングの連邦予算を計上して「山岳農民特別プログラム」(5ヵ年間) をスタートさせている．この「特別プログラム」は，第1次 (1972-1978年)，第2次 (1979-1983年)，第3次 (1984-1990年) と積み上げられ，とくに山岳地域の交通網整備や地域振興などの諸施策が実施された．この19年間の総支出額は155億8050万シリングにのぼり，このうち「山岳農民補助金」は71億9910万シリングにも達した．

また，各州のレベルにおいても，1970年代半ばから山岳農民への経営助成が実施されてきた．平地の多いオーバーエスターライヒ州，ニーダーエスターライヒ州では連邦政府の基準がそのまま適用されたが，山岳地域の多いフォアアールベルク州，ザルツブルグ州，チロル州，シュタイアーマルク州では州独自の基準による補助も行われてきた．とくに山岳地域は小規模な家族複合経営が中心だが，彼らが自立して継続的に営農ができるように手厚い支援措置が連邦および州のレベルで実施されてきたのである．

なお，この「山岳農民補助金」は，各農家経営単位で補助金額が算定されて支給される仕組みである．詳細は割愛するが，農家ごとの「山岳農業経営台帳」をベースとした「台帳評価値」(KKW) と「擬制的単位評価額」(FEW) が用いられ，個々の農家の「自然的・経済的な営農困難度」が数量化されている．たとえばKKWでは，(a) 気候条件，(b) 外的交通条件，(c) 内的交通条件の3つの基準で得点評価され，それぞれの得点を2乗した和の10分の1にあたる数値が20以上の農民を「山岳農民」と定義している．そして，この数値が20-79の範囲を「グループ1 (軽度)」，80-149を「グループ2 (中度)」，150以上を「グループ3 (重度)」とし，さらに1983年からは，とくに「営農困難度」の高い山岳農民が多いチロル州からの批判を受け，「グループ4（極度)」を追加し，この「営農困難度」に応じた「直接支払」が行われてきた．こうした「山岳農民補助金」は，①小経営のほうが中経営や大経営よりも多くの補助金が支給される，②自然的・経済的な「営農困難度」を基準にし，困難度の高い経営ほど多くの補助金が支給される，③専業農家も兼業農家も人口密度維持への同等の寄与という観点から対等に扱われる，④家畜頭数や農地面積に左右されない生産中立的な「直接支払」で，集約化のインセンティブをもたない，⑤山岳経営者がその時々の状況に応じた経営管理を行う自由を与えている，といった諸点に特徴がある．

もともとオーストリアの農業は，小規模な家族複合経営が基本であり，また，とくに山岳地域では農地の大規模な集約化自体が困難という地形的条件のもとにある．そうしたなかで「山岳農民補助金」は「営農困難度」が極度に高い地域においても小規模な家族複合経営を存続していけるための不可欠な支援策として，きわめて重要な意義と役割を果たしてきたといえる．オーストリアでは，この「山岳農民補助金」が「経済的に健全なアルプス地域を将来にわたり維持・保全するために必要な支援措置」として積極的な位置づけが与えられてきたのである．

(2)「農業環境プログラム」(ÖPUL) の制度とその意義

オーストリアは，1995年1月1日にEUに加盟したが，それ以降は，従来まで実施していた農業政策がEUのCAPにもとづく枠組みに沿ったものへと再編されている．その際，前述した「山岳農民補助金」による「直接支払」がそのまま維持できるかどうかが大きな問題となった．1996年6月，当時のオーストリア農林大臣によって「ヨーロッパ山岳地域における農林業に関するオーストリア覚書」が発表され，EU加盟前の政策がCAPの適用によって実施困難となり，オーストリア独自の山岳地域支援が十分にできないという問題が指摘された．これを受けて，1997年，当初は「条件不利地域」とみなされなかった山岳経営のうち1964が再調整の対象となり，最終的には新たに約2500の農家が「条件不利地域支払」の対象に加えられた．この結果，オーストリアの山岳地域は68.6%から69.7%へと増加し，その他の「条件不利地域」6.0%，「特別ハンディキャップ地域」4.0%と併せて，79.7%がEUのCAPにもとづく「条件不利地域」とみなされることになった．かくして，前述した「山岳農民補助金」は，EU 加盟後も CAP にもとづく「条件不利地域支払」の形で継続されてきた．

他方，EU 加盟後の CAP の枠組みのもとで，オーストリア独自の「農業環境プログラム」（ÖPUL）もスタートしてきた．これは，とくに有機農業への支援を中心に環境保全型農業を推進するものだが，もともとは，1987 年に農水大臣に就任したリーグラー（Joseph Riegler）が提唱した「エコ社会的農業政策」（Ökosoziale Agrarpolitik）の理念を実現していくためのプログラムである．リーグラーは，農水大臣就任の演説において，オーストリア農政の抜本的革新を宣言し，「①個別農林業経営ならびにオーストリア農業の経営能力と競争力を国際競争状況に鑑みて一層発展させること，②農林業のための環境保護を進め，同時に農林業がもたらす環境汚染を回避すること，③社会的公正として弱者の保護や身障者への援助を進めること」という 3 つの目標を提示した．これは，経済効率性（農林業経営体の経済効率性の発展），生態系バランス（環境と生活空間の保全責任），社会的条件の創出（小規模農家への保護政策，構造的に脆弱な地域の農民に対する助成との社会的なバランス）という 3 点を指針とし，それぞれを同程度に重視しようとするものであった．つまり，農業の生産力強化だけを政策目標とするのではなく，自然環境や生活環境の保全，小規模農家および条件不利地域の農家に対する保護と助成を併せて推進していくことが提唱されたのである．

この提唱を受け，オーストリアでは 1989 年から有機農業への支援政策が実施されるようになった．まず，オーバーエスターライヒ，ニーダーエスターライヒ，シュタイアーマルクの 3 つの州政府が個人農業者に対して「有機農業転換補助金」を支給し，また同年，連邦政府でも有機農業団体に対して 243 万シリングを支給した．翌 1990 年には，農水省が「有機農業転換支援政策」に着手し，1991 年から本格的に「有機農業転換補助金」の制度を導入した．さらに 1992 年には，転換者だけではなく有機農業の継続者に対しても支払われる「有機農民補助金」へと名称変更し，有機農業への政策支援をさらに強化していった．

より具体的に紹介すると，1991 年の「有機農業転換補助金」では 1170 の農家に対し 1930 万シリングが支払われ，3 万 4370 ha が支払い対象農地（26% が耕地，71% が草地）であったが，1994 年には支払い対象の有機農家

表 10.2　EU 加盟後のオーストリアにおける CAP 関連支出額の推移と内訳

（単位：ユーロ，（　）内は％）

	a）第1の柱	b）第2の柱	うち条件不利地域支払い	うち ÖPUL
1995年	576.3　(21)	774.9　(28)	211.5　(8)	527.6　(19)
2000年	674.5　(35)	889.5　(46)	200.7　(10)	543.4　(28)
2005年	797.1　(35)	1093.1　(49)	276.0　(12)	653.7　(29)
2010年	778.6　(34)	1162.9　(50)	268.5　(12)	549.2　(24)
2015年	693.6　(36)	961.2　(50)	252.6　(13)	382.7　(20)

	c）その他	a)-c）合計
1995年	1388.9　(51)	2740.1　(100)
2000年	351.6　(18)	1915.6　(100)
2005年	356.5　(16)	2246.7　(100)
2010年	377.1　(16)	2318.6　(100)
2015年	279.2　(14)	1934.0　(100)

出典：オーストリア連邦農林水資源環境省（BMLFUW），Gruner Bericht 2016 より作成.

数は約1万2000となり，支払い対象の農地面積も15万5000 ha（うち14%が耕地，86%が草地）へと拡大している．その後，オーストリアにおける有機農業の農地面積は2015年時点で約55万haにおよび，全農地面積の21.3％を占めている．この割合はEUの28加盟国のなかで最大であり，今日のオーストリアは，欧州のなかで最も進んだ「有機農業国」になっている．

なお，有機農家に対して支払われる上記の補助金は，1995年のEU加盟後以降，EUの「環境保護と田園地域の維持を実施するために適した農業生産方法に関する1992年6月30日の理事会規則2078/92」に従った「農業環境支払」として位置づけられている．EUにおける「農業環境支払」とは，①環境・景観・自然資源・土壌・遺伝的多様性の保護や向上と両立するような農地の利用方法，②環境に好ましい粗放的な農法および集約度の低い牧草経営システム，③高い自然価値をもちながら，その存在が脅かされている農業環境の保全，④農地の景観および歴史的特徴の維持，⑤農作業における環境計画の利用，などを推進することを目的としたものである．

ここで，EU加盟以来のオーストリアにおけるCAP関連支出額の推移とその内訳（1995年から5年毎）を示しておこう．表10.2に見るように，今日のオーストリアでは，「条件不利地域支払」よりも，ÖPULのもとでの

「環境支払」により多くが支出されており，全体の2-3割が充てられてきたことがわかる．

10.4　日本における持続可能な農山村政策を求めて

最後に，前述したようなオーストリアにおける農山村とそれを支えている制度に関する紹介を踏まえて，冒頭で指摘した日本の農山村をめぐるいくつもの重層的な難局を，今後，いかにして乗り越えていくか，そのために求められている“自立と連携”にもとづく「内発的発展」を通じた「持続可能な農山村」の再生に向けた，これからの政策のあり方について若干の問題提起を行い，本章のまとめに代えておきたい．

(1)　日本政府の「地方創生」政策に見る基本的な問題点

日本では，2014年11月には「地方創生法」が成立し，「創生長期ビジョン」と「創生総合戦略」が策定され，いわゆる「地方創生」政策が始動していくことになった．しかし，その後，この日本政府による「地方創生」政策はほとんど実質的な成果を上げていない．むしろ逆に，地方における“自律的・内発的な地域再生”に向けた地元の活力を削ぎ落としていくものとなっており，そこには，いくつもの基本的な問題がある（石田・(株) 農林中金総合研究所編，2015)．

第1に，この「地方創生」政策の進め方自体が相変わらず中央主導のものになっていることである．そこでは，国がまず「総合戦略」を策定し，これに従って，各地方自治体が2015年度内（わずか1年以内）に「総合戦略」を策定することが求められた．しかも，国の「総合戦略」にもとづいて10府省192事業のメニューが上から示され，各地方自治体にはそのなかから適当な事業を選択させて交付金を支給するという仕組みである．これでは，各地方自治体における下からの“自律的・内発的な地域再生”への取り組みを促していくものにはなりえない．

第2に，各地方の地域再生に向けた「総合戦略」が意味ある形で策定されていくためには，それぞれの地域における地元の住民・企業・組織などがその過程に主体的に参加し，互いに連携していくという取り組みが不可欠だが，日本政府による「地方創生」政策にはそうした観点がまったく欠落していることである.

そして第3に，各地方の地域再生への取り組みでは，何よりもまず地元の基礎自治体における“住民自治の力”そのものを強化し，支えていくことが求められるが，日本政府による「地方創生」政策はそうした方向とは逆行するものになっていることである.

以上のような基本的な問題点に関連していえば，日本の農山村地域の再生においても，前節で触れたオーストリアでの「ドルフ・エアノイエルング」事業の展開にみるような，自律的・内発的なボトムアップ型の取り組みに学ぶ必要があろう.

(2) 日本版「条件不利地域支払」「環境支払」の制度的拡充へ

日本では，1999年7月に旧農業基本法（1961年）に代わる「食料・農業・農村基本法」（以下，「新基本法」）が制定された．そして，この「新基本法」における基本理念のひとつに位置づけられた「多面的機能」にかかわる施策として，EUでの「条件不利地域支払」の制度を参考にし，日本でも「直接支払」の制度が新たに導入されることになった．この制度は，平野部と比べて農業生産条件が不利である中山間地域等に対して，農業生産の維持を図りつつ「多面的機能」を確保するという観点から，地域振興立法等による指定地域の急傾斜地，緩傾斜地，小区画・不整形といった条件不利な農用地において，集落協定または個別協定にもとづき5年以上継続して行われる農業生産活動に対し，「直接支払」の形で一定額の交付金を農用地面積に応じて支給するというものである.

2014年度からは，これまでの取り組みを統合した「日本型直接支払制度」となり，「多面的機能支払」「中山間地域等直接支払」「環境保全型農業支払」が実施されている．このうち「多面的機能支払」は，地域共同の行う農地法面の草刈りや水路の泥上げなど地域資源の基礎的な保全活動等を対象とした「農地維持支払」，水路，農道等の軽微な補修など地域資源の質的向上を図る共同活動を対象とした「資源向上支払」からなる．近年，活動組織数や取り組み面積ともに拡大している．次の「中山間地域等直接支払」は，生産条件が不利な地域における農業生産活動を継続し，「多面的機能」の維持を図ることを目的に支払いを行うものである．さらに「環境保全型農業支払」は，化学肥料・化学合成農薬を5割以上低減する取り組みと併せて，地球温暖化防止や生物多様性保全に効果の高い営農活動に取り組む農業者の組織する団体等に対して支援を行うものである（石田，2017）．

こうした「日本型直接支払制度」は，今後，とくに中山間地域等での高齢化率が全国平均と比べて10年以上先を行く水準で推移しているなどの厳しい状況を念頭におけば，農山村地域の維持・保全のために，新たな担い手の確保や農山村に関心を寄せる都市住民を含めた幅広い主体との様々な連携的取り組みの発展などが確実に促進されていくような仕組みへと改善・拡充していく必要がある．さらには，この制度について，もう一歩踏み込んだ政策的位置づけを新たに検討していくことも重要であろう．たとえば，現行の「直接支払」は，あくまで平場の農用地との条件格差を補正するための交付金支給（「条件不利支払」）を基本としているが，これを日本の中山間地域等が有する「多面的機能」が提供している各種の環境的利益への国民的な「対価支払」ないし「維持支払」として位置づけなおし，より大胆な拡充・強化が検討されてよい．前節で紹介したオーストリアにおける手厚い「条件不利地域支払」や「環境支払」と比較するならば，少なくともこれまでの10倍以上の規模での財政的措置を講じるなど，思い切った拡充が必要であろう．

ちなみに，日本の農山村における中山間地域等は，国土面積の73%，耕地面積の40%，総農家数の44%，農業産出額の35%，農業集落数の52%を占めている．しかも，それらの地域のほとんどが下流域に広がる都市部や平地農業地域等の上流部に位置し，日本国民のほとんどが中山間地域等の果たしている「多面的機能」によって何らかの貴重な恩恵に浴している．また，近年では，生物多様性保全の重要性に対する国内外での認識の高まりを背景として新たに注目されている各種の「生態系サービス」による社会的便益の評価なども含めるならば，日本の農山村の中山間地域等を積極的に維持・保全する意義はきわめて大きい．この点をどのように政策的に位置づけるか，これからの日本の農業・農山村の位置づけや基本ビジョンのあり方とも密接にかかわっている．今後，現行の「日本型直接支払制度」について，より前向きな拡充と強化のあり方を本格的に検討していくことが強く求められているといえる．

引用・参考文献

石井圭一（2011）EU の農政改革と農業環境政策．寺西俊一・石田信隆編著『自然資源経済論入門 2　農林水産業の再生を考える』中央経済社，第 4 章．

石田信隆・（株）農林中金総合研究所編著（2015）『「地方創生」はこれでよいのか――JA が地域再生に果たす役割』家の光協会，157pp.

石田信隆（2017）地域資源を活かした農村の振興・活性化に向けた取組みの現状と課題――平成 28 年度農業白書を踏まえて．月刊 NOSAI，2017 年 9 月号，33-42.

岡本雅美監修，寺西俊一・井上真・山下英俊編（2014）『自立と連携の農村再生論』東京大学出版会，272 pp.

小田切徳美（2009）『農山村再生――「限界集落」問題を超えて』岩波書店.

川瀬憲子（2011）『「分権改革」と地方財政』自治体研究社.

寺西俊一・山川俊和・藤谷岳・藤井康平（2010）自然資源経済とルーラル・サステイナビリティ．農村計画学会誌，29(1); 29-35.

寺西俊一・石田信隆・山下英俊編著（2013）『ドイツに学ぶ 地域からのエネルギー転換――再生可能エネルギーと地域の自立』家の光協会，208pp.

寺西俊一・藤井康平・石倉研（2014）森と水の恵みを活かした地域再生――オーストリアに学ぶ．森林環境研究会編著『森林環境 2014』森林文化協会，78-88.

寺田俊一・石田信隆稿著（2018）『輝く農山村――オーストリアに学ぶ地域再生』中央経済社，220pp.

松田裕子（2004）『EU 農政の直接支払制度――構造と機能』農林統計協会，192pp.

11

里山ランドスケープの再生
——戦略的に取り組む

武内和彦

本章では，財団法人（現在は公益財団法人）日本生命財団（通称，ニッセイ財団）の特別研究助成による「“里地自然保全戦略”の構築——総合的・計画的な里地の保全をめざして」の研究を実施して以降の，里山ランドスケープに代表される社会・生態システムの再生に向けた国内外の取り組みの進展と，その意義について論じることにしたい．

第1に，上記研究の成果としてまとめられた『里山の環境学』（武内ほか編，2001）を英訳し，“SATOYAMA——The Traditional Rural Landscape of Japan”（Takeuchi et al. eds. 2003）として出版した際の里山ランドスケープの概念について述べる．また，ミレニアム生態系評価に準じて実施された日本の里山・里海評価を通じた社会・生態学的生産ランドスケープとしての普遍化について論じる．

第2に，「21世紀環境立国戦略」で提案された自然共生社会の構築に向けた国際的な取り組みとしてのSATOYAMAイニシアティブの展開について述べるとともに，その生物多様性保全に果たす役割について論じる．また東日本大震災後に進められた里山ランドスケープ・里海シースケープの連環にもとづくレジリエントな自然共生社会を目指した取り組みについても述べる．

第3に，国際連合食糧農業機関（FAO）が推進する伝統的な農林水産業システムの認証制度である「世界農業遺産」（GIAHS）に日本の里山ランドスケープを登録するための取り組みを紹介する．日本の伝統的な里山ランドスケープ，里海シースケープの再生には，自然災害に対するレジリエンスの強化，自然資源の共同管理を推進する新たなコモンズの創造，農林水産業に付加価値をつける新しいビジネスモデルの展開が必要であることを論じる．

11.1　里山ランドスケープの概念と里山・里海の生態系評価

(1) 日本生命財団研究助成と『里山の環境学』の刊行

西暦2000年頃は，いまから思えば，里山ランドスケープの再生を目指す筆者らの取り組みが本格的にスタートした特筆すべき時期であった．日本列島に広く分布する二次的自然としての里地里山の再生のために，緑地学，生態学はもとより，バイオマス利用，市民活動，法制度など多様な分野の専門家の参加を得て研究を実施するには，専門性が高く評価される研究費にはなじみにくいと考えて，日本生命財団の環境問題研究助成に応募したのである．

筆者を研究代表者として計10名の専門家が申請した研究課題は「“里地自然保全戦略”の構築——総合的・計画的な里地の保全を目指して」であった．当時は，環境省などが「里地里山」という表現をよく使っていて，里地は，里山を含むより広い概念だと考えられていた．そこで，里山の再生を主に論じつつも，研究課題を“里地保全戦略”としたのである．幸いにもこの課題は，毎年1件しか採用されない特別研究助成（現在の学際的総合研究）として採択され，2年間，関東・関西を中心に各地で研究を実施することができた．

この研究では，まず地理情報システム（GIS）を用いて，関西や関東の大都市近郊に位置する里山が，1970-80年代をピークに住宅地開発やゴルフ場などのレジャー開発によって面的に大きく減少したことを実証した．また現地調査により，燃料の化石燃料への転換（燃料革命）や肥料の化学肥料への転換（肥料革命）によって薪炭林や農用林としての里山の意義が薄れ，間伐や下草狩りなどの管理放棄が進んだ実態を明らかにした．

また，里山の生物多様性が維持されるメカニズムを解析した．その結果，里山の生物多様性の高さは，伐採後の年数が異なるステージの空間がモザイク状に分布しており，それぞれ異なるステージに生息・生育する動植物がモザイク全体に分布することに起因していることを明らかにした．それゆえ，里山の生物多様性を維持するためには，樹林を均一に管理するのではなく，多様な空間を維持するような植生管理が重要であることを示した．

また，これからの里地里山保全のために，農家，市民，自治体，NGO/

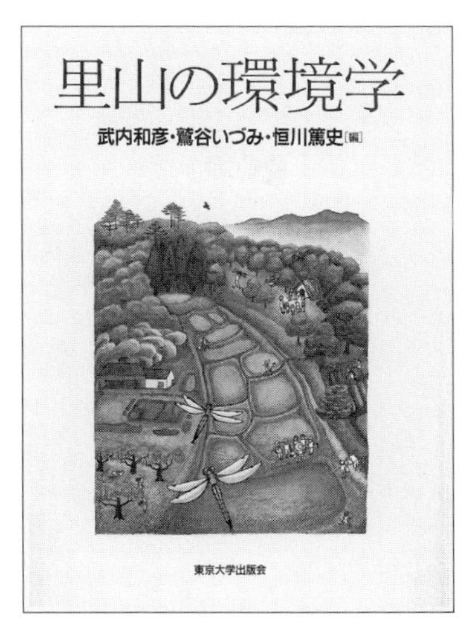

図 11.1　2001 年に東京大学出版会から刊行された『里山の環境学』（表紙のイラストは，松村千鶴による）

NPO，教育機関，企業など様々な主体が果たすべき役割を明らかにするとともに，里地保全のための土地利用調整について法制度面からの検討を加え，条例制定による参加型の「里づくりシステム」を提唱した．また，生物多様性保全との共存を前提とした，再生可能エネルギー源としての里山の今後のバイオマスとしての再評価と利用可能性についても展望した．

こうした研究成果を広く社会に発信する目的で，2001 年 11 月に，東京の大手町で開催された日本生命財団助成研究ワークショップ「里山の自然をまもり育てる――里地・里山の評価とその保全にむけて」において，研究成果の報告を行った．また，このワークショップに間に合うように，日本生命財団の出版助成の補助を受けて，東京大学出版会から『里山の環境学』と題する図書を刊行した（図 11.1）．この図書の執筆には，10 名の専門家のほか，6 名の大学院生などが執筆に加わり，短期間で成書にまとめることができた．

(2)『SATOYAMA』の出版と里山ランドスケープの提唱

筆者は，この里地里山が，二次的自然における人間と自然の関係性とそのあるべき姿を示す概念として世界的な広がりをもちうると考え，『里山の環境学』の英訳版の出版を模索するようになった．おりしも，2002 年の前半に 4 ヵ月間カナダのゲルフ大学からロバート（ボブ）・ブラウン教授を東京大学大学院農学生命科学研究科の客員教授として招聘することができた．これを翻訳の絶好の機会と捉え，ボブに英語の監修を依頼した．まず大学院生に英語に訳してもらい，それをボブと筆者が話し合って最終稿に仕上げていった．

この時問題になったのは，里山を英語でどう表現するかである．ちょうどサー・デイビッド・アッテンボローが滋賀の里山（実際は里地）で撮影し，イギリスの BBC で放映したドキュメンタリーで彼が里山を訳さずそのまま "satoyama" として放映したことを聞いて，筆者らもそのまま "satoyama" としようと決めた（武内・中尾，2014）．また，アッテンボローが実際には水辺や水田を含む里地の意味で "satoyama" を使ったことから，筆者らの著書では，狭い意味の里山を "satoyama"，広い意味の里地を "satoyama landscape" として区別した．

このようにして，『SATOYAMA』と題する図書を，2003 年にシュプリンガー社から出版した．また，それだけではどのような内容の図書か海外の読者には理解できないことも多いと考え，「日本の伝統的な農村ランドスケープ The Traditional Rural Landscape of Japan」という副題を付けることにした（図 11.2）．

この英文書では，『里山の環境学』を単に英訳するのみならず，"satoyama" の概念を国際的に発信するため，新たにボブらが「里山の概念的貢献」という序章を加筆している．この章では，ヨーロッパをはじめ世界各地に里山に類似した二次林（coppice woodlands）が見られ，それらは，日本と同様，伝統的な樹林管理の長い歴史を有しながら，現在では放棄が進んでいると述べている．それゆえ，生物多様性の保全を含め，いかに現代社会のなかで再生していくかが大きな課題であり，その再生の道を探ることは，人間と自然が共生する持続可能なランドスケープの形成に貢献するだろうと述べている．

(3) 日本の里山・里海の生態系評価と世界への発信

コフィー・アナン国連事務総長（当時）の提唱により，世界の生態系の現

図 11.2　2003 年に Springer-Verlag Tokyo から刊行された『SATOYAMA——The Traditional Rural Landscape of Japan』（こちらの表紙のイラストも原書と同じく Chizuru Kamon による）

状を評価するための大掛かりな取り組みが始められた．西暦 2000 年に提唱され，2001 年から 2005 年にかけて実施されたことから，このプロジェクトは，「ミレニアム生態系評価」（MA）と名づけられた．世界 95 ヵ国の専門家 1360 人が参加して，世界の生態系の現状が評価され，世界の生態系の構造と機能が，20 世紀の後半において，人類史上ないほどの速さで急速に減少・劣化しており，対策を講じなければ，その傾向はさらに深刻化することが報告された（ザクリ・西，2010）．

ミレニアム生態系評価では，生態系の様々な恵み（生態系サービス，ecosystem services）が人間の福利（human well-being）にもたらす影響を評価している．供給サービス（食料，水など），調整サービス（気候，水，疾病の調整など），文化的サービス（精神性，審美性など），基盤サービス（一次生産，土壌形成など）が劣化すれば，それは人間の福利に大きなマイナスの影響をもたらすことが明らかにされたのである（Millennium Ecosystem

Assessment, 2005).

グローバルな生態系評価に続いて，世界の各地域で，サブグローバル・レベルの生態系評価が実施された．ミレニアム生態系評価を率いていたのは，共同議長のロバート・T. ワトソン博士とA. H. ザクリ博士であった．ザクリ博士は，横浜にあった国際連合大学高等研究所（UNU-IAS）の所長を務めていたこともあり，国内外の200名を超える研究者の参加を得て，2007年から日本でもサブグローバル・レベルの生態系評価を実施する企画が進められた．その評価の対象となったのが，里山・里海ランドスケープであった．

一方，里海は，当時九州大学教授であった柳哲雄によって提唱された概念である．彼の定義によれば，里海は「人手を加えることで生物多様性と生産性が高くなった沿岸海域」である（柳，2006）．これは，里山と同様，適正な管理を続けることによって，生態系サービスが維持され，人間の福利の向上に貢献するという考え方にもとづいている．日本でのサブグローバル・レベルの生態系評価では，瀬戸内海を対象として，里海についても評価が進められた．なお，この里海についても，英語でもそのまま“satoumi”と表現された．

筆者は，2008年から国連大学副学長を兼務することになった．一方で，ザクリ所長の退任が決まっていたことから，筆者は，国連大学高等研究所が事務局を務めるこの里山・里海生態系評価に深くかかわることになった．評価の結果は，2010年10月に愛知県名古屋市で開催された生物多様性条約の第10回締約国会議（COP10）で報告することになった．また，COP10には残念ながら間に合わなかったが，成果を取りまとめて，朝倉書店から日本語で（国際連合大学高等研究所・日本の里山・里海評価委員会編，2012），また国連大学出版会から英語で図書として（Duraiappah et al. eds., 2012），いずれも2012年に出版できた（図11.3，図11.4）．

この評価では，まず里山・里海ランドスケープの概念について議論がなされた．その結果，「里山・里海ランドスケープとは動的な空間モザイクであり，人間の福利に資する様々な生態系サービスをもたらす，管理された社会・生態学的システム」と定義された．また，里山・里海ランドスケープの概念を世界に普及させるために，「社会・生態学的生産ランドスケープ」（Socio-Ecological Prcduction Landscapes; SEPLs）として一般化を図るべき

図 11.3　2012年に朝倉書店から刊行された『里山・里海――自然の恵みと人々の暮らし』

図 11.4　2012年に国連大学出版会から刊行された“Satoyama-Satoumi Ecosystems and Human Well-Being”

ことも提案された．

評価の結果の概要は，COP10のサイドイベントで，筆者が国連大学副学長として報告した．そこでは，過去50年間に里山・里海ランドスケープが急速に劣化していることが明らかとなった事実を述べた．里山では，都市化による消失や地方の過疎化による質的な劣化が認められた．また，戦後の拡大造林施策により，森林の調整機能の劣化が進んでいることが明らかにされた．他方，里海では，急速な工業化による浜辺の消失と汚染の増大が認められた．さらに，漁業の機械化の進展により一部地域で乱獲が起こっているほか，伝統的な文化の変容，沖合漁業への依存が高まっていることなどが示された．

しかし，その一方で，里山・里海ランドスケープの保全・再生に向けて，市民やNGO/NPOが様々な取り組みを進めていることは高く評価された．また，モザイク状の土地利用の相互関係の強化のための統合的なアプローチによる「新たなコモンズ」の形成が重要であることが指摘された．また，それを実現するためには，公平なアクセスと利用を促すとともに，分権型の意思決定が可能な多様な主体の参加によるガバナンスの構築が求められるとした．さらに，こうした評価をほかの先進国や開発途上国にも広げていくべきと提言した．

11.2　SATOYAMAイニシアティブとその生物多様性条約への貢献

(1) 自然共生社会を目指すSATOYAMAイニシアティブ

自然環境政策では，長年にわたって自然と人間との共生の確保が重要であるとしてきたが，「自然共生社会」という用語が正式に閣議決定の文書で用いられたのは，2007年に策定された「21世紀環境立国戦略」が最初である．ここでは，低炭素社会，循環型社会，自然共生社会の統合的な取り組みによる持続可能な社会づくりを進めていくことが必要であるとされ，今日に至るまで日本の環境政策を支える大きな概念的フレームワークとなっている（環境省，2007）．

この戦略では，自然共生社会を「原生的な自然から，人と自然のかかわりあいにより形成された里地・里山・里海，都市内の自然まで，健全で恵み豊かな自然環境（生物多様性）が適切に保たれ，自然の大きな循環に沿う形で，農林水産業も含め社会経済活動を自然と調和したものとし，また様々な自然とのふれあいの場や機会を確保することにより，自然と人の間に豊かな交流が実現された社会」というように説明している（環境省，2007）．

さらにこの戦略が策定された時期には，COP10の名古屋開催が決まっていたことから，自然共生社会実現を目指す取り組みを世界に提案できないかということも検討された．その結果，「自然共生の智慧と伝統を活かしつつ現代の智慧や技術を統合した自然共生社会づくりを，里地里山を例に世界に発信する」とともに，「世界各地にも存在する自然共生の智慧と伝統を現代社会において再興し，さらに発展させて活用することを“SATOYAMAイニシアティブ”と名付けて世界に提案し，世界各地の自然条件と社会条件に適した自然共生社会を実現する」ことが戦略のなかに書き込まれたのである（環境省，2007）．

このSATOYAMAイニシアティブを推進するための取り組みは，2009年7月に始まった．東京において，SATOYAMAイニシアティブ構想に関する有識者会合が開催されたのである．COP10において，この構想の意義を理解してもらうために，生物多様性条約事務局科学および専門的技術的事項セクションのカレマニ・ジョー・ムロンゴイ部長を招待して議論が進められた．ジョーは，このイニシアティブの意義が十分理解できないようであったが，筆者が『SATOYAMA』の図書を謹呈したところ，その直後にドイツのボンで開催されたポスト2010年目標を議論する会合において，「あの本を読んで，やっと日本が何をしたいと考えているのかがよくわかった」といってくれた．彼は，それ以降，条約事務局内でSATOYAMAイニシアティブの最もよき理解者となり，その推進に大きく貢献してくれた．

(2) 生物多様性条約COP10とSATOYAMAイニシアティブ

生物多様性条約の2010年目標は，2002年にオランダのハーグで開催されたCOP6で採択されたものであり，「2010年までに生物多様性の損失の速度を著しく減少させる」というものであった．しかし，2010年5月に条約事務局が公表した「地球規模生物多様性概況第3版（GBO3)」では，その目標は残念ながら達成できなかったと結論づけた（奥田，2014).

これに対して，2010年目標を達成することができなかった理由とともに，このような単一目標でよかったのかという批判的コメントも，筆者が参加したボンでの会合をはじめとして，数多く寄せられるようになっていた．そこで日本政府が主導して，より明確で，計測可能で，野心的かつ現実的，そして達成年が明らかな世界目標を設定することを目指した（奥田，2014). COP10において，協議は困難を極めたが，幸いにも最終日に各国が合意し，5つの戦略目標と20の個別目標からなる「戦略計画2011-2020」（愛知目標）が採択された.

この「戦略計画2011-2020」には長期目標として2050年までに「自然と共生する世界（A World of "Living in Harmony with Nature"）の実現」が掲げられた．これは，日本政府が国際発信を目指して21世紀環境立国戦略で提案した自然共生社会づくりを国際社会が共通の長期目標として認知したことを意味し，日本の国際貢献という意味からも画期的な成果であった．そして，自然共生社会づくりを目指すSATOYAMAイニシアティブも，貿易の自由化を阻害する危険性があるという理由で反対した一部の食料輸出国を除いて，自然共生社会づくりに貢献する取り組みとして積極的に評価されたのである.

COP10のサイドイベントとして，SATOYAMAイニシアティブ国際パートナーシップ（International Partnership for the Satoyama Initiative; IPSI）の設立式典が開催された．それに先立つ2010年1月にパリのユネスコ本部で開催されたSATOYAMAイニシアティブに関する国際有識者会合で採択されたパリ宣言では，SATOYAMAイニシアティブの対象を「社会・生態学的生産ランドスケープ（SEPLs)」とすることや，国・地方政府，研究機関，国際機関，NGO，民間企業など多様なステークホルダーのパートナーシップによりその保全・再生活動を目指すことが示されていた．設立式典では，それに賛同する51団体が創設メンバーとなった．その後，順次参加する団体が増加し，2018年9月30日現在，メンバー数は240団体となっている.

このIPSIの最初の総会が，2011年3月11日に名古屋大学で開催された.

その日の午後に東日本大震災が発生した．会場である野依記念学術交流館も，大きく揺れた．その後，巨大な地震と津波がもたらした東北地方での恐るべき被害が刻々と伝わってきた．このような予期せぬ事態を受けて，翌日に予定されていた静岡県掛川市における茶草場の視察は中止となった．この時は，そこまで思い至らなかったが，その後，筆者らは里山と里海のつながりを取り戻すことで震災復興に貢献する取り組みを始めることになった．

SATOYAMAイニシアティブについては，数多くの会合と共同研究によって，国際的な広がりを見せてきた．社会・生態学的生産ランドスケープも，里山・里海になぞらえて，社会・生態学的生産ランドスケープ・シースケープ（Socio-Ecological Production Landscapes and Seascapes; SEPLS）という名称に変更された．また，国連大学，地球環境戦略研究機関（IGES），バイオバーシティ・インターナショナル，国連開発計画が協働して，そうしたSEPLSのレジリエンスに関係する様々な側面を評価するためのツールキットの開発も行われた．

このツールキットの特徴は，地域の様々なステークホルダーが，自らのSEPLSのレジリエンスの程度を総合的に評価でき，いかにすれば地域社会のレジリエンスを高め，その再生を図っていけるのかを検討できるという点である．SEPLSの再生には，地域住民の参加と連携が欠かせないことから，こうしたボトムアップ型のアプローチがとられたのである．

その一例として，石川県能登半島の先端に位置する，珠洲市の日置地区において15名の参加者を得て行った里山・里海のレジリエンス評価の結果を示す（図11.5）．ここでは，20の質問項目について5段階の評価の平均値をまとめて示している．この結果によれば，「農林水産業と生き物」に関する項目の評価が全般的に高い一方，「知識や新たな技術」，「暮らし・生計」に関する項目が低い傾向がみられた．とくに，知識・伝統文化の記録の評価が顕著に低い傾向にあった．一方，健康状態については，高く評価された．

このことから，この地区においては，自然資源を活かして農林水産業を営み，健康で豊かな生活を営むことを基本とし，収入源の多様化により生計の向上に努めるとともに，社会的・経済的インフラの整備を進めることで，地域の持続的な発展につなげていくべきという方向性が示された．また，知識や伝統文化の継承の重要性はある程度認識されているものの，その記録が十

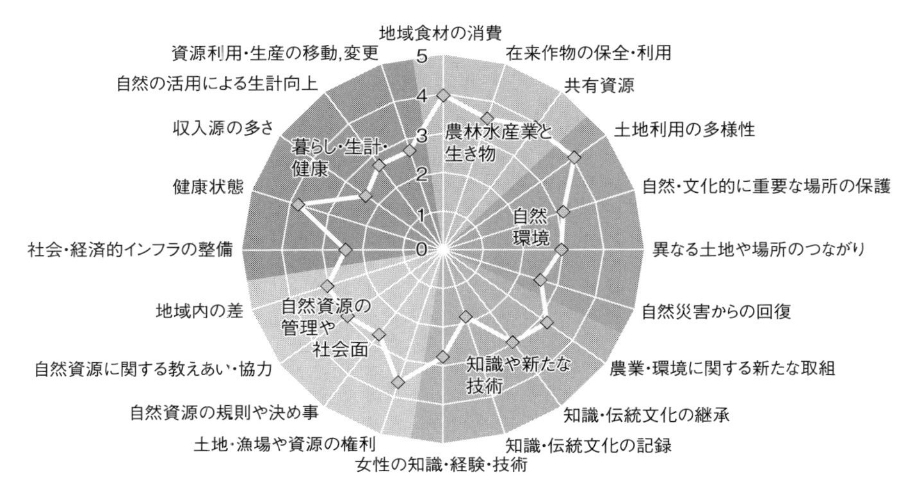

図 11.5　石川県珠洲市日置地区における住民によるレジリエンス評価（市川・ユー，2016）

分でないことから，積極的に記録にまとめ，次世代に継承していく必要性が認識された.

(3) 里山・里海の連環を活かした震災復興

生物多様性条約 COP10 における愛知目標の採択を受けて，日本の生物多様性国家戦略の見直しが進められた. 2012 年にインドのハイデラバードで開催された COP11 を目指して中央環境審議会自然環境部会で議論を進めるべく作業が進められていた折に発生したのが，東日本大震災である. 筆者は，自然環境部会長として議論の取りまとめにあたっていたが，日本の自然は豊かな恵みをもたらすとともに，時には人間に大きな災いをもたらす脅威となり，そうした両面性をもつ自然と付き合っていく方策を探ることが，自然共生社会への途であることを再認識した（環境省自然環境局，2013）.

被災地において，こうした自然共生に対する考え方にもとづいて震災復興に貢献する大きな機運が生まれた. それは，2013 年 5 月に創設された三陸復興国立公園である. この国立公園は岩手県の沿岸部にあった陸中海岸国立公園を改組，大幅拡大したものである. 国立公園に「復興」という言葉を加えたのは筆者のアイデアであるが，この国立公園が震災復興に貢献すべきものとなるようにという願いを込めた. また「海岸」という言葉をなくしたの

図 11.6　気仙沼大島の田中浜に設けられた避難路（環境省提供）

は，沿岸部にとどまらず里山と里海の連環を重視した国立公園として整備すべきと考えたからである．

この国立公園に含まれる気仙沼大島の田中浜は，様々な自然体験ができる風光明媚な砂浜である．震災後に，この田中浜に巨大防潮堤を建設するという計画が進められていたが，地域住民の合意を得てこれまでの防潮堤を復旧するにとどめ，自然体験プログラムを推進するための拠点施設を砂浜付近に復旧するとともに，津波災害リスクに備え，高台への避難路を整備した（図 11.6）．この避難路は，日常的には遊歩道として活用できる．このようにして，日常的な自然体験と，非日常的な自然災害への備えの共存が図られたのである．

南三陸町，登米市，石巻市にまたがる地域では，「森里川海のつながり」を感じることのできる里山・里海フィールドミュージアムの整備が進められている（図 11.7）．また南三陸町では，持続可能な森林管理を国際的に認証する FSC（Forest Stewardship Council; 森林管理協議会）と環境に配慮した養殖漁業を国際的に認証する ASC（Aquaculture Stewardship Council; 水産養殖管理協会）の両方を取得した．これは，里山と里海の持続的管理が，国際的にも認められ，震災復興にも大きく貢献した好例として評価されよう．

2014 年 11 月，オーストラリアのシドニーで国際自然保護連合（IUCN）

図 11.7　里山・里海フィールドミュージアム（環境省提供）

が主催する第6回世界国立公園会議が開催された．日本代表団は，国立公園をはじめとする保護区域が防災・減災に果たす役割に関する議論を展開した．その結果，森林や湿地などの生態系が防災・減災に果たす大きな役割についての共通認識が得られた．筆者もまた，この会議で「SATOYAMA イニシアティブと保護区域」と題する講演を行い，三陸復興国立公園の創設と，里山・里海フィールドミュージアムの整備をはじめとするグリーン復興プロジェクトを紹介した．

筆者らは，世界国立公園会議での成果を踏まえて，2015年3月に仙台市で開催された国連防災世界会議で「防災・減災・復興への生態系の活用」と題する公式サイドイベントを開催した．そこでは，生態系を活かした防災・減災（Ecosystem-based Disaster Risk Reduction; Eco-DRR）と，自然災害を柔軟に受けとめるレジリエントな自然共生社会を構築することの重要性を訴えた（Takeuchi et al., 2016）．Eco-DRR は，防災分野のみならず自然環境分野でもますます注目されるようになっており，2017年に採択された日本生命財団の2つの学際的総合研究助成の研究課題は，いずれも Eco-DRR に関するものであった．

11.3　社会生態学的生産ランドスケープの再評価と世界農業遺産

(1) 日本の里山ランドスケープと世界農業遺産（GIAHS）

日本でも，最近，世界農業遺産への関心が高まっている．この世界農業遺産は，もともとローマに本部をもつ国際連合食糧農業機関（FAO）が，1992年に南アフリカで開催されたヨハネスブルク・サミット（地球サミット）を契機に発足させた取り組みであり，英語ではGlobally Important Agricultural Heritage System（地球的重要農業遺産システム）と呼ばれ，一般にはそれを略したGIAHS（ジアス）の名で知られている．このGIAHSは，もともと開発途上国に見られる伝統的な農林水産業システムを持続可能なものとして認証する取り組みであった．

筆者は，FAOによる世界農業遺産の認定を日本のような先進国でも進められないかと考え，FAOで当時水・土地部長を務め，GIAHSの責任者であったイラン出身のパルヴィス・クーハクカン博士が国連大学での講義のために来日した際に，彼の意見を求めた．筆者は，農林水産業の大規模化がもたらす環境破壊やコミュニティ崩壊などの問題を解決するためには，小規模伝統的な農林水産業の再評価とそれにもとづく地域の再生を目指すことが重要であり，GIAHSの取り組みは日本のような先進国でも適用されるべきだと考えたのである．パルヴィスは，熟考の末，それは十分可能であると回答してくれた．

そこで，日本でのGIAHS候補地を探す取り組みが始まった．農林水産省北陸農政局や，国連大学高等研究所いしかわ・かなざわオペレーティング・ユニットのあん・まくどなるど所長の尽力により，石川県の能登と新潟県の佐渡が候補地として名乗りをあげた．「能登の里山里海」，「トキと共生する佐渡の里山」と題する2つの申請書がFAOに提出され，2011年に北京で開催された世界農業遺産国際会議において正式にGIAHSに先進国として初めて認定されたのである（武内，2013）．これは，里山ランドスケープと里海シースケープが環境分野から農林水産業分野に拡大する契機となった取り組み

図 11.8 背後の茶草場から刈り取られた草が茶園に敷かれる（静岡県掛川市で）

として大きな意義をもっている．

その後も，日本における世界農業遺産の認定地域は増え続け，2018 年 5 月現在で認定された地域は 11 ヵ所に達している．その中には，2011 年 3 月に IPSI の総会後に視察を予定していたが東日本大震災のため訪問を中止した静岡県掛川周辺の「茶草場」も含まれている．茶草場農法とは，茶畑の周辺に半自然草地を維持し，その草を茶園に敷くことで高品質な茶を生産するシステムである（図 11.8）．こうした農法が維持されているため，草原に生きる希少な野生動植物がいまでも生育・生息しており，生物多様性の維持に貢献している．

(2) 世界農業遺産と日本農業遺産の認定基準

2013 年 5 月に石川県七尾市で開催された世界農業遺産国際会議は，世界農業遺産認定地域で開催された初めての会議であった．この会議には，FAO のトップであるブラジル出身のジョゼ・グラシアノ・ダ・ジルバ事務局長が出席し，能登の里山里海の視察も行った．その結果，事務局長自身がこの取り組みに大きな関心を寄せるようになり，世界農業遺産は，FAO の一つのプロジェクトから，恒久的なプログラムへと格上げされた．その変更に伴って，2016年2月に7名の委員からなる科学アドバイザリーグループ（SAG）が設けられ，定期的に会合を開いて，世界農業遺産認定に向けた協議を進めていくことになった．

筆者も委員の一人となったこのSAGでは，認定に向けた協議と同時に，認定基準の見直しも行われた．その結果，これまでの基準を踏襲しつつも，それを改善するかたちで5つの基準がとりまとめられた．すなわち，①食料および生計の保障，②農業生物多様性，③地域の伝統的な知識システム，④文化，価値観および社会組織，⑤ランドスケープおよびシースケープの特徴，である．5番目の基準は，里山ランドスケープと里海シースケープの概念に依拠しており，それがGIAHSの基準として採用されたことは，大変意義深い．

2016年になって，日本の農業遺産認定に向けた取り組みの裾野を広げ，大きな運動として展開していくために，中国や韓国と同様に国内認定制度である「日本農業遺産」の認定を農林水産省が行うことが決定した．この認定のための審査は，世界農業遺産の候補地の認定と同様，農林水産省に設けられた世界農業遺産等専門家会議（筆者が委員長）が行うことになった．その結果，2017年3月に8地域が初めて日本農業遺産に認定された．

日本農業遺産の審査に際しては，世界農業遺産の基準にはない独自の基準が設けられた．もともと開発途上国の伝統的な農林水産業システムを認定するための基準では日本の伝統的な農林水産業システムを評価するには十分でないと考えたからである．そこで追加されたのが，⑥変化に対する回復力，⑦多様な主体の参加，⑧6次産業化の推進である．

自然災害が多発する日本では農林業を通じたレジリエンスの強化が重要と考えたのである．また，農林水産業の担い手の減少と高齢化という問題を克服するためには，行政，企業，NPOなど多様な主体の参加による「新たなコモンズの創生」と，伝統的な社会・生態的生産システムを高付加価値型の産業へと転換していくような新しいビジネスモデルの展開が求められるからである．こうした観点は，SATOYAMAイニシアティブにおいて強調されたものである．

(3) 世界農業遺産の持続可能な開発目標（SDGs）への貢献

2015年に国連総会で採択された持続可能な開発目標（Sustainable Development Goals; SDGs）は，先進国，開発途上国を問わず，17の目標を2030年までに達成することを目指すものである．SDGsの前身であるミレニアム開発目標（MDGs）は，開発途上国を対象にし，先進国は，その達成に向けて支援するという立場にあった．SDGsの場合は，先進国もみずから達成すべき目標としてSDGsを掲げていることが大きな特徴であり，先進国と開発途上国がお互いに連携しながらその達成を目指していくことが強く望まれている．

こうした国際社会における議論の展開は，GIAHSの発展過程とも符合する．当初は開発途上国を対象にした伝統的農林水産業システムを認定する仕組みであったものが，日本での認定を契機に先進国でも認定を目指す取り組みが始まったのである．そしていまでは，伝統的な農林水産業システムの本場ともいえるヨーロッパでもスペインやイタリアなどで認定が進められている．いまでは，FAOが中心となって，開発途上国と先進国の相互交流を促進している．

FAO自体も，SDGsの達成に貢献することを機関としての最重要課題とすると決定している．GIAHSもFAOのプログラムのひとつとして，SDGsへの貢献が大いに期待されている．図11.9は，GIAHSの5つの評価基準が，SDGsの17の目標とどのように関係しているのかを示したもので，国連大学のGIAHSチームが作成したものである．この図に示されるように，GIAHSは，SDGsの17の目標すべてに貢献しうるものである．GIAHSの取り組みを通じて，自然共生社会の実現とともに持続可能な地域の発展が図られることを期待したい．

SATOYAMAイニシアティブや世界農業遺産の取り組みは，開発途上国を含む世界各地を巻き込んで現在も続けられている．2000年頃に始まった日本生命財団の助成を契機とする里山ランドスケープ，里海シースケープの再生に向けた戦略的な取り組みは，現在もその歩みを続けている．こうした取り組みは，持続可能な社会の形成を促すための広範な取り組みのごく一部にすぎないが，少なくとも自然共生社会の実現を先導する取り組みとしての

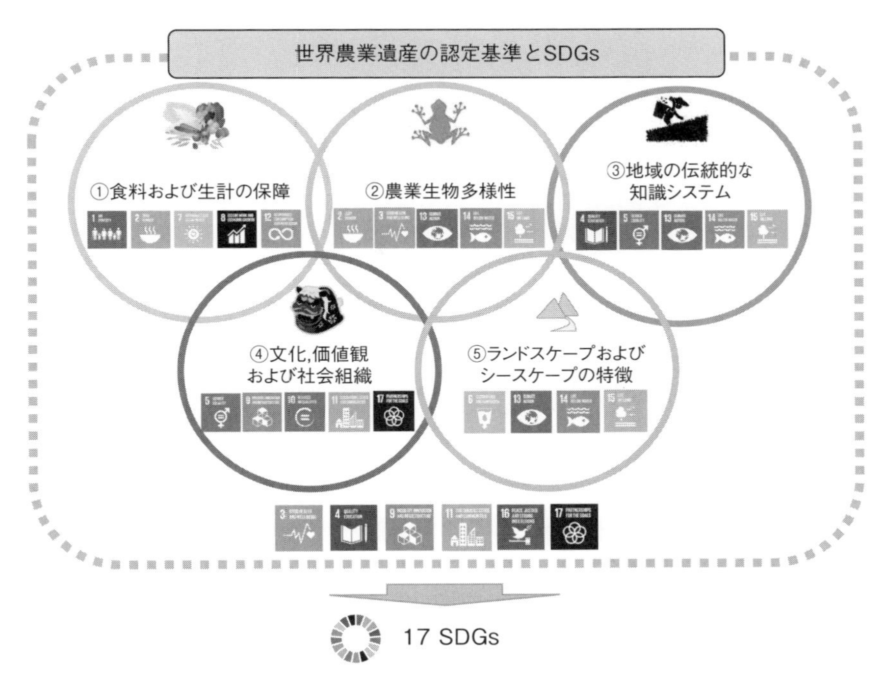

図 11.9　世界農業遺産認定の5基準と持続可能な開発目標（SDGs）の関係（国連大学提供）

意義は大きいであろう．

筆者は，いまサステイナビリティ学の創生と展開を大きな課題としているが，そこでは地球的課題の解決に向けて社会変革を促すことが重要であると言われている．また，その実現のためには，学術と社会がより連携して，問題解決を一緒に目指していくことが求められている．里山ランドスケープ，里海シースケープの再生に向けた取り組みは，まさに両者の緊密な連携によってはじめて推進しうるものである．これらの取り組みを発展させるべく，さらに努力していきたいと思う．

引用・参考文献

市川薫・イヴォーン，ユー．（2016）珠洲の里山里海の意識調査・ワークショップ結果報告書，国連大学サステイナビリティ高等研究所，33 pp.
奥田直久（2014）生物多様性を保全する――生物多様性条約と生物多様性国家戦

略．武内和彦・渡辺綱男編『日本の自然環境政策——自然共生社会をつくる』東京大学出版会，東京，115-144.

環境省（2007）『21世紀環境立国戦略（関係資料集)』環境省，東京，237 pp.

環境省自然環境局編（2013）『生物多様性国家戦略2012-2020——豊かな自然共生社会の実現に向けたロードマップ』環境省，東京，273 pp.

国際連合大学高等研究所・日本の里山・里海評価委員会編（2012）『里山・里海——自然の恵みと人々の暮らし』朝倉書店．東京，209 pp.

ザクリ，A. H.・西麻衣子（2010）ミレニアム生態系評価——生態系と人間の福利を考える．小宮山宏・武内和彦・住明正・花木啓佑・三村信男編『サステイナビリティ学4　生態系と自然共生社会』東京大学出版会，東京，35-74.

武内和彦（2013）『世界農業遺産——注目される日本の里地里山』祥伝社新書，東京，220 pp.

武内和彦・中尾文子（2014）里山ランドスケープを育む——里山・里海評価とSATOYAMAイニシアティブ．武内和彦・渡辺綱男編『日本の自然環境政策——自然共生社会をつくる』東京大学出版会，東京，145-170.

武内和彦・鷲谷いづみ・恒川篤史編（2001）『里山の環境学』東京大学出版会，東京，257 pp.

柳哲雄（2006）『里海論』恒星社厚生閣，東京，102 pp.

Duraiappah, A. K., K. Nakamura, K. Takeuchi, M. Watanabe and M. Nishi, eds.,（2012）Satoyama-Satoumi Ecosystems and Human Well-Being——Socio-Ecological Production Landscapes of Japan. United Nations University Press, Tokyo, 480 pp.

Millennium Ecosystem Assessment（2005）Ecosystems and Human Well-being: A Framework for Assessment. Island Press, Washington DC, 245 pp.

Takeuchi, K., R. D. Brown, I. Washitani, A. Tsunekawa and M. Yokohari eds.,（2003）SATOYAMA——The Traditional Rural Landscape of Japan. Springer-Verlag, Tokyo, 229 pp.

Takeuchi, K., N. Nakayama, H. Teshima, K. Takemoto and N. Turner（2016）Ecosystem-Based Approaches toward a Resilient Society in Harmony with Nature, In: Renaud, F. G., K. Sudmeier-Rieux, M. Estrella and U. Nehren eds., "Ecosystem-Based Disaster Risk Reduction and Adaptation in Practice" Springer International Publishing, Switzerland, 315-333.

12
時空間情報プラットフォームの構築
――協働と共創につなげる

佐土原聡

人間は言語を介した集団的学習（クリスチャンほか，2016）・協働によって困難を克服し，様々な環境に適応し，環境を改変して，生存の領域を拡大・拡充してきた．一方で，自ら生み出したその力で新たな課題を生じさせ，その解決に迫られてきた．今日，協働の知・価値の創出を求めて巨大化する都市の活動が直接・間接に影響し，地球環境問題がますます深刻化している．私たちは人間が地球環境を変える新たな地質年代・人新世（アントロポセン）の始まりのなかにいる，との考えも議論されている（AFP, 2018）．筆者らの研究は，地球環境問題の克服に向けたさらなる集団的学習の促進による協働と共創のために，多岐にわたる地球環境の構成要素を共通の概念的フレームで整理し，それにもとづいた時空間情報プラットフォームを，最新の情報科学を取り入れて構築・活用する，いわば人新世における超スマート都市のマネジメント研究を目指している．

この研究の最初のエポックメーキングな取り組みとなったのが，2006-2008 年の日本生命財団学際的総合研究助成に採択いただいた「持続可能な拡大流域圏の地域住民，NPO，行政，研究者の実践的協働を実現する空間情報プラットフォームの構築」の研究（以下，助成研究）であり，その後の研究活動も含めて次のような成果をまとめることができた（佐土原編，2010）．

①国連ミレニアム生態系評価（横浜国立大学 21 世紀 COE 翻訳委員会，2007）の概念的フレームをもとにして，あらたに地圏，水圏，気圏という構成要素を加えて，地球環境問題解決に向けた異なる分野の連携研究に活用できる概念的フレームを構築した．またそれを活用して持続可能な流域圏づくりをテーマに多分野の連携研究を行い，異なる分野の相互関係を定性的に整理した．

②①に基づき，地球環境問題解決に向けた異なる分野の連携研究を支援する時空間情報プラットフォームのイメージ・構成・内容などを提示した．そして構成要素の5圏（気圏，水圏，地圏，生物圏，人間圏）のデータ・情報基盤を一部試行的に構築・活用し，定量的検討を行って，その有用性を確認した．

③異なる分野・立場の研究者やステークホルダーが，時空間情報プラットフォームを活用しながら，Win-Win の関係で実践的な協働研究を促進するための条件を整理した．

④地球環境問題に取り組むために必要な，異なる分野の人的なネットワークを，実際に構築し発展させることができた．

以上の成果をその後も継続的に発展させてきたが，その間，時代が急速に進展している．地球環境問題の深刻さがより強く認識される一方で，情報技術が急速に発展し，助成研究の成果を展開することで，「時空間情報プラットフォームの活用による地球環境対応型都市に向けた多分野・多主体の協働・共創」という筆者らが目指す研究のコンセプトに手が届く環境が整ってきた．本章では，まず，地球環境問題への取り組みの具体的な空間単位として重要であり，かつ，先に述べた5圏の環境構成要素の相互関係とスケール間のつながりを表現できる概念フレームの適用対象としてふさわしい，流域圏に関する「時空間情報プラットフォーム」の研究を行った助成研究の成果を振り返る．助成研究終了後は，世界人口が増加するなかで2050年にはその3分の2が都市に居住すると予測される（United Nation, 2014）ことから，都市域が地球環境問題の緩和策，適応策の最重点対象であると考えて，そこにフォーカスした．そして，より詳細なスケールで検討するとともに，今日，都市計画分野で重要なテーマとなっているエリアマネジメントへの活用を視野に，エリアを対象とした時空間情報プラットフォームの検討を進めてきたので，その状況，現在の到達点，今後の展開を，関連する社会状況と合わせてまとめている．

12.1　環境要因の構造化――都市の拡大と自然

(1) 上水道でつながる拡大流域圏

助成研究の課題名にある「拡大流域圏」は聞き慣れない表現であるが，これは当時，神奈川県の政策課題であった水源環境税の設置に本研究が資することを直接の目標としていたために用いた表現である．神奈川県では横浜・川崎の大都市域が水の大量消費地であるが，その流域は狭小で河川流量が小さく，需要をまかなえない．そのため，1887（明治20）年に日本初の近代水道を設置して以来，自然の流域を越えて，数十km離れた相模川水系からの送水に頼ってきた．当時から乱伐による水源環境の荒廃が懸念され，横浜市は1916（大正5）年に上流山梨県道志村の山林を購入（泉，2011）して以来100年余り，水源林として管理してきた．水源は，戦後の高度経済成長による急速な人口増加と産業発展で，酒匂川流域まで拡大し，丹沢山系から富士山・箱根山麓，御坂山地までが水源となっていった．自然の流域をこえた，送水ネットワークで結ばれた流域を「拡大流域圏」と名づけた．この水源の森林が輸入材拡大の影響による林業衰退で管理放棄され，森林生態系の荒廃が続き，水の安定確保に大幅な人工林の管理が不可欠となって，2007年にその財源を神奈川県民が等しく負担する水源環境税が新設された．

(2) 国連ミレニアム生態系評価と概念的フレーム

助成研究では多分野・多主体の方々に参加いただき，持続可能な流域圏づくりに向けた実践的協働の実現を模索した．参画研究者の分野は地球科学・森林生態・土壌生態・都市計画・地方財政・産業連関・農業経済・地域経済・地質構造・水循環・大気循環・情報科学と多岐にわたっているが，それでも流域圏課題に関するすべての分野を網羅しているわけではない．流域圏の構造の概念的フレームを設定し，個々の研究が全体のなかでどのような位置にあり，分野同士がどのような関係にあるかを明示する必要があると考えた．

それに先立つ2002-2006年に横浜国立大学は21世紀COEプログラム「生物・生態リスクマネジメント」に取り組んだが，そこでは「国連ミレニ

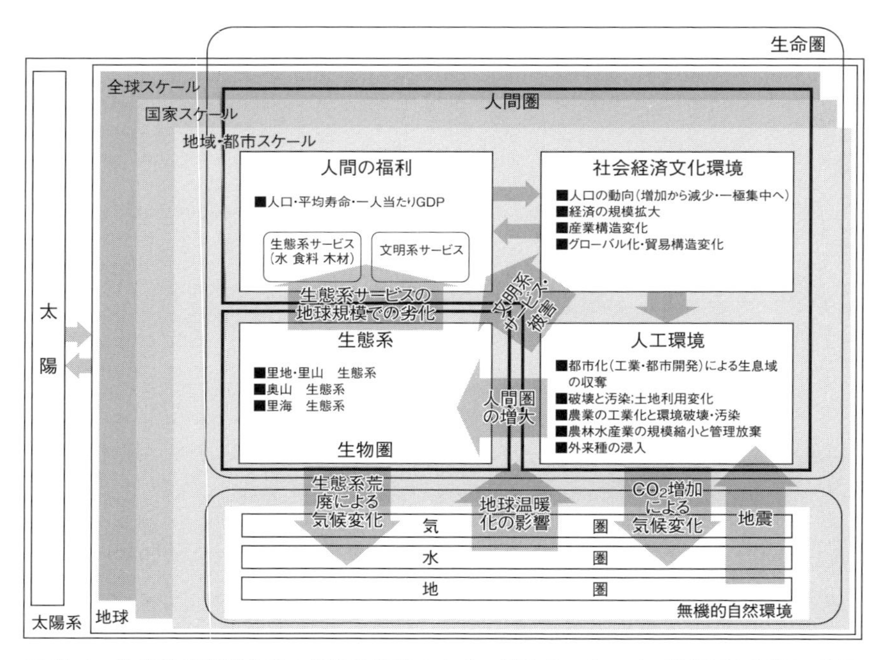

図 12.1 地球環境問題全般の構造的整理のための概念的フレーム(横浜国立大学 21 世紀 COE 翻訳委員会, 2007 を改変)

アム生態系評価」(2001-2005 年)を研究対象とし,その報告書の翻訳も行った(横浜国立大学 21 世紀 COE 翻訳委員会, 2007).そこで示された「ミレニアム生態系評価における生物多様性,生態系サービス,人間の福利,変化の要因の間の相互作用の概念的枠組み」をもとに助成研究では,多分野多主体協働の基盤となる概念的フレームを構築した(図 12.1, 佐土原編, 2010).

国連ミレニアム生態系評価の概念的フレームは図 12.1 の上部の生命圏のみが対象で,4 つの要因と 3 段階の空間スケールで表現され,これにもとづいて生態系の変化が人間の福利におよぼす影響の評価が実施され,人間がとるべき行動は何かが科学的に示された(横浜国立大学 21 世紀 COE 翻訳委員会, 2007).助成研究では地球温暖化を含む地球環境問題全般を構造的に捉えるために,生態系評価における要因を生物圏と人間圏からなる生命圏環境領域に,新たに気圏・水圏・地圏からなる無機的な環境領域を加えて,5 圏 4 要因 3 スケールで構成される概念的フレームを設定した.

(3) 概念的フレームと地域・地球環境問題

今日私たちが直面している地球温暖化問題をこの概念的フレームに当てはめて考えてみる．何十億人もの人間の福利を求めて，社会経済文化的要因が駆動して大量のモノ・サービスを提供するために，人工環境で資源・エネルギーを消費した結果，大量の温室効果ガスが発生し，気圏・水圏領域で地球温暖化が顕在化している．その結果，気候変化が起こって人間は適応策を講じる必要に迫られている．

また，人間は生活に必要な食料，資源などの基本的な物質を生態系から供給サービスとして得ている．それを支える社会経済の仕組みなどの社会経済文化的要因が駆動して，人工環境において土地の利用や被覆改変，肥料や農薬等の投入，魚類の捕獲などが行われ，グローバルな物流や取引を通じて地球規模に波及して，生物多様性の喪失が生じている．

(4) 人口増加・都市化の進展と地球環境問題

地球環境問題を駆動するのは，人間が福利を求める行為であり，福利を得て増加する人口である．図 12.2 に示すように，多くの人々が福利をもたらすモノ・サービスを獲得した産業革命以来，人口が急増して現在は 70 億人を超え，その半数以上が都市に居住する．産業集中，人々の集住で都市化が進展し，さらに ICT に支えられた都市がグローバルにネットワークされて

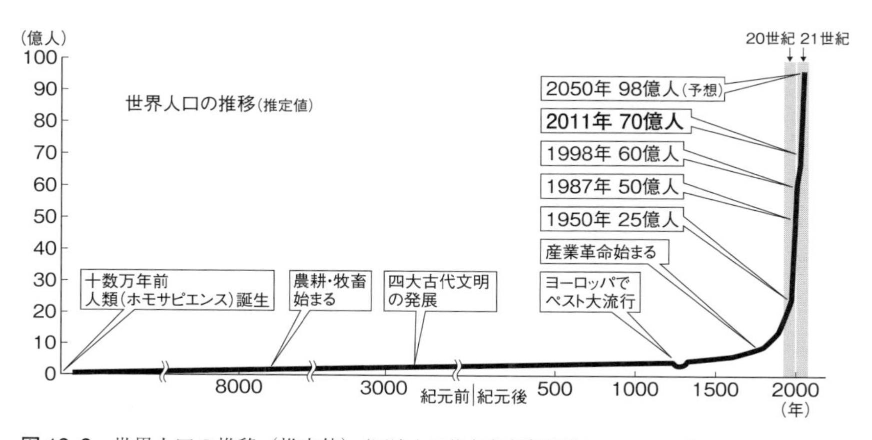

図 12.2　世界人口の推移（推定値）（国連人口基金東京事務所ホームページ）

文明を牽引し，総人口100億人の時代が来ようとしている．その都市群を支える膨大な生物・資源・エネルギーの消費が地球環境問題を駆動している一方で，人々は自然から隔離された都市空間に集住し，自然に触れ認識することもますます希薄になっている．地球環境問題の要因の中心に位置するのが都市であり，都市を地球環境対応型に変えていくことが中心課題である．地球環境問題と都市が表裏一体であることを私たちが共通認識とし，解決への道を拓く必要がある．しかしどちらも構造が複雑，多様で，人間から地球までのマルチスケールで捉える必要があり，課題の把握・理解が容易ではない．また利害を異にするステークホルダー間の調整もむずかしい．

12.2 時空間情報プラットフォームから超スマート都市プラットフォームへ

(1) 地球環境と地域環境の結節点としての都市——人口減少超少子高齢化と都市

日本においては超少子高齢化・人口減少が進み，大都市での集住と相まって地方での人口減少が深刻である．依然として生物資源の大幅な海外依存による農林水産業就業者の減少，国土自然管理が課題である．一方で，グローバル化にともなう都市間競争が激しく，都市への集住と機能集中・高度化による価値創造力が国の活力維持向上，国の将来を左右するといわれている．海外への資源エネルギー依存度が高い大都市域への人口集中が大きくなって，地球環境と直結しているのが日本の大都市であり，地方では自然環境の管理放棄が進行しているなど，日本における地球環境と地域環境の結節点が都市，特に大都市にあるといえ，そのあり方が問われている．

また，大都市域内でも状況は一様ではない．一極集中といわれる首都圏でも，1990年代後半から首都圏内での都心回帰が始まっている．たとえば都心からのアクセス性に劣る神奈川県の西部や横浜市の南西部・南部では人口減少が始まっている．人口減少とともに次第に空き家・空き地が増加し，管理が課題となるだけでなく，並行して高齢化も進展し，増加する高齢者へのサポートが必要になる一方で，公共インフラのコスト増がサービス維持を困難にし，車移動の困難な高齢者が買い物難民化するなど，大都市の縮退にともない，様々な課題が生じている．

(2) 概念的フレームの活用と時空間情報プラットフォームの試作

このように都市や地域では異なるスケールの多様な要因が相互に関連して課題が顕在化しているなか，地球環境問題を視野に入れた課題解決に迫られている．残念ながら人間の知はその問題解決にはるかにおよばないが，グローバルな問題がローカルな人間活動の集積の結果で，その影響が人間の未来に深く関わることは認識されてきている．したがって，絶えず地球規模の課題を背景として人間のローカルな活動を判断するマルチスケールのプラットフォームを構築して知識・知見を蓄積し，それらを活用する必要がある．どんなローカルスケールのエリアでも，事象には多くが5圏にまたがる複雑な要因が関わっている．専門分野ごとに個別に獲得した知識・知見を組み合わせ，人間の通常の意思決定と行動が展開されるローカルなスケールでの課題解決に資する知の集積を創出する必要がある．役割・単位・手法・要素などが異なる分野をつないで新たな知見を導き出すために，筆者らは助成研究で多分野の関係性を表現できる図12.1の概念的フレームと，時空間を共通座標軸とするICTのプラットフォームを提案し，神奈川拡大流域圏をフィールドとした問題構造の整理と時空間情報プラットフォームの試作を試みた．

図12.3がその問題構造の整理である（佐土原編，2010）．神奈川拡大流域圏では人間の福利である水源確保の持続性と水質の確保が脅かされており，それが生じる社会経済文化環境，人工環境，無機的自然環境，生態系の各要因とその相互関係が示されている．このような整理にもとづいて，分野の異なる研究者やステークホルダーが，共通の対象フィールドでそれぞれの知見やデータ・情報を用いて議論することで，課題解決に向けた協働が促進されると考えた．神奈川拡大流域圏では，先に述べたように東京湾岸の横浜，川崎，横須賀等の都市群が相模川・酒匂川の水源域の水に100%依存しており，それゆえ水源環境税を導入して丹沢，箱根の人工林管理を進めることになった．そのことを広く社会に理解してもらうためには，その依存の実態の可視化が果たす役割が大きい（図12.4）．時空間情報プラットフォームにとってこのような役割も重要である．

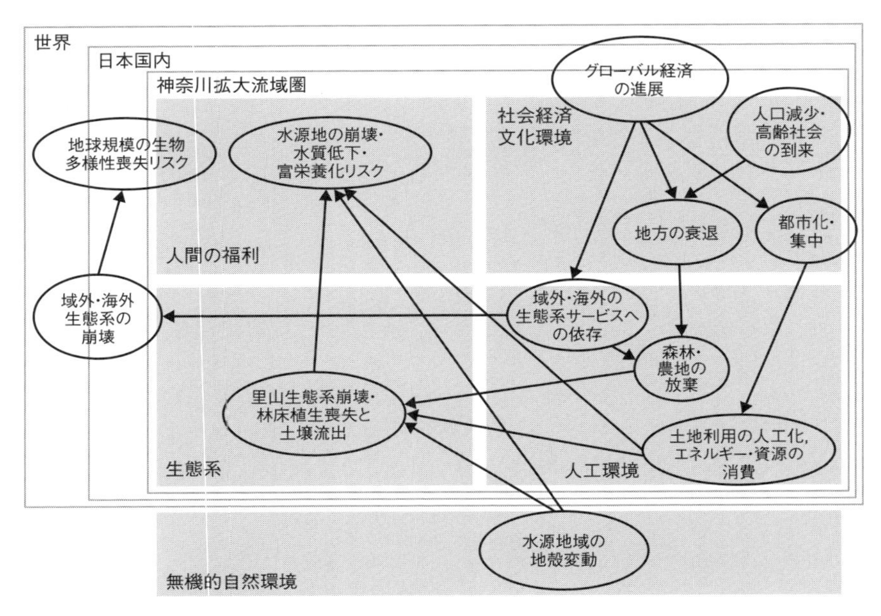

図 12.3　神奈川拡大流域圏の問題構造の整理

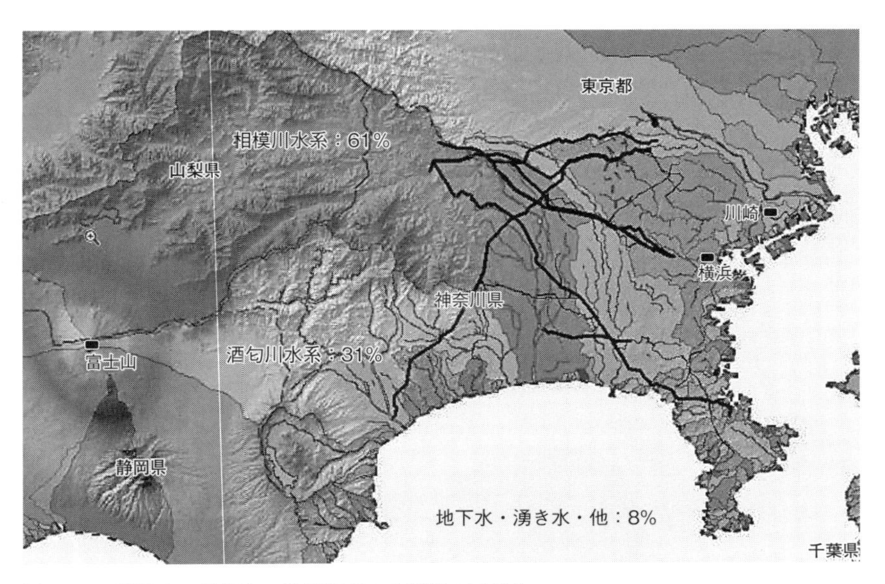

図 12.4　横浜市，川崎市，横須賀市の水源域の可視化

表 12. 1　重回帰分析結果（Shrestha et al., 2011）

	水質	決定係数	標準偏回帰係数	
			下水道未整備区域人口負荷	農地負荷
室川	COD	0.719	0.738	0.215
	TP	0.792	0.805	0.218
	TN	0.552	0.730	0.195
水無川	COD	0.705	0.228	0.628
	TP	0.809	0.211	0.786
	TN	0.212	−0.589	0.946
葛葉川	COD	0.615	0.646	0.357
	TP	0.639	0.500	0.344
	TN	0.257	0.553	−0.201
大根川	COD	0.535	0.650	0.286
	TP	0.559	0.620	0.189
	TN	0.469	0.898	0.338

冒頭の助成研究の成果②で述べた，データ・情報基盤の一部試行的な構築と定量的検討の例を2つあげる．ひとつめは神奈川県秦野市の金目川流域を対象に，効果的な河川水質マネジメントを検討するために，人工環境，水圏，気圏に関するデータ・情報の基盤構築・活用により，河川水質に複雑に影響する多様な要因を定量的に明らかにした研究である．同流域では4河川，6ヵ所の水質調査地点における1972年から2007年までの36年間のCOD（化学的酸素要求量），TP（全リン），TN（全窒素）の測定データ（水圏のデータ）があり，秦野市より提供いただいた．地形情報，建物分布と下水道整備区域から求めた下水道未整備区域人口，農地である水田・畑の面積を，水質調査地点を起点とした集水域ごとに空間解析で抽出し（人工環境データ），汚染負荷原単位を掛け合わせた数値と，水質測定データとの重回帰分析を行い，各要因の影響の大きさを定量的に明らかにした（表12.1）（Shrestha et al., 2011）．また，TNに関しては，決定係数が比較的小さい結果となったが，それはほかの要因である大気汚染による窒素酸化物が影響していると推測されたため，気象学の研究者によるインベントリデータと気象モデルにもとづく神奈川拡大流域圏全体の詳細なシミュレーション（気圏のシミュレーション）による，大気由来の沈着窒素量の推定結果とを突き合わせた．この推定

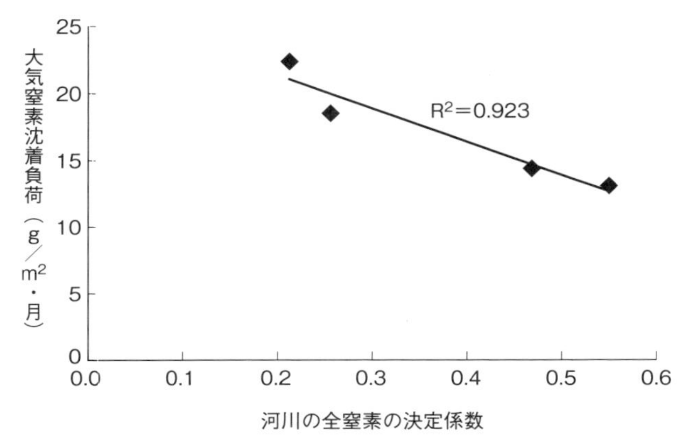

図 12. 5　大気窒素沈着負荷と決定係数との比較（Shrestha et al., 2011）

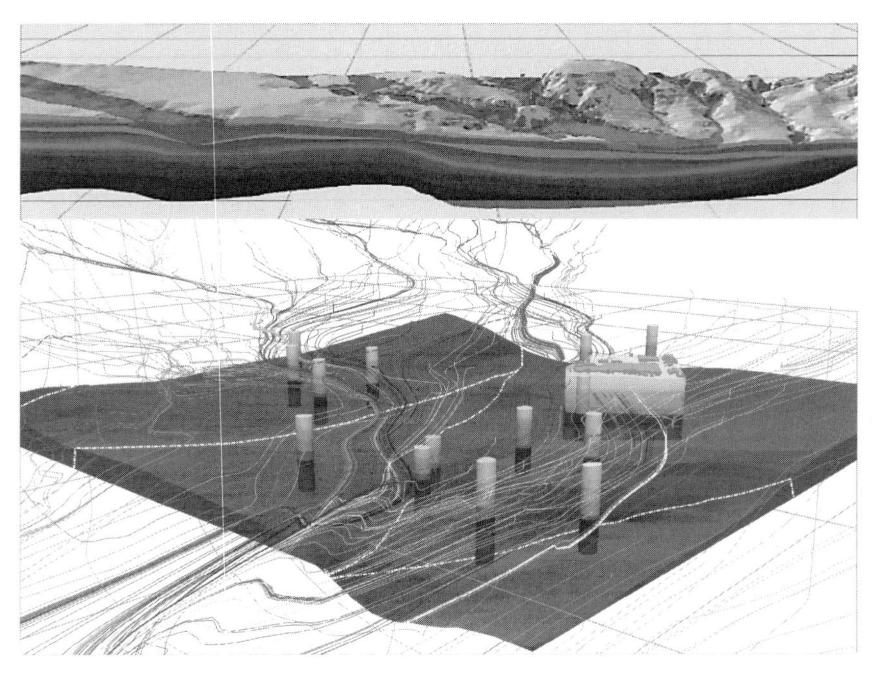

図 12. 6　秦野市地質構造と地上地下水循環モデル（秦野市・株式会社地圏環境テクノロジー提供のデータより作成）

値が大きいほど，先の重回帰分析の決定係数が小さくなり（図 12.5），大気由来の窒素が影響していることが強く示唆された．

2つめの例として，やはり秦野市を対象とした地圏データである3次元地質モデルの構築と活用である．同市ではかつて地下水汚染があり，詳細なボーリングデータと多数の観測井での地下水調査による保全管理が行われている．そのボーリングデータをもとに3次元地質モデルを構築し，11 個の観測井において地表から地中約 40 m深程度までの測定により温度プロフィールを詳細に把握して，地中温暖化の実態解明とその要因分析を行って，地中温暖化の要因が気温上昇（気圏）と地被構成（人工環境）にあることを明らかにした（尹ほか，2016）．なお，構築した3次元地質モデル，および参考までにそれを用いて地下水シミュレーションを実施した結果を可視化したものが図 12.6 である．

こうした時空間情報プラットフォームの試作・活用から，行政データ等を空間情報化し，様々な関連データを用いて空間解析を行い，さらに高度なシミュレーション結果とも併せて時空間を一致させて分析・考察を行うことによって，新規性のある研究成果が創出されるなど，同プラットフォームの有用性が確認された．

これらの例は地質構造，大気，水の循環など物理的に見えない事象の可視化であるが，地球規模の温暖化や生物多様性，グローバル経済の動きも同様である．目に見えない事象や課題も含めて，認識しやすい可視的な形で提示することで，課題認識を共有して多様な主体が協働できる時空間情報プラットフォームがますます重要となる．

(3) 都市を対象とした取り組み——横浜みなとみらい 21

その後，筆者らの研究の対象は都市に向かい，横浜市都心部の横浜みなとみらい 21 地区をフィールドに同プラットフォームの構築に取り組んでいる．同地区は，従来の都心域と横浜駅の間の造船所や操車場の跡地に 30 年余をかけて人工的に計画された新都心域であり，現在約 70% が竣工して全域の完成が視野に入ってきた．同地区を中心としたインナーハーバーといわれる臨海都心域が 21 世紀の横浜市を牽引する，メガシティ東京圏のサブコアエリアである．

横浜市は，事業開始から30年を経て地球温暖化やBLCP（業務・生活継続計画）など新しい時代の要請を取り入れたまちづくりの転機にあるとして，2015年に「世界を魅了する最もスマートな環境未来都市」の実現を目指し「みなとみらい2050アクションプラン」を策定した．アクションプランではエネルギー，グリーン，アクティビティ，エコ・モビリティの4つの重点分野が挙げられており，取り組み方針として多様な主体の参加による推進体制と資金調達などの新たな仕組みづくりが示されている．筆者は一連のプロセスに審議会委員として参加しているが，多様な主体として産学公民の協働体の形成が求められており，時空間情報プラットフォームはそのための有用なツールになると考えている．

(4) Society5.0と超スマート社会，そして都市科学

2016年1月，国は第5期科学技術基本計画を閣議決定し，日本を「世界で最もイノベーションに適した国」へ導くとした．そして，「サイバー空間とフィジカル空間（現実世界）とを融合させた取組により，人々に豊かさをもたらす『超スマート社会』を未来社会の姿として共有し，その実現に向けた一連の取組を更に深化させつつ『Society 5.0』として強力に推進」するとしている．ここでいうSociety5.0とは，狩猟社会，農耕社会，工業社会，情報社会に続く，新たな社会を生み出す変革を科学技術イノベーションが先導していく，という意味をもつという．また，サービスや事業の『システム化』，システムの高度化，複数のシステム間の連携協調が必要であり，「産学官・関係府省連携の下で，（中略）共通のプラットフォーム（（中略）「超スマート社会サービスプラットフォーム」という．）の構築に必要となる取組を推進する」としている（内閣府ホームページ，2017）．

一方，2017年4月横浜国立大学は50年ぶりの新学部として都市科学部を開設した．都市科学は都市がかかえる様々な課題を解決し，新しい価値・イノベーションを生むための科学である．それは，都市の存在意義やあり様を考え，それをふまえて都市に関わる多分野の知的資産の蓄積と最新の学術的成果を文系・理系にかかわらず多分野から集めることと，それを連携・融合し，実践的に活かす統合知を創出することとで成立する．都市社会共生，建築，都市基盤，環境リスク共生の4学科で構成され「都市の未来を切り拓く，

横浜発，日本へ！　世界へ！」を掲げグローカルな教育研究を目指している．

筆者は横浜を起点として，Society5.0を先駆する5圏を統合したマルチスケールの都市のシステム科学を創出する必要があると考えており，そこでは多様な研究者が専門分野を超えて都市領域で科学的なデータ・知見をベースにして共創するための時空間情報プラットフォームが重要な役割を果たす．国のSociety5.0の超スマート社会に対応した「超スマート都市」を創出するプラットフォームとその運用による多分野共創システムの構築に向けて，学内の情報科学の研究者との協働を始めている．

(5) 超スマート都市プラットフォーム U-CPS

都市の課題解決に取り組むために，筆者らは時空間情報プラットフォームの概念を都市型に拡充し，超スマート社会の都市のサービスプラットフォーム「超スマート都市プラットフォーム」を構築している．正式にはUrban Cyber Physical System（U-CPS）と呼び，図12.7のように，①フィジカル都市空間にある多様なデータをセンサーネットワーク等で収集し，②サイバー都市空間で大規模データ処理技術を駆使して分析・知識化し，③そこで創

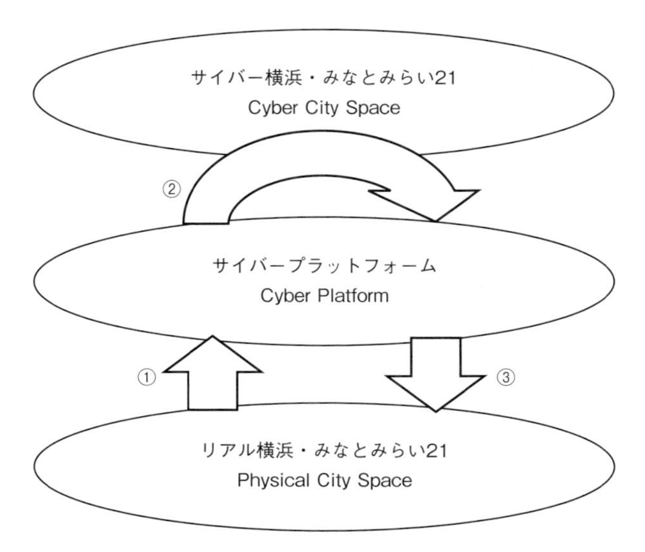

図12.7　U-CPS概念モデル（一般社団法人電子情報技術産業協会の提言をもとに作成）

出した情報・価値によって，都市の課題解決と変革・価値創出を図っていくシステムを意味する．

ここで重要なことはフィジカル（現実）空間を抽象化しデータ・知見を格納するコンピュータ内のサイバー（仮想）空間が，複数の人々のプラットフォームとして機能し，それを駆使して新たな価値が創出される可能性があることである．現実の時空間事象を抽象化した仮想空間ではあるが，時空間の制約を超えることで新たなイノベーションを生む可能性がある．人間は言語や文字，図の仮想シンボルを使いコミュニケーションし，制約を乗り越えて組織的な活動を行い，新機能をもたらす道具やシステムの発明・共用を可能にする集団的学習によって文明を創出してきた．Society5.0 の超スマート社会ではその集団的学習が，コンピュータの仮想現実システム Cyber Physical System（CPS）を用いたものへと高度化し，CPS の都市型が U-CPS である．

12.3　プラットフォーム構築・活用の実践的取り組み

(1)　産学公民研究コンソーシアム「地球環境未来都市研究会」の設立と活動

2012 年 7 月，筆者らは助成研究で構築した異なる分野の研究者ネットワークを核にして，横浜市や JAMSTEC（国立研究開発法人海洋研究開発機構），㈱日立製作所をはじめとした企業とともに産学公の研究コンソーシアム「地球環境未来都市研究会」を設立した．この研究会は時空間情報プラットフォームを構築して，多分野横断・多主体協働で「地球環境対応型の未来都市」を創出することを目指している．対象エリアは横浜市や「拡大流域圏」上流の都留市で，テーマ別に ICT プラットフォーム，エネルギーデザイン，エコロジーデザイン，生物圏などの研究部会を運営している．

たとえばエコロジーデザイン研究部会では，JAMSTEC や大学研究者で地球温暖化に適応できる横浜みなとみらい 21 地区づくりを目標に，気象モニタリングやシミュレーションを活用しての都市の暑熱問題への対応策と街区デザインの指針作成へ向けて検討を行っている（国立研究開発法人海洋研究開発機構，2017）．また生物圏研究部会では，横浜みなとみらい 21 地区での蝶類調査やグリーンインフラに関わるデータベースづくりを目指して街路樹

（約3500本）の樹種・樹高・樹形などの調査と3DGIS化を行っている．これらは今後の暑熱環境調査や景観評価に活用されることになる．さらにICTプラットフォーム研究部会では，レーザーによる人流データ計測や携帯電話を活用した位置情報プラットフォーム構築の実証実験を実施している．またパシフィコ横浜では，避難を想定した人流シミュレーション，リスク評価を行っている．

(2) 超スマート都市プラットフォーム——U-CPSの構築

研究会では，未来都市実現のためのプラットフォーム構築へ向けて，横浜市や一般社団法人横浜みなとみらい21（エリアマネジメント組織）とともに，同地区の「超スマート都市プラットフォーム」のパイロットモデルづくりに着手している．同地区をコンピュータの仮想空間に構築し，人流をセンシングした結果（人流計測の一例を図12.8に示す）を大規模情報処理技術

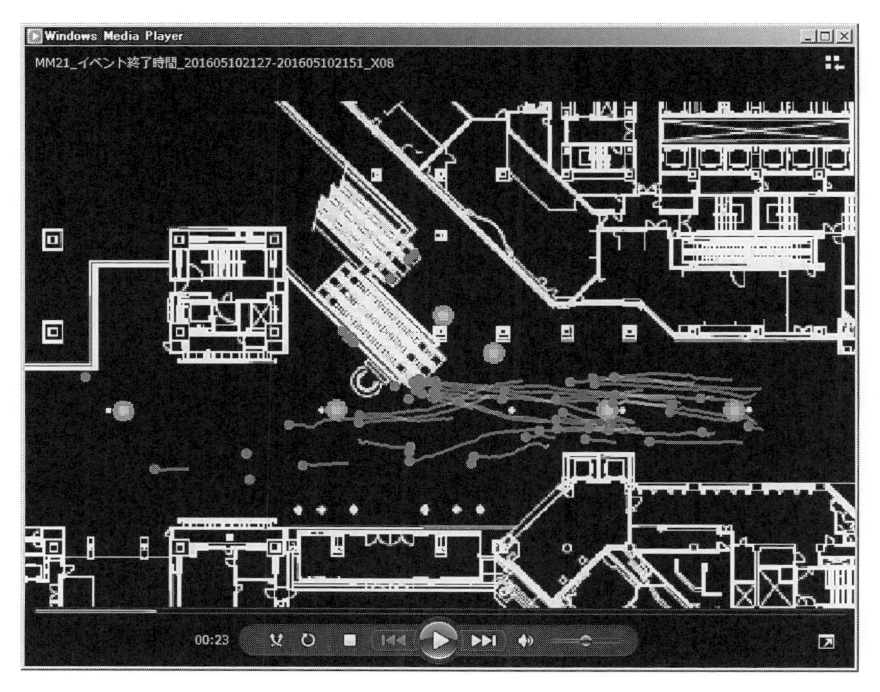

図12.8　クイーンズスクエアでの人流レーザー計測の結果

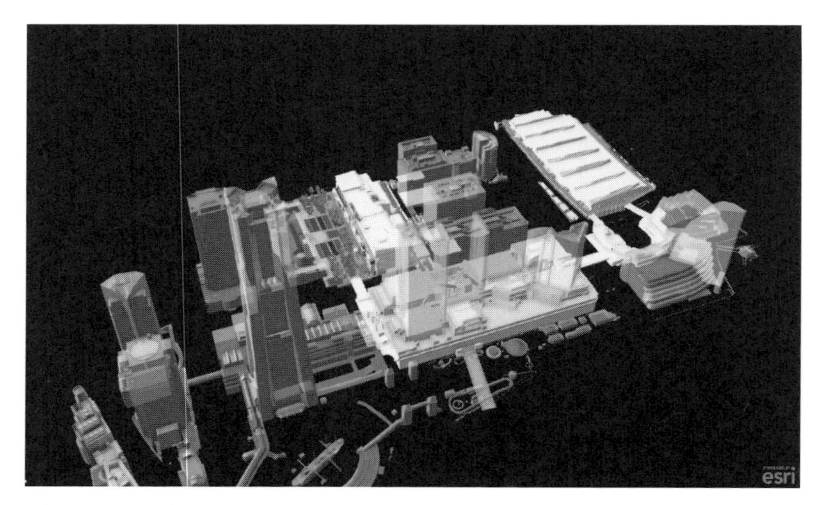

図 12.9　みなとみらい 21 地区コアエリア 3 次元モデル

図 12.10　クイーンズスクエア吹き抜け空間の 3 次元モデル

や AI も活用して，社会経済活動やフィジカルな環境との関連で解析し，それに基づくモデル化，シミュレーション，可視化という一連のプロセスで，新たなサービスや価値を創出し，横浜市を Socity5.0 のモデル都市にしたいと考えている．

現在この研究会の協働研究プラットフォームとするために，横浜市等からのデータ提供を受けて，U-CPS の構築に着手している．みなとみらい 21 地区中心部の地下から地上，屋内外構築物と大気までの 3 次元都市空間をコンピュータ上に構築することを目指して，現段階は仮設的であるが，グランモール公園，みなとみらい駅，クイーンズスクエア&タワー，パシフィコ横浜のエリアで CAD データをもとにした GIS3 次元モデル（図 12.9，図 12.10）を，クラウドで共有できる情報基盤システムとして構築中である．3 次元モデルの各部分がデータ検索のキーとして機能し，個々のデータを引き出すことができるシステムを構築する予定で，それらデータを活用しての空間解析も可能となる．また，みなとみらい 21 地区全域は全建物が空中写真から作成した 3 次元オブジェクトモデルとして表示される．

12.4　多分野・多主体での協働・管理による地域づくり

(1) U-CPS でのスマート都市エリアマネジメントと産学公民協働・共創

さらなるイノベーションを生み出す場として，高度情報共有による創造の場が求められており，そのためにはサイバー都市空間がフィジカル都市空間と一体となった超スマート都市を実現する必要があり，助成研究とその後の研究会活動から，異なる分野・立場の研究者やステークホルダーがプラットフォームを活用して，相互に Win-Win の関係で実践的な協働研究を行う場には，以下のような条件が必要であることを整理した．

①中立性，研究的知見をもち，関係者からの信頼感を得られる大学のような組織がプラットフォームを担うこと．

②対象となる現実のフィールド，フィジカル空間を有すること．そのフィールドが，関係者にとって魅力的であること（先進的な場，先駆的な課題を有するフィールドなど）．また，そのフィールドについての精度と信頼度の高い基盤情報を有すること．

③ICT を十分に活用したプラットフォームの構築が必要であること．

④プラットフォームのデータ領域構成は，5 圏（地圏，水圏，気圏，生物圏，人間圏，うち人間圏は社会経済文化環境・人工環境）を基本とすること．

⑤テーマ別の基盤研究部会と地域部会をマトリックスのかたちで運営し，分野間の連携，自らの位置づけの確認が不断に縦横無尽にできること．

⑥産学公民のステークホルダーの様々な立場を理解できる経験と，ステークホルダー間の Win-Win 関係構築のデザインができる，コーディネーター的な人材を有すること．

⑦目標設定は，緩やかに方向づけしながら，ステークホルダーが自ら考え，協議するなかで議論が深まり，次第に明確になっていくプロセスを踏むこと．

ところで，都市では多様な主体が関係・連携あるいは対立して意思決定し，運営される．そこで多分野の多様な主体が情報を共有し，議論を闘わせて新たなものを生み出していかなければならず，その参加型まちづくりの仕組みとして近年，エリアマネジメントが注目されている．筆者らは U-CPS を，ステークホルダーや市民に使われる，エリアマネジメントの集団的学習と共創，そして意思決定のプラットフォームにしたいと考えている．

幸い横浜みなとみらい 21 地区では，一般社団法人横浜みなとみらい 21 が新しいエリアマネジメントの実践を目指して 2009（平成 21）年 4 月に事業を開始しており，筆者らはこの組織と連携することで，U-CPS による超スマート都市のエリアマネジメントを同地区で実現したいと考えている．

(2) 地球環境対応型超スマート都市を目指して

冒頭に述べたとおり，私たちは人間が地球環境を変える新たな地質年代・人新世（アントロポセン）の始まりの中にいる，との考えが議論されている（AFP, 2018）．そして，人間は自ら獲得した巨大な力を管理していけるのかが問われている．人間は 25–20 万年前に新種ホモ・サピエンスとして出現して以来，集団的学習によって他の生物種にはないイノベーションを積み重ねて現在に至っている（クリスチャンほか，2016）．近年はその機能を飛躍的に拡大できるコンピュータ・ネットワークを獲得し，扱うことができるデータ・情報が指数関数的に増大し，人間の知的能力が強化される情報革命が進行中でもある．これを活用する以外に地球規模に拡大した私たちの課題を解決する道がないとも言える．

12.1（4）で述べたように，地球環境問題の中心に位置するのが都市であり，人間の福利実現の最大の舞台である都市を地球環境対応型に変えていく

図 12.11　みなとみらい 21 地区の温熱環境シミュレーション結果（シミュレーション結果は JAMSTEC 提供，図の建物の 3 次元形状は国際航業株式会社提供の 3D モデルデータを利用）

ことが，地球環境問題の中心課題といえる．都市や地域がグローバルな社会経済に組み込まれ，地球環境を共有している人間は，地球温暖化と生物多様性喪失という地球環境問題を抱えているが，グローバルなスケールとローカルなスケールの課題に，それぞれの都市・地域がどのように関係しているかを認識する必要がある．そのうえで都市・地域，とくに地球環境負荷の高いメガシティの人々は，それを踏まえた意思決定による行動が不可欠である．

そのためのグローカルな試みとして，地球環境未来都市研究会は，たとえば地球温暖化予測にもとづいた都市のリデザイン研究を企画している．JAMSTEC の地球シミュレータを活用した文科省・気候変動リスク情報創生プログラムによる産業革命後 4℃ 上昇時（2015 年に整備），および 2℃ 上昇時（整備予定）の「地球温暖化対策に資するアンサンブル気候予測データベース」（d4PDF）の整備が，全世界および日本周辺領域のそれぞれ 60 km，20 km メッシュの高解像度で進められている．日本周辺領域の 20 km メッシュのデータを，様々なスケールにおける大気現象と海洋現象を一体的に計算できる JAMSTEC のマルチスケールモデリング（MSSG）によるシミュレーションでダウンスケーリングして横浜みなとみらい 21 地区の歩行空間の暑熱環境予測を行い，地球温暖化に適応した都市のデザインに活かす研究である．図 12.11 は現在の気象条件にもとづいた温熱環境のシミュレーション結果を示しているが，産業革命後 2℃ ないし 4℃ 上昇時を想定して，未竣工の建物も仮想的に立ち上げてシミュレーションを行って図 12.11 のような結果にもとづき，人々が温度上昇時でも快適に屋外を移動できる屋外環境，グリーンインフラをデザイン・評価し，適切なデザインに導くものである．

また，現段階では極めて人工的な空間である横浜みなとみらい21地区を主な対象フィールドとしているが，今後は世界最大のメガシティ東京圏の一部である横浜市の都市生態系を対象に研究を進めて行きたいと考えている．

以上のように，助成研究の成果とその後の10年余りの継続的取り組みは，ICTの急速な発展により，第5期科学技術基本計画で謳われている超スマート社会の実現へ向けたプラットフォームの構築へと進展してきた．まだ緒に就いたばかりであるが，助成研究を契機に始まった本研究は新しい時代に貢献する研究へと展開している．そのような道を開いていただいた日本生命財団に深く感謝申し上げたい．

引用・参考文献

泉桂子（2011）横浜市水源林の歩みと現在．佐土原聡・小池文人・嘉田良平・佐藤裕一編『里山創生――神奈川・横浜の挑戦』創森社，122-135.

尹晟敏・佐土原聡・尾崎明仁・佐藤裕一・吉田聡・川瀬誠（2016）数値シミュレーションによる地中温暖化の要因解析．日本建築学会環境系論文集，719：111-121.

国際連合広報センター　http://www.unic.or.jp/info/　（2018年1月8日収録）

国立研究開発法人海洋研究開発機構ホームページ　http://www.jamstec.go.jp/j/about/press_release/20170519/

近藤裕昭（2008）神奈川県における窒素沈着のシミュレーション．1E1524 大気環境学会年会講演要旨集，49, 342.

佐土原聡編著（2010）『時空間情報プラットフォーム――環境情報の可視化と協働』東京大学出版会，294 pp.

クリスチャン，D.・ブラウン，S. S.・ベンジャミン，C.（2016）『ビッグヒストリー』明石書店.

内閣府ホームページ　第5期科学技術基本計画　http://www8.cao.go.jp/cstp/kihonkeikaku/index5.html（2017年12月26日収録）

横浜国立大学21世紀COE翻訳委員会（2007）『生態系サービスと人類の将来』オーム社，241 pp.

AFP, BBNews　http://www.afpbb.com/articles/-/3099134（2018年1月19日収録）

Shrestha, G., S. Sadohara, S. Yoshida and Y. Sato（2011）Temporal Analysis of Water Quality of the Kaname River Basin Using GIS, Journal of Asian Architecture and Building Engineering, Vol. 10, no. 2, 469-476.

United Nation, Department of Economic and Social Affairs（2014）World Urbanization Prospect, The 2014 Revision.

終章

「環境問題研究」のこれまで／これから

鷲谷いづみ

人類史における現代は，地域から地球規模までのそれぞれ異なる空間スケールにおいて，ヒトの活動に起因するさまざまな環境の問題を解決し，その営みを持続可能なものとするための「知」が強く求められる時代である．地球規模の気候変動や化学汚染から，個別地域での自然の劣化や伝統的な営みの喪失まで，私たちが直面している問題はあまりにも多く，それらは複雑に絡まり合いながらヒトの社会の将来を危ういものにしている．1960年代から環境の科学が発展し，2000年代には持続可能性への希求に応える科学・学術がその萌芽を表しはじめた．それら全体を含む「環境問題研究」の重要性はますます大きくなっているといえるだろう．

生物としてのヒト，特別な社会的存在としての人間，そのいずれを主体として取り上げても，その環境を構成する要素はあまりに多く，それらは相互に関係し合いダイナミックに変動する．たとえ，対象とする地域を狭く限ったとしても，多層的で階層横断的な関係が絡まり合う複雑な構造とそれが織りなすダイナミズムの全体を包括的に捉える手段を私たちはいまだもち合わせていない．

どのような空間スケール，時間スケール，階層で問題を捉えるのか，どのような要素と相互作用を重視するのか，どのような活動や社会システムに注目するのか，どのような実践の知的基礎を科学・学術に求めるのか，などの違いにより，ヒトもしくは人間の環境に関する「知の探求」は，課題設定の仕方も，アプローチも，研究成果の社会との共有の仕方も，実に多様である．本書を通読すれば，その多様性が実感されるだろう．

環境にかかわる問題は古くから存在したものの，それが科学・学術の対象となり教育システムにも組み込まれるようになってからの歴史は浅い．「国連開発の十年」とされた1961年から1970年までの期間は，「環境」が独自のテーマとして科学・学術へ取り込まれた時代でもある．1960年代の半ば頃までに，自然・生態系の劣化や環境汚染などが世界各地で深刻化し，社会的・政治的な問題となっていた．そのような背景のもと，とくに欧米において，環境に関する研究・教育を発展させる機運が急速に高まった．大規模な国際的研究プロジェクトとして，1964年に国際科学会議（ICSU）の国際生物学事業計画（IBP），1965年にUNESCOの国際水文学十年計画（IHD），1972年には人間と生物圏計画（MAB）が始まり，日本の研究者もプロジェクトに参加した．

このうちIBPは，「人類の福祉と生産力の生物学的基礎」をテーマとし，世界各地の多様な生態系の生物群集の生産力を調査研究することで生物資源の有効な利用と開発の可能性を探求した．IBPには日本の生態学の主な研究者がこぞって参加し，生態系の視点からの環境研究の草創期が幕を開けた．本書にも詳しい記述があるが，POPsなど化学物質による地球規模の環境汚染の研究では日本の研究者の活躍がめざましく，海外の研究者と協力して新分野を確立してその後も研究の発展を牽引した．国内の公害問題の深刻化と関連する毒性学や社会科学分野の環境研究が活発化したのもこの時期である．

1970年代には日本国内でも環境問題の体系的な研究プロジェクトがたちあがり，大学・大学院教育に環境問題に関する学びを組み込む努力がなされた．文化人類学の川喜多二郎が設立にかかわった筑波大学の環境科学研究科（その後の再編を経て現在は存在しない）は，その代表例のひとつといえるだろう．その後，「環境」を含む名称をもつ学科や研究ユニットなどが次々につくられたが，なかには既存分野の単なる看板のかけ替えに過ぎないものが含まれていたことも否めない．

1992年に国連の気候変動枠組条約や生物多様性条約などが採択され，国際的な目標が明確になると，そのニーズに応える研究分野には，既存のさまざまな分野からの研究者が参入した．量的にめだつのは，明治期以来インフラ整備や生産などにかかわる研究を主としていた応用分野からの参入である．一方で，歴史的な時間軸や地域性を重視しつつ人間活動と自然とのかかわりを対象とする研究に関心をもっていた人文学分野の寄与も大きくなった．

環境研究のルーツは，上述のように，そのごく一部を概観しただけでもきわめて多様である．由来した分野それぞれが依って立つ「哲学」と研究手法の違いが環境研究に多様性をもたらしたのは当然である．さらに，持続可能性を保障するために直面する問題が多岐にわたること，問題を捉えるべき時空間スケールがそれぞれ異なることも「環境問題研究」に大きな多様性をもたらしている．空間スケールだけとりあげても，基礎自治体や個別流域から地球規模に至るまで，さまざまなスケールで問題が扱われる．

環境問題に関係の深い人間活動や行為の間には，多くのトレードオフやシナジーが複雑に絡まりあいながら存在する．その全体像を把握し，シナリオを用いて将来を予測し，有効な，あるいは最適な解決法・対処法を社会に提案することは，「環境問題研究」の役割でもある．しかし，現代の環境にかかわる研究者は，既存学術の個別分野の枠から完全に自由であるとはいえない．多様な科学・学術分野の知見を統合的に活用・駆使してはじめてなしうる分析・評価・予測は，どの分野の研究者にとっても荷が重いといわなければならない．その制約を超えるには，学のシステム内外での密接な「協働」が有効である．本書のなかにはその萌芽的な試みや成果が記されている．

環境問題研究は，社会的な問題の解決と目標への寄与を動機として実施される．研究成果を利用する主体は，政策や計画を立案する国や自治体など行政の実務者だけでなく，土地との結びつきの強い住民，あるいは地域から地球規模までのさまざまな環境問題に関心を寄せる市民やNPOなどである．そのため，準備段階から研究成果を共有して活用する段階まで，広範な主体の参加を保障することのできる研究のありかたが模索されている．本書のいくつかの章からは，そのような試みの萌芽を読み取ることができるだろう．

現代の社会的目標のキーワードとしての「持続可能性」，「サステナビリティ」が科学・学術においても重要な概念とされるようになった2000年代には，人口がますます集中する都市の問題はもとより，過疎化が進む農村と農の営みが抱える問題を，持続可能性の哲学を前提にして扱う地域研究が活発化した．本書のそのような研究の記述からは，問題をより広い視野で捉え，あるいはほかの地域を対象とする場合も有効な，課題設定のあり方やアプローチについての示唆が得られるだろう．

今後10-20年の間には，学術と社会の協働が強化されて広がり，持続可能性をめぐる「環境問題研究」は新たな段階を迎えるであろう．

おわりに

本書は，日本生命財団の学際的総合研究助成や一般研究助成の成果をもとに，その後いかに研究が発展してきたかを，助成当時の研究代表者を中心としてまとめたものである．研究助成は，「人間活動と環境保全との調和」を目指したもので，関連各分野から出された多くの申請に対して，研究の専門分野はもちろん，ほかの関連分野からも評価して採択決定されたものである．申請の時点での必要性と将来への有益性を含んだユニークなものが採択されている．環境問題の解決に力となることを期待して，執筆者たちは，改めてわかりやすく著作している．

本研究助成は，この40年の間，一貫して「人間と環境」の課題に取り組むとともに，環境問題に対する社会の動向，研究の進展を考慮しながら続けられてきた．

環境問題の研究は，経済発展とともに顕在化した公害問題に対処するために始まった．経済の高度成長の初期に，対処する人材を養成するため，1960年頃，大学に工学の分野として学科が新設され，関連分野から教員や研究者が集まって研究教育に従事した．また，国や地方自治体の調査研究機関も目の前の公害問題の対処にあたった．1967年になって，ようやく「公害対策基本法」として，国レベルでの対策が本格化した．人間の生命と健康に直接影響し，その原因が比較的明らかな公害問題は，因果関係の研究を経て「法規制」や「技術」で対応する方法で，一定の効果をもたらした．

しかし，人間活動は，自然環境との調和をはかりながら持続して行われるべきとの考えに発展し，より広い分野で，より深く追求すべきとの考えが拡がり，農林水産，土木，自然保護などの研究分野で研究課題となってきた．これらの研究は，原因と結果の関係を確定的に明らかにするのがむずかしく，「法規制」や「技術」に加えて，「倫理」や「経済」での対応となってきた．

このような研究の進展にあたって，学際的総合研究助成，一般研究助成が，大きく寄与したことは疑いない．研究の必要性は，公的にも民間からも次第に認められるようになった．これらを背景に，1993 年，より広い環境分野を含んだ「環境基本法」が定められた．この法律のもと環境基準が充実するとともに，各地方で環境計画が作成され，本研究助成の成果も反映されるようになった．筆者の大学（立命館大学）が，広がる環境分野の成果を調整・集約化し，政策に活かすべく，「環境システム工学科」を創設したのもこの頃である．

その後，科学研究費等の公的研究費の充実によって大きな金額の研究費が出るようになり，組織的な研究グループに短期的な成果を求める研究が増えた．環境分野でも COP3 での京都議定書もあって，地球温暖化防止などの課題に興味が集中するようになった．しかし，地球的な視野をもちつつ，地域的な環境問題の研究はさらに必要性が高まることが予想されている．本書で執筆者たちが示していることは，次の時代へと続く環境問題の課題である．とくに，長期的な視野で問題の発生を予測し，対策を提言するユニークで萌芽的な研究を支える仕組みは重要である．本研究助成の役割が終わることはない．今後も次世代の研究者が本研究助成に応募し，引き続き研究が発展していくことを，20 数年にわたって財団に協力してきた一研究者として期待している．

2018 年 12 月 19 日

山田　淳

巻末資料：日本生命財団 学際的総合研究助成一覧

年度	募集課題	代表研究者	所属(助成当時)	研究課題	ワークショップ(年月日)	書籍名（出版社・出版年月）
1996	湖沼の環境改善	宗宮　功	京都大学	琵琶湖北湖の水質形成過程解明に関する研究	「湖沼の環境改善」（1999. 11. 25　於：滋賀）	『琵琶湖——その環境と水質形成』（技報堂出版・2000/3）
1997		井村光夫	石川県農業短期大学	河北潟の環境改善—生物圏と水・地圏の動態のシステマチック解析—		—
1998	「里地・里山などの二次的自然環境とその維持・保全」に関する学際的共同研究	広木詔三	名古屋大学	東海丘陵要素植物群を構成要素とする里山の保全に関する学際的共同研究	「里山の自然をまもり育てる」（2001. 11. 19　於：東京）	『里山の生態学——その成り立ちと保全のあり方』（名古屋大学出版会・2002/3）
1999		武内和彦	東京大学	「里地自然保全戦略」の構築—総合的・計画的な里地の保全をめざして—		『里山の環境学』（東京大学出版会・2001/11）
2000	「都市と自然—自然のメカニズムに配慮した都市づくり—」に関する学際的共同研究	大室幹雄	千葉大学	大都市臨海部の産業施設移転跡地における自然環境の創出と活用に関する総合的研究	「21 世紀の都市と自然」（2003. 11. 22　於：兵庫）	『海辺の環境学——大都市臨海部の自然再生』（東京大学出版会・2004/11）
2001		山口克人	大阪大学	大阪湾奥部沿岸域における自然の摂理と共生した海陸一体の都市づくりに関する研究		『海と陸との環境共生学——海陸一体都市をめざして』（大阪大学出版会・2004/12）
2002	「持続可能な循環型社会を実現するために」の趣旨に沿う学際的共同研究	淡路剛久	立教大学	環境再生を通じた「持続可能な社会」の実現に向けた総合政策に関する学際的共同研究	「『持続可能な社会』実現への提言」（2005. 3. 25　於：東京）	『地域再生の環境学』（東京大学出版会・2006/5）
2003		鷲谷いづみ	東京大学	持続可能性を築く「市民・研究者協働による生物多様性モニタリング」の研究	「生物多様性モニタリング：未来を切り開く協働調査」（2005. 12. 17　於：東京）	『自然再生のための生物多様性モニタリング』（東京大学出版会・2007/2）

年度	募集課題	代表研究者	所属(助成当時)	研究課題	ワークショップ(年月日)	書籍名（出版社・出版年月）
2004	環境資源としての森林の公益的機能の発現に向けて—森林保全のための新たな連携と合意形成—	田中和博	京都府立大学	古都京都を取り巻く地域生態系の保全と生物資源の利活用に関する学際的実践研究ならびに地域住民・都市住民との新たな連携	「古都京都の森を守り活かす」（2006. 12. 16　於：京都）	『古都の森を守り活かす——モデルフォレスト京都』（京都大学学術出版会・2008/10）
2005		中村太士	北海道大学	北海道の「森林機能評価基準」を活用した地域住民・NPO・行政機関，研究者の協働による森林管理体系の形成	「森林の機能評価と協働による森づくり」（2007. 12. 15　於：北海道）	『森林のはたらきを評価する——市民による森づくりに向けて』（北海道大学出版会・2009/3）
2006	水，その循環の健全性と豊かな環境を求めて	佐土原聡	横浜国立大学	持続可能な拡大流域圏の地域住民，NPO，行政，研究者の実践的協働を実現する空間情報プラットフォームの構築	「協働による持続可能な流域圏づくりに向けた空間情報プラットフォームの可能性」（2008. 12. 13　於：神奈川）	『時空間情報プラットフォーム——環境情報の可視化と協働』（東京大学出版会・2010/7）
2007		益田晴恵	大阪市立大学	環境保全と地盤防災のための大阪平野の地下水資源の健全な活用法の構築	「大阪平野の水資源を考える」（2010. 1. 9　於：大阪）	『都市の水資源と地下水の未来』（京都大学学術出版会・2011/8）
2008	都市と環境の調和が持続する社会をめざして	河野　博	東京海洋大学	地域住民の協働による東京湾沿岸域管理モデルの構築	「地域住民の協業による東京湾沿岸管理モデルの構築」（2010. 12. 18　於：東京）	『江戸前の環境学——海を楽しむ・考える・学びあう 12 章』（東京大学出版会・2012/2）
2009		植松千代美	大阪市立大学	都市と森の共生をめざして—大学附属の森の植物園からの提言—	「都市と森の共生をめざして」（2012. 1. 7　於：大阪）	『都市・森・人をつなぐ——森の植物園からの提言』（京都大学学術出版会・2014/12）

年度	募集課題	代表研究者	所属(助成当時)	研究課題	ワークショップ(年月日)	書籍名（出版社・出版年月）
2010	持続可能な循環型社会をめざした農林水産業等（社会経済活動）の今後の取り組みに関する研究	岡本雅美	日本大学	持続可能な農業・農村の再構築をめざして―自然資源経済の再生―	「農業・農村の危機と再生への提言」（2013. 2. 2　於：東京）	『自立と連携の農村再生論』（東京大学出版会・2014/5）
2011		―	―	―	―	―
2012	震災復興と第一次産業再生・震災復興と地域再生	西城戸誠	法政大学	生業の創出を核とした地域社会の回復力を形成する―宮城県石巻市北上町（橋浦地区ならびに十三浜地区）の被災経験から―	「生業と地域社会の復興を考える」（2014. 11. 29　於：東京）	『震災と地域再生――石巻市北上町に生きる人びと』（法政大学出版局・2016/2）
		長谷川公一	東北大学	被災地域コミュニティの復興と再生―自治体・NGOとの協働によるボトムアップ型政策提言―	「被災地域コミュニティの復興と再生」（2015. 2. 7　於：宮城）	『岐路に立つ震災復興――地域の再生か消滅か』（東京大学出版会・2016/6）
2013	環境保全・再生における都市と農山村の役割，流域を中心とする環境保全・再生，自然災害と環境保全	長坂晶子	北海道立総合研究機構	北海道東部・風連川流域における流域保全対策が草地・沿岸域双方の生産活動に与える影響―森里川海の物質の環・地域住民の環の再生をめざして―	「森里川海の物質の環・地域住民の環の再生を考える」（2016. 1. 23　於：北海道）	『風蓮湖流域の再生――川がつなぐ里・海・人』（北海道大学出版会・2017/3）
2014		羽生淳子	総合地球環境学研究所	ヤマ・カワ・ウミに生きる知恵と工夫―岩手県閉伊川流域における在来知を活用した環境教育の実践―	「サクラマスがのぼる川の在来知」（2016. 12. 17　於：東京）	『やま・かわ・うみの知をつなぐ――東北における在来知と環境教育の現在』（東海大学出版部・2018/6）
2015	自然環境の保全と農山村の再生・持続可能な地域づくり，都市・生活環境の改善と持続可能な社会づくり	松岡俊二	早稲田大学	環境イノベーションの社会的受容性と持続可能な都市の形成	「地域から創る社会イノベーションと持続可能な社会（SDGs）」（2018. 2. 4　於：東京）	『社会イノベーションと地域の持続性――場の形成と社会的受容性の醸成』（有斐閣・2018/12）

年度	募集課題	代表研究者	所属(助成当時)	研究課題	ワークショップ(年月日)	書籍名（出版社・出版年月）
2016		小林　久	茨城大学	社会参加の再生可能エネルギー開発を起点とする農山村コミュニティの自立・持続戦略	「ローカルベンチャーとしての再生可能エネルギー開発と農山村の持続」（2018.12.15　於：東京）	（未定）
2017	人と自然が共生する持続可能な地域づくり，自然災害と環境保全	一ノ瀬友博	慶應義塾大学	南海トラフ巨大地震による津波を想定した生態系減災（Eco-DRR）手法の開発	（未定）	（未定）
		原慶太郎	東京情報大学	生態系と歴史記憶を活かした防災・減災による景観再生―持続可能性とレジリエンスを高める震災復興―		
2018		徳地直子	京都大学	森里連環学に基づく豊かな森と里の再生：「芦生の森」における研究者と地域との協働に基づく学際実践研究	（未定）	（未定）

索引

アルファベット

ア行

カ行

サ行

タ行

ナ行

ハ行

マ行

ヤ行

ラ行

編者・編集責任者・執筆者紹介

「主著」で＊印のものは日本生命財団の助成研究成果をもとに刊行された書目を示し，「助成研究課題」には日本生命財団の助成をうけた研究の課題名と助成年度を記載している．

【編者】

公益財団法人 日本生命財団

日本生命保険相互会社の創業理念である共存共栄，相互扶助の精神に基づき，「人間性・文化性あふれる真に豊かな社会の建設に資すること」を目的として，1979 年に設立された助成型財団．現在の社会において特に要請度が高いと考えられる児童少年の健全育成，高齢社会，環境問題の 3 分野を中心に，助成事業を行なっている．

【編集責任者】

武内和彦（たけうち・かずひこ）

1951 年　和歌山県に生まれる

1976 年　東京大学大学院農学系研究科修士課程修了

現在：公益財団法人地球環境戦略研究機関理事長，東京大学特任教授，農学博士

専門：環境学，サステイナビリティ学

主著：『里山の環境学』*（共編著，2001 年，東京大学出版会），『ランドスケープエコロジー』（2006 年，朝倉書店），『地球持続学のすすめ』（2007 年，岩波書店），『日本の自然環境政策――自然共生社会をつくる』（共編著，2014 年，東京大学出版会）

助成研究課題：「里地自然保全戦略」の構築―総合的・計画的な里地の保全をめざして―（1999-2000 年度）

鷲谷いづみ（わしたに・いづみ）

1950 年　東京都に生まれる

1978 年　東京大学大学院理学系研究科博士課程修了

現在：中央大学理工学部教授，東京大学名誉教授，理学博士

専門：保全生態学

主著：『自然再生のための生物多様性モニタリング』*（共編著，2007 年，東京大学出版会），『〈生物多様性〉入門』（2010 年，岩波書店），『さとやま――生物多様性と生態系模様』（2011 年，岩波書店），『震災後の自然とどうつきあうか』（2012 年，岩波書店）

助成研究課題：持続可能性を築く「市民・研究者協働による生物多様性モニタリン

グ」の研究（2003-04 年度）

寺西俊一（てらにし・しゅんいち）
1951 年　石川県に生まれる
1980 年　一橋大学大学院経済学研究科博士後期課程単位取得満期退学
現在：帝京大学経済学部教授，一橋大学大学院経済学研究科特任教授，一橋大学名誉教授，経済学修士
専門：環境経済学，環境政策論
主著：『新しい環境経済政策——サステイナブル・エコノミーへの道』（編著，2003 年，東洋経済新報社），『自立と連携の農村再生論』*（共編著，2014 年，東京大学出版会），『農家が消える——自然資源経済論からの提言』（共編著，2018 年，みすず書房），『輝く農山村——オーストリアに学ぶ地域再生』（共編著，2018 年，中央経済社）
助成研究課題：持続可能な農業・農村の再構築をめざして—自然資源経済の再生—（2010-11 年度）

【執筆者】（50 音順）
浅野耕太（あさの・こうた）
1962 年　高知県に生まれる
1985 年　京都大学農学部卒業
現在：京都大学大学院人間・環境学研究科教授，経済学博士
専門：環境経済学
主著：『環境経済学講義——持続可能な発展をめざして』（共著，2008 年，有斐閣），『自然資本の保全と評価』（編著，2009 年，ミネルヴァ書房），『政策研究のための統計分析』（2012 年，ミネルヴァ書房）
助成研究課題：魚を育てる森のメカニズムの計量経済学的解明と環境保全型農林漁業システムの構築（1994 年度）

淡路剛久（あわじ・たけひさ）
1942 年　東京都に生まれる
1964 年　東京大学法学部卒業
現在：立教大学名誉教授，パリ 12 大学名誉博士
専門：民法，環境法
主著：『公害賠償の理論 増補版』（1978 年，有斐閣），『不法行為法における権利保障と損害の評価』（1984 年，有斐閣），『開発と環境——第一次産業の公害を

めぐって』*（編者，1986 年，日本評論社），『債権総論』（2002 年，有斐閣），『地域再生の環境学』*（監修，2006 年，東京大学出版会）
助成研究課題：工業化・都市化の第一次産業（農・漁・林）および自然資源に及ぼす影響に関する歴史的地域的比較研究（1982-83 年度），環境再生を通じた「持続可能な社会」の実現に向けた総合政策に関する学際的共同研究（2002-03 年度）

小田切徳美（おだぎり・とくみ）
1959 年　神奈川県に生まれる
1988 年　東京大学大学院農学系研究科博士課程単位取得退学
現在：明治大学農学部教授，博士（農学）
専門：農政学，農山村再生論
主著：『農山村は消滅しない』（2014 年，岩波書店），『田園回帰の過去・現在・未来――移住者と創る新しい農山村』（共編著，2016 年，農山漁村文化協会），『内発的農村発展論――理論と実践』（共編著，2018 年，農林統計出版）

佐土原聡（さどはら・さとる）
1958 年　宮崎県に生まれる
1985 年　早稲田大学大学院理工学研究科博士課程単位取得満期退学
現在：横浜国立大学大学院都市イノベーション研究院教授，工学博士
専門：都市環境工学
主著：『時空間情報プラットフォーム――環境情報の可視化と協働』*（編著，2010 年，東京大学出版会），『都市環境から考えるこれからのまちづくり』（共著，2017 年，森北出版），『情熱都市 YMM21――まちづくりの美学と力学』（共著，2017 年，鹿島出版会）
助成研究課題：持続可能な拡大流域圏の地域住民，NPO，行政，研究者の実践的協働を実現する空間情報プラットフォームの構築（2006-07 年度）

田辺信介（たなべ・しんすけ）
1951 年　大分県に生まれる
1975 年　愛媛大学大学院農学研究科修士課程修了
現在：愛媛大学特別栄誉教授，愛媛大学沿岸環境科学研究センター長，農学博士
専門：環境化学
主著：『環境ホルモン――何が問題なのか』（1998 年，岩波書店），『分子でよむ環境汚染』（共著，2009 年，東海大学出版会），『環境化学』（共著，2015 年，

講談社）

助成研究課題：五大湖における鳥類の形態異常と環境汚染物質の蓄積に関する生態毒性学的研究（1990-91 年度），有機スズ化合物による鯨類汚染のグローバルモニタリング（1996 年度）

中静　透（なかしずか・とおる）

1956 年　新潟県に生まれる

1983 年　大阪市立大学大学院理学研究科後期博士課程単位取得退学

現在：総合地球環境学研究所プログラムディレクター・特任教授，理学博士

専門：森林生態学，生物多様性

主著：『森のスケッチ』（2004 年，東海大学出版会），『森の不思議を解き明かす』（分担執筆，2008 年，文一総合出版），『森林の変化と人類』（共編著，2018 年，共立出版）

助成研究課題：ブナ林の維持・保全に関するネットワーク研究（1996-97 年度）

中村太士（なかむら・ふとし）

1958 年　愛知県に生まれる

1983 年　北海道大学大学院農学研究科修士課程修了

現在：北海道大学大学院農学研究院教授，農学博士

専門：生態系管理学

主著：『森林のはたらきを評価する――市民による森づくりに向けて』*（共編著，2009 年，北海道大学出版会），『川の蛇行復元――水理・物質循環・生態系からの評価』（編著，2011 年，技報堂出版），『河川生態学』（編著，2013 年，講談社），『森林科学シリーズ第 3 巻 森林と災害』（共編著，2018 年，共立出版）

助成研究課題：北海道の「森林機能評価基準」を活用した地域住民・NPO・行政機関・研究者の協働による森林管理体系の形成（2005-06 年度）

羽生淳子（はぶ・じゅんこ）

1959 年　神奈川県に生まれる

1996 年　マッギル大学（カナダ）人類学科博士課程修了

現在：カリフォルニア大学バークレー校人類学科教授，総合地球環境学研究所客員教授，Ph. D.（人類学）

専門：考古学，生態人類学

主著：『Ancient Jomon of Japan』（2004 年，ケンブリッジ大学出版会），『Hand-

book of East and Southeast Asian Archaeology』（共編著，2018 年，シュプリンガー），『やま・かわ・うみの知をつなぐ――東北における在来知と環境教育の現在』*（共編著，2018 年，東海大学出版部）
助成研究課題：ヤマ・カワ・ウミに生きる知恵と工夫―岩手県閉伊川流域における在来知を活用した環境教育の実践―（2014-15 年度）

益田晴恵（ますだ・はるえ）
1956 年　山口県に生まれる
1986 年　大阪市立大学大学院理学研究科後期博士課程修了
現在：大阪市立大学大学院理学研究科教授，理学博士
専門：水圏地球化学
主著：『日本地方地質誌 5　近畿地方』（共著，2009 年，朝倉書店），『都市の水資源と地下水の未来』*（編著，2011 年，京都大学学術出版会），『地球と宇宙の化学事典』（共編著，2012 年，朝倉書店）
助成研究課題：大阪府北部の飲用地下水と表流水中の自然由来のヒ素汚染の原因物質の特定と溶出のメカニズム（1997-98 年度），中国四川盆地の地下水の汚染過程と都市化および土地利用形態との関係（2003 年度），環境保全と地盤防災のための大阪平野の地下水資源の健全な活用法の構築（2007-08 年度）

三俣　学（みつまた・がく）
1971 年　愛知県に生まれる
2004 年　京都大学大学院農学研究科博士課程修了
現在：兵庫県立大学経済学部教授，兵庫県立大学環境経済研究センター長，経済学修士
専門：エコロジー経済学，コモンズ論
主著：『入会林野とコモンズ――持続可能な共有の森』*（共著，2004 年，日本評論社），『コモンズ研究のフロンティア――山野海川の共的世界』*（共編著，2008 年，東京大学出版会），『ローカル・コモンズの可能性――自治と環境の新たな関係』（2010 年，ミネルヴァ書房），『エコロジーとコモンズ――環境ガバナンスと地域自立の思想』（編著，2014 年，晃洋書房），『都市と森林』（共編著，2017 年，晃洋書房）
助成研究課題：環境保全型コモンズの構築にむけた入会研究―「漁民の森」と「部落有林」の比較分析にもとづく提言―（2004 年度）

山田　淳（やまだ・きよし）
1941 年　京都府に生まれる
1967 年　京都大学大学院工学研究科修士課程修了
現在：立命館大学総合科学技術研究機構上席研究員，立命館大学名誉教授，工学博士
専門：水環境工学
主著：『衛生工学』（共著，1987 年，鹿島出版会），『都市再生と水環境創造――都市環境の創造』（共著，1993 年，法律文化社），『震災復興の政策科学――阪神・淡路大震災の教訓と復興への展望』（共著，1998 年，有斐閣），『日本の水環境 5　近畿編』（共著，2002 年，技法堂出版）
助成研究課題：ライフスタイルからみた汚濁源特性とその水環境インパクトに関する研究（1992 年度）

人と自然の環境学

2019 年 1 月 10 日　初　版

[検印廃止]

編　者　公益財団法人　日本生命財団

発行所　一般財団法人　東京大学出版会

代表者　吉見俊哉

〒153-0041 東京都目黒区駒場 4-5-29
http://www.utp.or.jp/
電話 03-6407-1069　Fax 03-6407-1991
振替 00160-6-59964

印刷所　株式会社三秀舎
製本所　牧製本印刷株式会社

ISBN 978-4-13-063371-0 Printed in Japan